煤矿除尘机器人技术与应用

刘志高　么双庆　著

天津出版传媒集团
天津科学技术出版社

图书在版编目（CIP）数据

煤矿除尘机器人技术与应用 / 刘志高，么双庆著. -- 天津 : 天津科学技术出版社，2023.8

ISBN 978-7-5742-1544-3

Ⅰ. ①煤… Ⅱ. ①刘… ②么… Ⅲ. ①煤矿－除尘－工业机器人－研究 Ⅳ. ①TP242.2

中国国家版本馆CIP数据核字(2023)第158244号

煤矿除尘机器人技术与应用

MEIKUANGCHUCHENJIQIRENJISHUYUYINGYONG

责任编辑：吴文博

责任印制：兰　毅

出　　版：天津出版传媒集团 / 天津科学技术出版社

地　　址：天津市西康路35号

邮　　编：300051

电　　话：（022）23332377

网　　址：www.tjkjcbs.com.cn

发　　行：新华书店经销

印　　刷：天津市宏博盛达印刷有限公司

开本　787×1092　1/16　印张　19.375　字数　320 000

2023年8月第1版第1次印刷

定价：98.00元

前　言

作为矿山五大自然灾害之一的煤炭粉尘浓度过高不但影响了井下采掘面空气质量，也使得工人可见度降低，这给一线工人操作带来不便，增加了发生工伤事故的概率。另外，它不还影响着井下一线职工的身体健康(造成尘肺病)，更严重的是当粉尘和氧气的浓度比达到一定界限时导致重特大事故(煤尘爆炸)的概率剧增,其危害程度不言而喻,给矿职家庭、煤企和国家遭受巨大的灾难和损失。

煤矿在采煤、掘进、运输、喷浆等各个环节都会产生大量的粉尘，尤其是近些年来，随着我国煤矿行业智能化、机械化、自动化的水平的提高，产生的粉尘浓度也相应增加，不仅对煤矿工人的身体健康带来极大的影响，并降低设备使用寿命，当粉尘浓度过高时，还易导致粉尘爆炸引起事故，因此，解决采掘作面的粉尘问题刻不容缓。为有效治理矿尘灾害,本书研究了当前国内的主要除尘技术,提出了采用智能跟随除尘机器人的降尘理念,通过人工智能+机器人+物联网的技术融合，可以有效降低煤矿井下总粉尘浓度，对实现煤矿的安全、高效生产以及确保职工的安全与健康有着重要的意义。

本书系统地介绍了机器人的概念与定义、分类、发展历史和趋势。智能机器人技术，包括机器人机械结构、机器人传感器、机器人驱动系统、机器人控制技术、机器人通信技术和电源技术；服务机器人的结构组成、工作原理与应用；特种机器人的结构组成、工作原理与应用，智能飞行器的机构组成、工作原理与应用等。本书立足于智能机器人领域的新技术，强调工程实际应用。书中重点论述了特种机器人的基础知识、路径规划算法,以及除尘机器人的应用实例、机器人的定位算法、路径规划算法、除尘机器人的系统组成、自主运动控制研究、体系结构、关键技术和典型应用等。内容涉及近几年机器人领域的研究热点问题,是作者多年来在该领域研究成果的积累和总结。

本书可以作为从事矿井粉尘智能化治理研究、设计和现场工程技术人员以及大、中专院校安全工程专业、自动化专业的学生参考用书。

本书由么双庆、刘志高等合作完成。由于时间和编者水平有限，书中缺点与不足之处难免，敬请读者批评指正。

作　者

2023 年 8 月

绪　论

在煤矿生产作业中，避免产生煤矿井下粉尘极其重要，它不仅影响煤炭企业的生产和发展，而且严重地危害工人的健康和生命。由于井下采煤的空间狭小，并且通风效果差，生产过程中不可避免的产生煤矿井下粉尘，严重污染井下环境，给作业环境带来一定程度的威胁。为认真贯彻“安全第一、预防为主、综合治理”的安全生产方针，保障煤矿职工的生命及财产安全。

煤矿粉尘主要是在煤矿各环节的生产中产生，特别是在煤矿井下风速较大的情况下，开展煤矿采掘作业时，煤矿粉尘污染现象会更为明显。煤矿采掘工作面是煤矿粉尘的主要来源，其排放的粉尘量占到了总粉尘排放量的60%左右。做好煤矿采煤工作面的防尘工作，不仅可以防范瓦斯和煤尘事故，而且对煤矿井下采掘工作面的环境改善和矿工的生命安全都起到积极的作用。

一、井下粉尘的产生来源

通常煤矿井下粉尘主要来自于采煤机的割煤过程、煤矿支架的移架过程、放煤设备的放煤过程、破击设备的破击过程。其中采煤机的割煤过程和煤矿支架的移架过程产生的煤矿粉尘量最多。此外，在掘进煤矿巷道的过程中也会产生大量的粉尘。要想把采煤工作面粉尘的防治工作做好，必须根据煤矿粉尘的具体来源，采取相应的治理措施，综合进行治理，以降低粉尘的浓度。

国际标准化组织规定，粉尘是指悬浮在空气中的粒径小于75μm的固体微粒，在煤矿生产过程中，破碎煤炭和岩石所产生的微小煤岩颗粒叫做煤矿粉尘。在煤矿的开采过程中，各个工序均可产生大量的粉尘，主要包括煤尘、岩尘以及一些其它类型的有害粉尘，此外还有一些在开采作业时产生的少量金属微粒。

1. 采煤工作中产生粉尘

采煤作业的过程中主要包含五道工序，从先后顺序上来说分别是破煤、装煤、运煤、支护以及处理采空区，这些工序的进行过程中都会产生大量的粉尘，据统计，这些过程产生的粉尘总量约为煤矿产生粉尘总量的45%到80%。

2. 掘进工作中产生粉尘

在掘进施工过程中也会产生大量粉尘，这些粉尘的来源主要在于机械打眼、火药爆破、掘进截煤、摩擦振动以及其他工序几个方面，据统计，掘进施工过程中所产生的粉尘总量约占煤矿粉尘产生总量的 20%到 38%，其中以掘进截煤这个工序所产生的粉尘为最。

3. 运输巷道中产生粉尘

煤炭在开采出来之后，在井巷的运输和转载过程中也会产生大量粉尘，粉尘产生的主要原因是煤炭的自身翻动、机械设备的振动以及水分的自然增发等，煤炭在井巷的运输和转载过程中，由于机械设备的振动、煤炭自身的翻动和水分的自然蒸发等，都会产生一定程度的粉尘，运输巷道中产生粉尘所产生的粉尘总量约占煤矿井下产生粉尘总量的5%到10%。以上就是粉尘产生的主要地方，除了以上三种情况外，开采之前的地质作用、采空区的放顶支护作业、井下通风设施等都有可能产生粉尘，其产尘量约占煤矿产生粉尘总量的12%到20%。

二、煤矿井下粉尘的特性与危害

1. 煤矿井下粉尘的特性

煤矿井下粉尘主要具有以下的特性：首先是粉尘与粉尘之间或者粉尘与固体之间具有黏附性，容易造成设备堵塞发生故障；其次是粉尘的分散度较大，加快了粉尘氧化分解过程；岩层中游离的二氧化硅很容易溶解到人体的肺部细胞中；粉尘还具有磨损性，在粉尘的流动过程中，会对机械的表面产生磨损；粉尘表面吸附一层空气薄膜，阻碍粉尘间或水滴与粉尘间的凝聚沉降；采掘工作中产生的新鲜粉尘相对来说更易带电。

2. 粉尘的危害性

粉尘的以上特性决定了粉尘是具有危害的，这些特性所产生的危害主要在于以下方面：首先是污染了工作场所，对于工作人员的身体健康存在极大的威胁，工作人员很容易患上肺病；其次是粉尘的磨损性导致了机械设备更容易出现磨损的情况，精密仪器的使用寿命直接缩短，同时还降低了机械设备的工作效率；再次就是粉尘降低了工作场所内的能见度，这也大大增加了工作中出现事故的几率；最后就是它的爆炸性，具有爆炸性的煤尘在一定浓度范围内遇有火花等都可能引发爆炸。现在我国的大部分煤矿都具有爆炸性，矿井爆炸事故在我国也是屡见不鲜，而且近些年来，很多有煤矿的省市尘肺病患者逐年增加，粉尘对人体有直接且严重的危害，最典型的疾病就是尘肺病。在科学技术不断提高的今天，粉尘对机械设备以及人体的影响及其治理问题刻不容缓。

三、井下粉尘防治的现状

我国早已颁布了一系列的法律法规来控制煤矿挖掘中的井下粉尘，比如《煤矿井下粉尘综合防治技术规范》对测尘机构的合格率计算都作出了明确的规定，但是实际上的落实情况并不乐观，我国当前到多数矿区对于井下粉尘的治理主要集中在两个方面，分别是防尘和除尘。防尘主要是面向井下工人和设备，工人佩戴防尘面罩，对于井下设备及仪器，也采取了一些简单措施，以防止粉尘进入设备。除尘方面，现今矿井大多采用防尘措施就是风、水除尘。以下是对两种除尘的介绍：通风除尘是最为简单原始的除尘方法，即利用风力将粉尘吹散。通风除尘受通风工作面的影响较大，效果并不理想，目前应用最广的是洒水除尘，具体包括机械式洒水降尘和电子式洒水降尘，电子式洒水降尘效果比较好，现今在很多矿区都得到了广泛应用，但这种方法也只能从表面上解决问题，并且水蒸发之后出现二次扬尘的情况也较为严重。

四、主要防治措施

1. 监测粉尘含量

要做好粉尘的防治工作，就必须对矿井中的粉尘浓度以及性质进行测定。可利用矿用安全光散射式测尘仪，对粉尘浓度进行实时监测，通过对粉尘含量的监测，可以真实直接的反映出粉尘对人体的危害程度，也可用于鉴定防尘措施的成效。

2. 从源头处防尘

采煤处是产尘量最大的地方，应从煤层入手，从源头处降低粉尘含量。湿式作业是指利用水或其他液体，使之与尘粒相接触而捕集粉尘的方法，现今这种方法是矿井综合防尘的一种主要技术措施，其优点在于所需设备简单，而且使用起来也是十分方便，更重要的一点是其使用的费用较低，并且其除尘效果也比较好。一种比较成熟的经验是在进行湿式凿岩的同时配合喷雾洒水和煤层注水等防尘技术措施联合使用，煤层注水是防尘的一种有效方法，即在钻孔时对煤层注入一定压力的水，先起到湿润煤层的作用，这样做就可以从开采煤层的根源上减少粉尘。

3. 做好管理工作

从长远的角度来看，仅有技术防治措施也不能保证降尘效果，能否长期坚持用好技术措施，这与管理密切相关。粉尘防治是一项综合性工作，必须多部门合作，建立齐抓共管责任制，健全制度，在责权利上实现统一，才能见成效。依照国家法律法规，健全相应机构，配齐相应队伍和相关检测设备，形成一个完整体系，做好机构设置和队伍建设，有力保障粉尘治理。

总之要做好煤矿井下粉尘的防治工作，消除其危害，应在吸收国外防尘技术先进经验的基础上，重点发展适合我国煤矿生产条件的降尘技术和设施，同时建立一整套强力的粉尘防治综合管理系统，为煤矿的安全生产创造良好的工作条件。

随着煤矿智慧化程度的提高和智能软硬件的技术的发展，目前煤矿自动除尘机器人技术进入到了一个可落地实施阶段。

第 1 章 煤矿智能除尘机器人

1.1 煤矿粉尘环境分析及其对智能化的需求

煤尘防治工作始终是煤矿“一通三防”管理中最为重要的内容之一。掘进工作面的粉尘来源一般是按照作业工序划分，主要有掘进头截割产尘和装运产尘两大类。做好煤矿采煤工作面的防尘工作，不仅可以防范瓦斯和煤尘事故，而且对煤矿井下采掘工作面的环境改善和矿工的生命安全都起到积极的作用。

通常煤矿井下粉尘主要来自于采煤机的割煤过程、煤矿支架的移架过程、放煤设备的放煤过程、破击设备的破击过程。其中采煤机的割煤过程和煤矿支架的移架过程产生的煤矿粉尘量最多。此外，在掘进煤矿巷道的过程中也会产生大量的粉尘。煤矿采掘工作面是煤矿粉尘的主要来源，其排放的粉尘量占到了总粉尘排放量的 60%左右。而其中，工作面巷道掘进期间截割产尘又占整个工作面产尘量的 80%～95%。因此，工作面掘进产尘防治的重点应该是尘源防控、掘进机截割产尘两个大的方面防控和治理。

工作面掘进具有机械化程度高，产尘量大，尘源点分布移动，弥散区域较大的特点，容易降低整个作业场所可视度，易堵塞或腐蚀机械设备等特点。而采取单一的防尘技术措施针对性不够明显，很难实现工作面掘进期间尘源的高效防控和综合治理。

1.1.1 掘进工作面产尘及粉尘扩散机理

（1）粉尘粒径分布

将粉尘的所有颗粒的粒径大小划分为若干组粒径（划分的组数越多越接近单个粉尘粒径），每组粒径粉尘颗粒数占粉尘总颗粒数比例就称为粒径分布。常见粒径分布函数有正态分布，高登-安德列耶夫-舒曼分布和罗逊-拉姆勒分布。

1）正态分布

$$f(D_p)=\frac{1}{\sqrt{2\pi}\sigma}\exp\left[-\frac{\left(D_P-\overline{D_P}\right)^2}{2\sigma^2}\right] \quad (1\text{-}1)$$

式中：$\overline{D_p}$ —粉尘平均粒径，m；D_p—单个粉尘的粒径，m；—标准差，m。

$$\sigma^2=\frac{\sum(D_p-\overline{D_p})}{N-1} \quad (1\text{-}2)$$

式中：N—粉尘粒子的总个数。

$$\overline{D_p} = D_{50}, \quad \sigma = \frac{1}{2}(D_{p1} - D_{p2}) \tag{1-3}$$

D_{p1}，D_{p2} 分别为过筛后累积达 15.87%和 84.13%时的粉尘粒径。

正态分布下的粉尘颗粒大小主要集中平均粒径附近，粉尘粒径过大或者过小的粉尘含量较少。由于掘进工作面产生的粉尘较细，分布较为均匀，利用正态分布对工作面粉尘粒径拟合，效果不佳。

2）高登-安德列耶夫-舒曼分布

$$Y = 100(\frac{X}{X_{max}})^K \tag{1-4}$$

式中：Y—筛下颗粒负累积产率（%）；X—为与产率对应的物料粒度；

X_{max}—最大物料粒度；K—与物料性质有关，K 值介于 0.7～1.0 之间

3）罗逊－拉姆勒分布

$$R = 100e^{-bX^n} = 100\exp[-(\frac{D_p}{D_e})^n] \tag{1-5}$$

式中：R—累积筛余百分数(%)；D_e—累积筛余为 36.8%时特征粒径

n—均匀性系数

1.1.2 采煤工作面粉尘治理措施

(1)布置采煤机径向雾屏。

通过在采煤机靠近滚筒的摇臂上加装焊接有 6~9 个喷座的直线和弧形金属管连接器，采用 10MPa 以上的供水压力和 5L/min 左右的流量来给喷座供水，在人行道一侧形成一道径向雾屏的方式来对采煤机滚筒产生的粉尘加以有效地降低和管控。

(2)采用高压喷雾降尘。

高压喷雾降尘主要是靠水雾的高压力来把粉尘冲散，以达到对其浓度进行降低的目的。这种降尘方法的降尘效果比较理想，操作起来也比较简单，容易实施，它的降尘率可以高达 90%左右。它对水的压力要求控制在 8~12MPa 以上，对流量的控制要求在 15L/min。其工作原理主要是通过高压力来把水雾分子的飞行速度，还有涡流强度带电量的大小加以提高，来使水雾分子和粉尘颗粒高速碰撞和凝聚，这样可以把粉尘外因有空气膜而出现的排斥现象有效避免，显著提高两者的结合度，来达到高效除尘的目的。喷射高压水雾之前的全尘浓度梯度变化明显，

全尘浓度都较高，并且采煤机滚筒中心位置浓度相对较高，下风侧浓度相对较低，这是由于全尘本身颗粒较大，很难悬浮在空气中，容易自行沉降，喷射高压水雾之后全尘浓度梯度整体都有了明显的降低。可见采用高压喷雾降尘效果还是比较显著的。

(3)对特殊地区安装设计特殊的自动阀控喷雾设备。

对一些特殊地区产生的粉尘如煤矿支架的移架过程，放煤设备的放煤过程，可以通过设计特殊自动阀控喷雾设备的方法来达到降尘除尘的效果。可以通过在除尘设备上安装四通阀或者磁化器的方式，去除煤矿支架移动过程中和放煤设备在放煤过程中产生的粉尘，这样也可以对下风邻架的降尘工作和呼吸性粉尘的磁化水喷雾降尘工作起到很好的作用。

1.1.3 掘进工作面粉尘治理措施

机械凿岩是煤矿井下采掘工作的主要作业方式，在机械设备强有力的对岩石进行撞击的过程中，大量的粉尘必然会在此过程中产生。对煤矿掘进工作面粉尘量的影响因素主要有：

(1)被开采岩石的岩性和具体的结构特性;

(2)开采煤矿的生产强度。

湿化处理是在凿岩时通常采用的降尘措施，也可以通过开展捕尘工作来除尘。随着科技的发展，又研究出了一种更易操作且更经济合理的除尘方法--泡沫除尘法，其主要是在水中加入一定比例的泡沫，然后通过一定的机械处理，得到一种水和泡沫的全新混合物，这种全新混合物的体积要比纯水的体积大很多，这样既能节约大量的水，又能增加湿润界面，可以捕获更多的粉尘，其除尘效果也比较理想。

目前，国内煤矿综掘工作面使用的掘进机一般都配有内喷雾和外喷雾装置。在实际使用当中，这种属于一次喷雾降尘的技术仍然存在抑尘效果不理想的情况。遇到不适合强化喷雾降尘的地质条件，以及憎水性强的煤岩巷道都存在着较大的制约性。综掘工作面的粉尘治理是一个“职业健康安全热点问题”“有限空间作业喷雾难治问题”“外置设备协同作业卡脑子问题”。

围绕多机协同控制技术及远程集中监控，开展煤矿掘进工作面再生新风除尘机器人成套装备研究与应用，本着以达到减少作业人员数量、降低劳动强度、提高职业健康安全保障为目标，充分发挥智能化防尘机器人在生产过程中重要作用，将矿工从危险繁重的一线解放出来，不断创新防尘技术与方法，促进煤炭工业智能化转型升级和高质量发展。

1.2 智能除尘机器人的概念

机器人的性能往往与机器人采用的机构类型、分布、传动方式、驱动方式以及控制方式有关，机器人的机构设计需要协调好各个模块之间的关系，为实现精确控制创造良好的条件。使用可控差动平衡机构连接箱体和履带行走机构，使机器人既能被动的适应地形，又能在可控差动平衡机构的控制下主动的适应地形。

通过对矿井现场环境分析，井下除尘机器人设计需要满足以下几点要求：

1.具有较强的运动性能：能够爬越 20 度斜坡，逾越 300mm 的垂直障碍，跨越 400mm 的沟道；

2.具有较好的地形适应能力：能够在非结构化地面行走，地形变化对车体的扰动小；

3.良好的与外界环境交互的能力：能够感知周围的环境，机器人搭载 IMU、位移传感器、编码器、扭矩传感器、RGB 摄像头、激光雷达等外设；

4.控制系统有良好的扩展性：控制系统在满足特定用途的情况下，可以满足其他用途或以后更多功能更智能的需求。

1.3 智能除尘机器人创新原理

巷道再生新风机器人主要用来解决掘进工作面降尘功能，新风机器人能够自动跟随或避开掘进机行走，自动调整机械臂姿态，使得捕尘装置始终对准尘源，最大限度收集粉尘，最终通过湿式洗气机或干式除尘装置将含有粉尘的气体处理成洁净的新风供给掘进面。对关键技术分析如下：

（1）多传感器融合高精度定位技术

掘进工作面具有工作范围小、同时工作设备多、设备不断移动的特点，这就要求工作面设备之间需要做好协调，对时间和空间做好规划，避免设备之间的互相干扰，对掘进面装备的精准定位尤为关键。拟采用传感器融合技术，将激光雷达、惯性导航单元、 里程计传感器和双目视觉摄像头的数据作融合定位， 获得高精度、高稳定性的全天候全场定位，实现多传感器优缺点互补，解决单一传感器在精度、采样频率、全局稳定性等方面的不足，避免因单一传感器收到干扰而导致自动定位异常的问题。

采用 NDT（基于栅格化地图）算法进行三维环境地图的重构，实时更新地图，结合观测模型对巷道修复机的位姿进行精确校正。视觉、结构光和惯性导航融合的双目相机方案，可适用于完全黑暗的矿道环境，融合视觉里程计技术，实现精准避障，完成导航路径规划。

（2）障碍物检测及自主避障技术

公司基于激光雷达、毫米波雷达、双目摄像头等多传感器融合，对巷道新风机器人运行道路中的障碍物进行检测，判断目标物体的三维空间位置，并基于深度学习目标识别算法，实现对行人和其他作业车辆的识别等功能。新风机器人会根据检测到的人员和车辆信息，避开障碍物，自主决定行走路径。

（3）基于 UWB 的无线电定位技术

公司针对矿内环境，研发超宽带定位系统，采用 TDOA 方式定位，提供稳定的巷道新风机器人高精度定位管理方案，实现巷道新风机器人的实时定位、轨迹回放、视频联动等，实现区域内全自动、全覆盖和主动式监控，适用于隧道、矿井、地下轨道交通等恶劣的建筑施工环境。

UWB 是一种物理特性很适合做定位的无线电波，具有以下特点：

- 脉冲宽度超窄（1ns），利于计时和定位，天然抵抗多径效应。
- 占用频谱宽，可以抵抗 Wi-Fi/蓝牙等固定频率的无线电干扰。
- 频谱功率低，对 Wi-Fi/蓝牙等无线电信号无干扰。
- 定位精度高，可靠性高、功耗低、可结合手机定位（专利）。
- 同时支持的定位设备多。

（4）可控循环风大风量长压短抽通风降尘技术

除尘器的处理风量及除尘效率直接影响抽尘净化系统的整体效率，是整个系统中最为关键的设备。湿式除尘器具有结构简单、体积小、造价低、操作维修方便和除尘效率高等优点，适用于煤矿井下之类的受限空间，尤其是掘进工作面。湿式除尘器是使含尘气体与水密切接触，利用水滴和尘粒的惯性碰撞及其它作用使粉尘粒径增大并捕集尘粒。其工作原理为：含尘空气被吸入除尘器后，被高速旋转的叶轮雾化，形成泥水、尘雾，气流夹带泥水、尘雾至除尘箱的捕尘器位置，粉尘被再次捕捉并形成泥滴，未形成水的水雾在气流的夹带下行至除雾器，被除雾器搜集并形成水滴，最后形成的污水在除尘箱底板上会流出除尘箱。

巷道新风机器人的抽尘净化系统采用长压短抽结构型式，采用的长压系统主

要由局部通风机和 Φ800 mm 抗静电、阻燃风筒组成。短抽系统由集尘器、Φ700 mm 负压软风筒和矿用湿式过滤旋流除尘器等部件组成。短抽系统安装在新风机器人机械臂上，可以随掘进机一起移动，使吸风口始终距产尘点最近的位置并在掘进机司机的前方，距掘进工作面不大于 5.0 m 范围内，使掘进机司机始终处于新鲜风流中。

1.4 智能除尘机器人应用的价值

在煤矿掘进智慧化除尘设备方面，国外掘进机设备制造商早已开展了除尘器设备智能化的研究。20 世纪 80 年代，以美国的湿式小旋风、俄罗斯的湿式旋流吸尘泵等为代表，带动了湿式除尘设备的理念。我国先后引进过德国 WAV300、奥地利 AHM105、英国 MK3 型重型悬臂式掘进机。国产重型掘进机与国外先进设备的差距除总体性能参数偏低外，在元部件可靠性、控制技术、截割方式、除尘系统等核心技术方面也有较大差距。

目前，国内煤矿综掘工作面使用的掘进机一般都配有内喷雾和外喷雾装置。在实际使用当中，这种属于一次喷雾降尘的技术仍然存在抑尘效果不理想的情况。在遇到不适合强化喷雾降尘的地质条件，以及憎水性强的煤岩巷道都存在着较大的制约性。综掘工作面的粉尘治理是一个“职业健康安全热点问题”“有限空间作业喷雾难治问题”“外置设备协同作业卡脑子问题”。

我国在重型掘进机、连续采煤机、全断面掘进机等设备智能化技术研究起步较晚。近年来在国内，以远程可视控制技术、自动截割轮廓成形控制技术、遥感遥控技术、工况监测技术、内外喷雾系统优化和故障自诊断等为关键技术虽然研制投入和实际应用上得到突破，但在智能化除尘降尘方面没有大的发展。

通过对煤矿掘进工作面大量应用的除尘风机技术分析，以中煤科工重庆院 KCS-550D-1 矿用湿式除尘风机，宁波匠神环保设备有限公司 KCS-600DZ 矿用湿式除尘风机，山东天河科技股份有限公司 KCS-500DZ 矿用湿式除尘风机/KCS-500D 矿用干式除尘风机等为代表的除尘器仍然存在着体积偏大、质量较重、功耗显高、噪音超标、操作不便、维修复杂等多个方面的不足。

围绕多机协同控制技术及远程集中监控，开展煤矿掘进工作面再生新风除尘机器人成套装备研究与应用，本着以达到减少作业人员数量、降低劳动强度、提高职业健康安全保障为目标，充分发挥智能化防尘机器人在生产过程中重要作用，将矿工从危险繁重一线解放出来，不断创新防尘技术与方法，促进煤炭工业智能化转型升级和高质量发展。

1.5 智能除尘机器人的应用领域

目前除尘机器人主要应用领域包括工业除尘机器人、商用除尘机器人和民用除尘机器人。

1.5.1 工业除尘机器人

基于环保及工人健康方面考虑，许多汽车制造企业开始引进更先进的机器人焊接。一方面能加快车间产能，一方面能减少工人直接接触烟尘，避免工人出现职业病情况。然而，机器人焊接虽好，但依然要看到，这种更快速更便捷的焊接方式同样会产生大量的焊接烟尘。同时，由于焊接机器人工作的时间比较久，产生的烟尘可能比手工焊接的量还要大，如果不治理，对工厂里的工人和大气环境都会造成影响。

工业机器人在对一些零件进行加工时会产生灰尘，为此，需要使用到除尘装置，然而，现有除尘装置的吸尘口大多是位置固定的，无法灵活的进行多方向的吸尘处理，这样使得对加工时产生的灰尘吸收处理效果不够好，为此，需要一种工业机器人作业用除尘装置及除尘方法。

机器人运作处于一个相对封闭的工作房内，只需在工作房顶部设计排风口与除尘系统相互连接，焊接瞬间产生的烟尘，沿着顶部排风口进入管道，经过除尘器处理后排出达标空气。

（1）焊接机器人除尘-机器人焊接工作间

将机器人焊接工作间整体密封或者半密封，选用顶吸或者侧吸的收集方式将机器人工作时产生的烟气粉尘收集。采用集中式滤筒除尘器作为焊接机器人工作站内的主净化系统。在风机作用下烟气粉尘经管道进入到滤筒除尘器进行净化，净化后的洁净空气随烟囱排放。

图 1-1 焊接除尘机器人

（2）焊接机器人除尘-顶吸罩/可移动式顶吸罩

顶吸罩在焊接机器人焊烟收集的应用中也是较为普遍的，结合用户工况及机器人路径设计顶吸罩的尺寸大小，可在烟气粉尘扩散范围内及时将烟气粉尘收集，目前仅该项收集方式已完成多个成功案例，涉及行业多达几十个。

图 1-2 顶吸焊接除尘机器人

（3）焊接机器人除尘-高负压焊烟净化器

高负压焊烟净化器在单个工位的使用中较多，风量设计有 190m^3/h、245m^3/h、500m^3/h 可供不同工况进行风量选择，如焊接机器人需长时间运作建议选购 LB-JF 系列高负压焊接烟尘净化器。

图 1-3 高负压焊接除尘

机器人焊接除尘设备采用四周悬挂防护软帘设计，能有效防止焊接时火花飞溅，同时还能将扩散开来的焊接烟尘圈定在一个地方，方便吸气罩/臂发挥作用。

1.5.2 商用除尘机器人

商用智能清洁机器人，通过定时任务、自动充电，可实现全天候清洁工作，一周无人干预，轻松适应硬质地面、地毯等多种地面材质保洁。

通过物联网管理技术帮助用户管理多台设备，掌握清洁状态，通过高精度 SLAM 算法，厘米级定位精度，支持大场景 10 万方平米建图应用。通过高效路径规划技术实现全覆盖清扫、贴边清扫、补充清扫。配备多线激光雷达、碰撞传感器、防跌落传感器。可 360º 全方位立体感知，防碰撞、防打滑、防跌落通过传感器、轮速计有效控速，作业安全可靠。

利用 SENSOR-FUSION 和 AI DEEP LEARNING 等方法，对行人及障碍物进行智能分析。通过物联网云端管理平台，结合 4G/5G 模组，利用 IOT 实现多台机器人在线升级，寿命和耗材状态在线监测，故障报警和日志数据存储分析，任务报告反馈等功能，提供更有针对性的清洁解决方案。

自行清洁，断点自扫，污水箱自洁，自主加排水。常用于机场、高铁站、商场、写字楼、酒店、购物中心、超市、仓库、工业厂房、展馆、医院等超大场景作业。

图 1-4 商用大场景除尘机器人

1.5.3 民用除尘机器人

民用扫地机器人是一种可以智能自动扫地的设备。有了扫地机器人就可以让你从此解放双手，不再受拖地扫地的痛苦，不仅省力还省心。如今的扫地机器人都非常的智能化，还有一些搭载了摄像头，能让你远程看到家中情况。

扫地机器人的机身为自动化技术的可移动装置，与有集尘盒的真空吸尘装置，以圆盘形为主。以扫地机器人品牌达迪尔作为解说参考，前方内置多组感应器，可侦测家具环境与障碍物，如侦测到墙壁或障碍物，会减速自行转弯；搭载定位导航路线规划技术，在室内有规律弓字形行走，还有沿边清扫、重点清扫、随机清扫、直线清扫等清扫模式，并辅以边刷、真空吸口、拖布等组件，加强打扫效果，以完成地面清洁工作。

扫地机器的机身为无线机器，以圆盘形为主。使用充电电池运作，操作方式以遥控器，或是机器上的操作面板。一般能设定时间预约打扫，自行充电。前方有设置感应器，可侦测障碍物，如碰到墙壁或其他障碍物，会自行转弯，并依每间不同厂商设定，而走不同的路线，有规划清扫地区。（部分较早期机型可能缺少部分功能）因为其简单操作的功能及便利性，现今已慢慢普及，成为上班族或是现代家庭的常用家电用器。

机器人科技现今越趋成熟，故每种品牌都有不同的研发方向，拥有特殊的设计，如：双吸尘盖、附手持吸尘器、集尘盒可水洗及拖地功能，可放芳香剂，或是光触媒杀菌等功能。

机身为自动化技术的可移动装置，与有集尘盒的真空吸尘装置，配合机身设定控制路径，在室内反复行走，如：沿边清扫、集中清扫、随机清扫、直线清扫等路径打扫，并辅以边刷、中央主刷旋转、抹布等方式，加强打扫效果，以完成拟人化居家清洁效果。

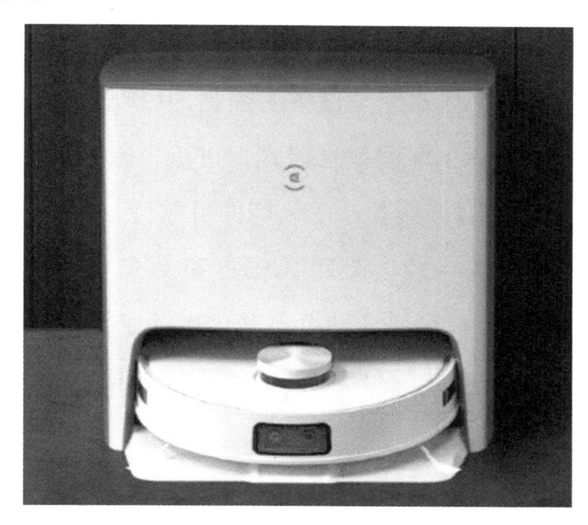

图 1-5 民用小型除尘机器人

1.6 煤矿除尘机器人国内外研究现状

我国在重型掘进机、连续采煤机、全断面掘进机等设备智能化技术研究起步较晚。近年来在国内，以远程可视控制技术、自动截割轮廓成形控制技术、遥感遥控技术、工况监测技术、内外喷雾系统优化和故障自诊断等为关键技术虽然研制投入和实际应用上得到突破，但在智能化除尘降尘方面没有大的发展。

煤巷高效掘进方式中最主要的方式是悬臂式掘进机与单体锚杆钻机配套作业线。掘进机主要由行走机构、工作机构、装运机构和转载机构组成，掘进机截割头装有无差异内喷雾系统。尽管中煤科工重庆研究院、中国矿业大学、应急管理大学（筹建，原华北科技学院）、西安科技大学、辽宁工程技术大学、山西天地煤机装备有限公司、山东天河科技有限公司、中矿龙科能源科技（北京）有限公司等多所研究机构和装备生产制造单位研制了不同的与掘进机配套的相关智能化喷雾降尘抑尘配套产品技术，但是如前所述，煤矿至今没有一款在人不能近、人不能及、人不能为条件下能实质性解决抽尘除尘、洗涤换气再生新风、环境图像侦测、无线信息传输的智能除尘机器人。

国外一些发达国家对于矿用除尘设备的研发起步较早，国内矿井除尘治理起步较晚，目前多采用煤层注水、喷雾降尘等耗水量大的除尘方法，除尘效率低且二次污染严重。湿式除尘器具有体积小、移动方便等特点，但是除尘器用水量大，水的排放会影响到现场的作业环境，再加上维护时需要定期将捕尘网抽出来进行清洗，增加了工作量。

在煤矿掘进智慧化除尘设备方面，国外掘进机设备制造商早已开展了除尘器设备智能化的研究。20 世纪 80 年代，以美国的湿式小旋风、俄罗斯的湿式旋流吸尘泵等为代表，带动了湿式除尘设备的理念。我国先后引进过德国 WAV300、奥地利 AHM105、英国 MK3 型重型悬臂式掘进机。国产重型掘进机与国外先进设备的差距除总体性能参数偏低外，在元部件可靠性、控制技术、截割方式、除尘系统等核心技术方面也有较大差距。根据有关资料，FLETCHER、JOY、SANDVIK、DOSCO 等公司在锚杆钻机自动化申请了多项专利；以德国 TB80E 掘进机除尘系统为例，首先通过刀盘喷水嘴喷雾在破岩时同步喷雾达到降尘的目的。

2019 年 1 月，国家煤矿监察局发布《煤矿机器人重点研发目录》，明确重点研发应用掘进、采煤、运输、安控和救援五大类、38 种煤矿机器人，为我国煤矿机器人研发明确了方向。2022 年两会之际，全国人大代表、中国工程院院士、安徽理工大学校长袁亮指出：落实“面向人民生命健康”要求，加快推进我国矿山“空气革命”，重视粉尘源头治理与职业健康保障工作迫在眉睫、意义重大。

第2章 煤矿除尘机器人系统结构

针对采煤工作面开放空间尘源控制难度大，难以高效地进行封闭式除尘等问题，提出了采煤工作面粉尘智能防控关键技术及装备研发理念；研发了采区供液中心全自动反冲式回液过滤站，实现井下水源的一次高压喷雾及捕尘污水的二次水质过滤加压喷雾（水质循环利用，降低水污染），通过在采煤机滚筒、液压支架、运输转载点、回风流处布设传感器，实现对各工艺过程的动态感知，研发采煤机滚筒内外自动高压喷雾、液压支架智能跟机喷雾、运输转载点自感应喷雾及工作面回风流无线智能喷雾降尘技术与装备，系统地实现采煤工作面粉尘智能化高效防控。采煤工作面粉尘智能防控工艺流程如图 2.1 所示。

煤矿除尘机器人系统主要由掘进机负压水气排枪精准喷雾降尘系统、正压旋风分流控除尘系统、负压干/湿式再生新风除尘器系统、自主移动机器人底盘系统四部分组成。

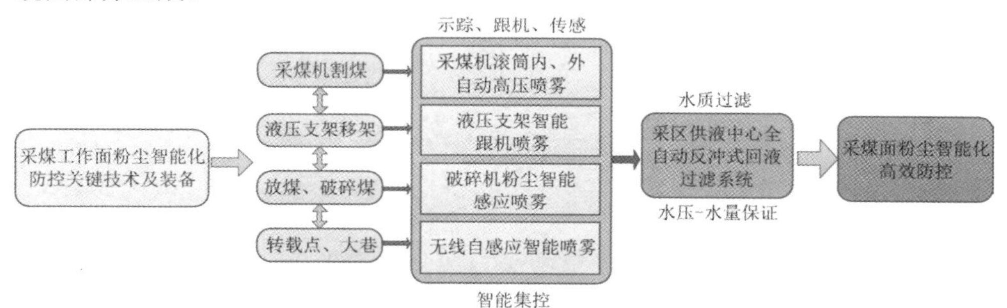

图 2-1 采煤工作面粉尘智能防控工艺流程

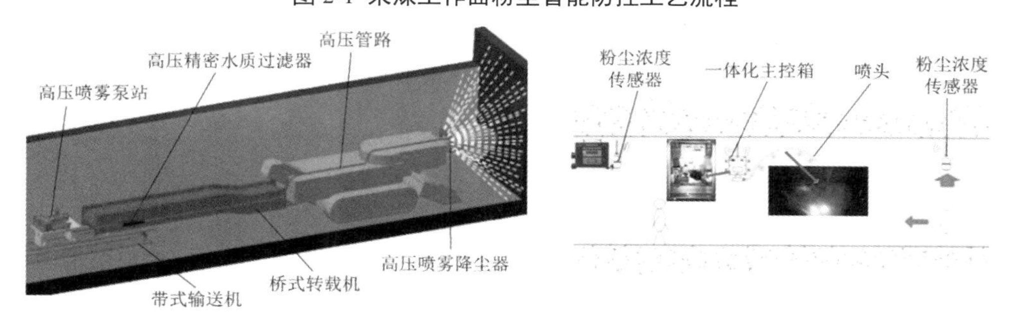

（a） 智能高压喷雾系统 （b）超细水雾除尘系统

图 2-2 除尘系统关键构成

综掘工作面精准抑尘/除尘的核心技术理念如下：

（1）计算机粉尘弥漫轨迹分析，气载粉尘 AI 算法模型；

（2）掘进机负压水气排枪精准喷雾降尘系统；

（3）正压旋风分流控除尘系统；

（4）负压干/湿式再生新风除尘器系统。

图 2-3 矿用湿式除尘系统

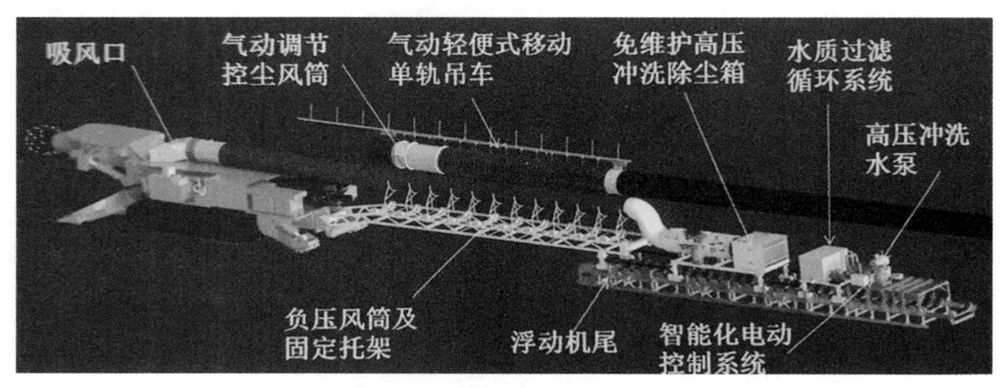

图 2-4 掘进面除尘系统构成

地面移动机器人的移动机构主要有轮式、腿式和履带式，其中轮式移动机构以其具有结构简单、运行速度快、运动灵活、能耗低、制造成本低等特点得到了广泛的应用，但是这种机器人越障能力不强，因其越障高度通常取决于轮子的半径，并且轮式机构在崎岖不平的路况下运行时稳定性较差，所以这种机器人通常应用于相对平整的地形环境中。

而腿式移动机构相比于轮式移动机构具有更好的地形适应能力，能够像人和其他有足动物一样越过一定高度的障碍，运动较为灵活，其运用有着较为光明的前景。但是在目前的技术背景下，腿式移动机构技术还不够成熟，仍有许多问题需要解决，首先就是腿式移动机器人的研发成本较高，当前对腿式移动机构研究较为成熟的本田公司和波士顿动力公司的每一款机器人的成本都需要几百万美元，这是一般公司所不能承受的；其次，当下的腿式移动器人的能量消耗较大，这也意味着其续航能力较差，执行任务的持续性不强；最后，腿式移动机器人控制复杂，容易出现故障，运行不稳定。

履带式移动机构作为一种自铺路式移动机构具有较为突出的优点，这使得使用履带式移动机构的机器人既能够在坚硬的路面上运行，也能在松软的路面上运行，而对于轮式和腿式移动机器人则基本无法实现在松软路面上的运行。除此之外，履带式移动机构的转向半径较小，甚至能实现原地转向；履带的外部履齿可以刺入泥土中或与一些凸起石块相互作用，减少机器人运行过程中的打滑现象，具有较好的牵引附着性，能够为履带机构的运行提供较大的牵引力。履带式移动机构还具有结构相简单、越障能力强、控制方便、对环境的适应能力强的特点，也是履带机器人受到世界各国广泛的研究和应用的重要因素。表 2-1 对不同移动机构特点进行了简单的对比。

表 2-1 不同移动机构的性能对比

移动形式	轮式	腿式	履带式
运行速度	快	快	中
越障能力	低	高	中
机构复杂程度	简单	复杂	一般
控制难易程度	简单	复杂	简单
能量消耗	小	大	中
运行稳定性	中	差	好
成本	低	高	中
案例机器人			

通过以上对各种地面移动机构的简单对比能够发现每一种移动机构都具有各自的特色，相比于轮式机器人较差的越障性能和腿式机器人高昂的造价，履带式机器人具有十分优良的综合性能，这也是履带式移动机器人得到世界各国研究机构广泛研究的一个重要原因。

2.1 履带式机器人

履带最早的设计就是为了解决沉重的车辆在松软土地上正常行驶的难题。经过长时间的改良，履带装置现已广泛的应用在拖拉机、坦克等重型车辆上。而对移动机器人的研究最早可以追溯到上世纪 60 年代，由斯坦福研究院的（SRI）Nils Nilssen 和 Charles Rosen 等人设计出了名为 Shakey 的自主移动机器人。显而易见的是该移动机器人并不能很好地运行在室外崎岖的地面。为了适应野外复杂的地理环境，履带式的移动机器人的设计想法油然而出。随着机器人技术的不断发展，对履带式移动机器人的要求也在不断提升。为了提高履带式移动机器人在野外作业时的越障性能和地面通过性能，最早是由 T.Iwamot 和 H.Yamamoto 根据三角变形原理提出了变形履带机构的概念。

由于履带式移动机器人具有较强的地面适应能力和较好的越障稳定性，因此，在复杂的地面环境下应对应急救援、安全巡检等多重任务具有更突出的优势。目前，国内外许多学者针对履带式移动机器人的进行了相关研究。

对小型移动机器人的研究，我国是在上世纪八十年代末才开始有了初步研究。随着我国“863”计划的实施，国内一些科研单位开始对部分危险行业进行机器人代替人类作业的技术攻关，通过不懈努力，完成了一批成果。

哈尔滨工业大学机器人研究所与唐山开诚电器有限公司研制了煤矿井下探测机器人。该机器人的运动机构主要分为主体驱动履带、前摆臂履带和后摆腿履带等三节关节履带，三节履带在越障过程中相互协调，极大地增强了机器人越障稳定性，机器人结构如图 2-5 所示。同时，机器人搭载了用于检测瓦斯浓度的相关传感器和摄像头等，可有效地对巷道的环境进行及时监测，并能及时将信息反馈到操作室，以便工作人员做出判断。

中国国际煤炭展览会上，河北唐山开诚电控设备集团展示了研制的矿用抢险探测机器人，如图2-6所示。该矿用机器人具备较强的防爆能力和越障稳定性能，同时还具备较强的涉水能力，并且机器人可以搭载多种功能的云台设备，能较为轻松地进入事故发生现场，并将现场信息反馈给外部人员，及时为抢险救援工作提供重要保障。

图 2-5 煤矿井下探测机器人

图 2-6 矿用抢险探测机器人

北京理工大学研制出了一种履带可变角度的关节式移动机器人。如图 2-7 所示，该机器人行走结构主要分为前壳体和后壳体，左右各采用一条履带连接前后壳体，行走驱动电机安装在后壳体驱动轮处，通过驱动轮将动力传递给左右两条履带实现机器人的行走转向运动，前壳体可通过安装在后壳体前部的关节驱动电机驱动而改变角度，在机器人越障过程中，可及时调整前壳体旋转角度，使得机器人以合适的越障姿态进行越障运动，可有效地提升机器人越障稳定性。

图 2-7 履带可变角度的关节式移动机器人

图 2-8 可重构履带移动机器人

中南大学研制了一种基于四连杆机构的可重构履带式移动机器人，如图 2-8 所示。该机器人行走结构应用了模块化设计思路，将履带模块设计成一种可重新构建的四杆机构，机器人在翻越障碍时，可通过改变四杆机构的形状来改变机器人的履带结构，调整机器人的重心，以适应各种障碍的特征，增加机器人越障高度。

中科院沈阳自动化所成功设计了一种用于反恐、防爆作业的移动机器人——“灵晰-H”。如图 2-9 所示，该机器人是一种复合式结构的移动机器人，在平整路面时，机器人可调整使用轮式移动，极大缩短机器人远距离行驶时间，在面对障碍物时，机器人改变使用履带移动，保证机器人翻越障碍的稳定性。

图 2-9 “灵晰”机器人

针对一些特殊环境下使用的小型机器人，国外也有许多专家学者进行了大量研究。在对履带式移动机器人研究的研究道路上，美国更注重于机器人的运动的灵活度和越障过程的稳定性。图 2-10 所示的机器人是由美国 iRobot 公司研发的一款微小型系列履带机器人—“PachBot”。该系列的侦察型号机器人结构小巧，长度不足 700mm,总质量在 15Kg 以下，但其行驶速度较一般机器人快，最快可达 2.5m/s，具有极其高的使用价值。

图 2-10 PachBot 履带式机器人

图 2-11 Brokk 机器人

针对核事故特殊环境下的应急作业机器人，瑞典 Brokk 公司研制了一系列的具有防辐射能力的核应急机器人。如图 2-11 所示的机器人是 Brokk160 型号的防核辐射应急救援机器人，该机器人能顺利进入一定核辐射强度环境下进行作业，并且作业工具头能实现快速更换，机器人设置了四个支腿，在机器人进行作业时，撑开支腿能有效增强机器人的作业稳定性和安全性。

2.2 机器人的基本构成

履带机器人单独依靠两条普通履带轮系，具有较好的运动性能，面对各种崎岖不平、软硬泥泞的路面都具有良好的通过性，但是当机器人面对略高于自身前轮轮心高度的垂直障碍时，在没有外部协助下，机器人很难跨越障碍，这对于机器人在未知地形环境中执行任务造成很大的局限性。为了提高机器人的越障能力，通常是在原机器人的基础上安装辅助越障的摆臂轮系或者是采用形状或运动姿态可变的机器人履带轮系，这种轮系通常具有多个自由度且至少有一个自由度是未被约束的，属于欠驱动机械装置。以上两种辅助机器人越障的机构中前者是在机器人遇到较高障碍时通过机器人搭载的电机控制摆臂轮系的运动，改变机器人的姿态或者重心高度实现越障，称为主动自适应越障，前文介绍的 PackBot 机器人就是利用这种原理；另一种越障形式是地形的变化使机器人轮系的受力发生改变，从而使欠驱动机械装置的形状或姿态发生改变辅助机器人越障的形式称为被动自适应的越障，比较典型的案例为 FDTM 月球车的结构。主动自适应机器人与被动自适应机器人由于各自具有的结构和控制方式，使他们在不同方面表现出优异的特性，通过比较应用这两种自适应形式的机器人各自的优势与不足，结合研究的机器人的应用领域，选取适当的自适应形式。表 2-2 是对机器人采用主动自适应和被动自适应特性的简单对比。

表 2-2 主动自适应与被动自适应特性对比表

	主动自适应地形	被动自适应地形
结构	结构简单	结构复杂，一般采用欠驱动形式
控制	控制复杂，需对多个电机协同控制	控制容易，控制成本低
动力	需要多个电机，电机利用率低	电机布置数量少，电机利用率高
传感器	需要多个传感器采集地形信息，协助运动	基本不需要协助运动的传感器
地形适应力	对地形适应能力强，但是反应速度慢	对特定的环境适应能力强，反应速度快

本书中研究的机器人作为一种特种履带机器人，依托着履带式移动机构独有的特性，以期能够在一些特殊环境下进行运输、侦查、搜救、排爆、巡检等特殊任务，这就对机器人的各个方面有了较高的要求。首先，机器人的结构要十分可靠，在受到一定程度的碰撞、冲击时能够保持自身结构的完整性，不影响机器人继续作业；其次，在机器人的控制方面，由于机器人会在各种复杂的环境下运行，包括潮湿的、泥泞的、甚至水下环境，这些因素无形之中会对机器人控制电路造成很大的威胁，而避免这些因素影响到机器人控制电路的措施除了对机器人电控部分进行防水密封，还可以通过简化电控部分降低机器人的故障率；再次，在机

器人的动力配置上，机器人上搭载过多的电机不仅增大了机器人的总体重量，而且也提高了机器人电器控制部分的复杂程度，机器人的故障率大为提高，同时，过多的电机也会消耗较多的电量，所以当机器人所搭载电池容量固定的情况下，机器人搭载的电机越多机器人的续航里程越小，这十分不利于机器人在复杂未知环境下执行任务；另外，传感器作为机器人外部环境信息的采集元件，能够将将外部环境信息传回机器人中央处理器并实时发送给机器人操控者，这些环境信息是机器人操控者操控机器人进一步运动的依据，同样，数量过多的传感器也会提高机器人的电控系统，提高故障率。最后是地形适应能力，在此方面需要借助机器人特定的构型根据地形的改变在姿态上做出调整以期提高机器人履带与地面之间的接触面积，获得较大的附着力，提高机器人的越障通过性能。

机器人本体结构是机器人的主体部分，为机器人的行走、转向、越障提供执行机构和动力来源，主要包含了左右行走履带部分、箱体以及箱体内部驱动系统组成。左右行走履带部分主要由两条橡胶履带、驱动轮、引导轮、支重轮、以及相应的零部件组成，引导轮安装设计了滑动槽，用以调整驱动轮和引导轮之间的中心距，方便控制左右行走履带的松紧程度，可有效防止机器人行走过程履带脱落情况。机器人左右行走履带分别通过两台直流减速电机进行驱动，两台减速电机主要提供机器人的行走驱动力；机器人箱体内部主要放置了两台行走驱动电机和一台关节摇臂驱动电机、驱动电源、电机驱动器以及远程控制无线接收模块。其部分结构布局如图 2-12 所示。

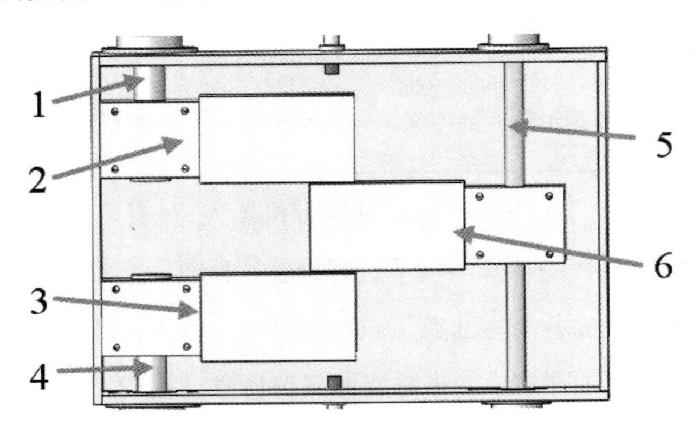

1.左传动轴 2.左驱动减速电机 3.右驱动减速电机

4.右传动轴 5.摇臂履带传动轴 6.摇臂驱动减速电机

图 2-12 机器人本体结构三维模型

为减轻机器人自身重量带来的负载，机器人的箱体选用了 6061 系列铝合金，驱动轮、引导轮和支重轮材料选用了 PE 高分子材料，既能达到机器人结构的强度要求，又有效的减轻了机器人自身的重量。

机器人增加关节摇臂结构主要为了提高机器人越障能力，并且能有效提升机器人翻越障碍过程中稳定性。关节摇臂的摆动是由安装在箱体内的摆臂驱动电机来驱动，为使来自箱体摇臂驱动电机驱动作用力矩传递到关节摇臂，将引导轮传动轴结构设计为空心轴，摇臂传动轴穿过引导轮传动轴将转动力矩传递到关节摇臂，实现关节摇臂协助机器人翻越障碍。其传动原理图如图 2-13 所示。

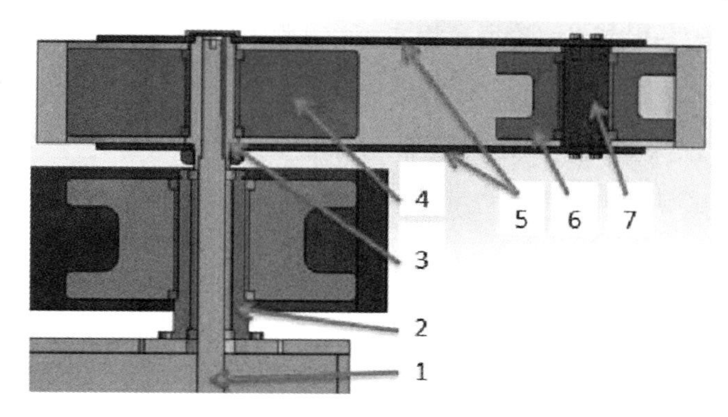

1.摇臂传动轴 2.引导轮转动轴 3.摇臂大轮转动轴

4.摇臂大轮 5.摇臂固定板 6.摇臂小轮 7.摇臂小轮转动轴

图 2-13 关节摇臂驱动三维结构图

机器人上的各履带轮模块在机器人车体上不同的布置形式对机器人的运动性能也会产生很大的影响，下面对上文得到的行星轮式移动机构在机器人车体上的不同安装位置的特点进行对比并介绍方案。

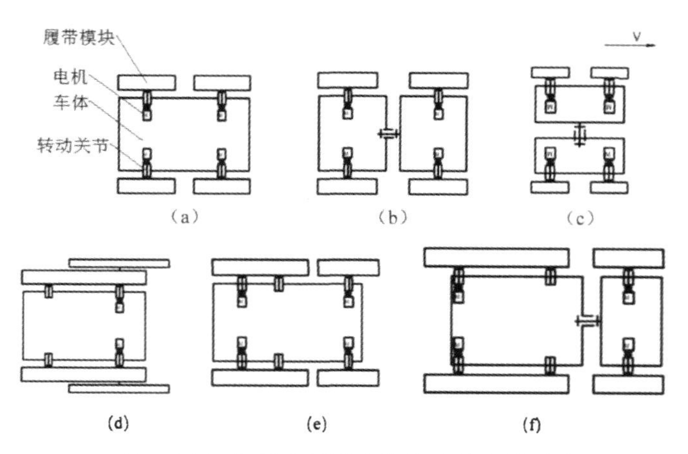

图 2-14 履带轮在机器人车体上的布置形式

图 2-14 所示是履带机器人在车体上的不同布置形式，其中(a)(b)(c)图中使用

的行星履带轮机构的形式如图 2-14 所示，该行星轮布置在机器人的车体上，每一个行星轮通过一个电机进行控制，由于行星履带轮为欠驱动的结构，具有较好的地形适应能力。图(b)(c)采用了双节车体的结构形式，两车体通过可转动的铰链联结，当行驶于高低不平的地面上时，两车体能够相对转动，使四个履带轮都能与地面接触，获得较大的驱动力。(d)(e)(f)履带轮的布置形式采用了三轮式的和两轮式的轮带轮机构进行了符合，使机器人综合了所使用两种履带轮机构的特点，其中(d)图机器人结构是在车体上布置了两个两轮式的履带轮机构，作为机器人运动的主履带轮，其主从动轮直径相同。在主履带轮的外侧布置了两个三轮式的行星履带轮，其形式如图 2-14，行星履带轮与主履带轮通过传动轴利用同一个电机驱动。(E)(F)图中将三轮式行星履带轮与主履带轮并列布置，并利用单独的电机进行驱动，其中(f)图也是双节车体的布置形式，通过铰链联结，随地形变化相对转动。

通过对比以上提出的各种机器人能够发现除了(d)图履带的布置形式需要两个电机进行驱动，其余各图的履带布置形式均需要四个电机进行驱动，这与本书的提高机器人的续航能力、降低机器人的总体重量的研究目标是不相符合的，所以选择了图(d)所示的履带轮的布置方案进行了深入的研究。根据图(d)的布置方案，确定了行星轮式履带机器人的传动原理如图 2-15 所示，电机和主动轴之间通过一对伞齿轮连接，主动轴同时驱动主履带轮和行星履带轮的驱动轮转动，驱动轮驱动履带使机器人运动。通过控制两电机的转速或转向可以实现机器人的转弯、直行、和倒退等动作。

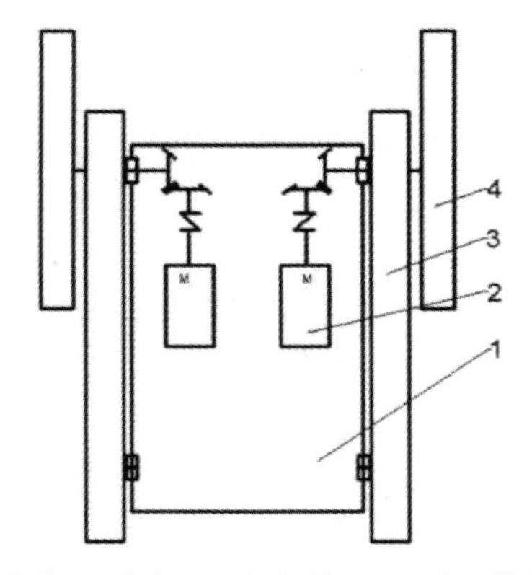

1.车体 2.电机 3.主履带 4.星型履带轮

图 2-15 履带机器人原理图

该机器人采用差动行星履带轮与常规履带轮相结合的方式，其中行星履带轮保证了机器人具有行星履带轮的运动，能够在特性崎岖不平的地面上自动适应地形的变化，在遇到稍高的台阶等障碍时可以借助行星履带轮的翻转爬上障碍，而主履带轮则起到了支撑整个机器人作用，主履带的连续性使机器人在台阶上或者凸起的碎石块时不易被卡住，同时，增大了履带与地面的接触面积，提高了其行驶稳定性，在行驶越障过程中能充分发挥履带的抓地性能，提高机器人的运动性能。行星履带机器人的整体构型如图 2-16 所示。

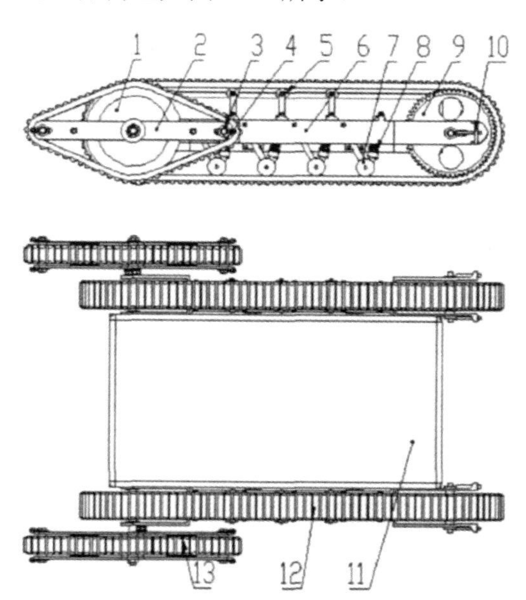

1.主动轮 2.行星轮架 3.张紧轮 4.行星轮张紧装置 5.托带轮 6.主履带轮架

7.承重轮 8.弹簧阻尼器 9.主履带从动轮 10.主履带轮张紧装置

11.车体 12.主履带 13.行星轮履带

图 2-16 行星履带机器人的结构图

机器人整体具有 6 个自由度,每条主履带有 1 个自由度,每个行星履带轮有 2 个自由度。机器人整体是由两个电机控制的，由于主履带的驱动轮与行星履带的驱动轮是通过同一根驱动轴传动的,所以每个电机实际约束了机器人的两个自由度，每个行星履带轮还有一个自由度未被限制，所以整个履带机器人机构属于欠驱动的。

小结

本章主要探讨了移动机构主动自适应和被动自适应在各种地形上的运动能力,通过两种自适应机构的简单对比并结合实际目标确定所选择的自适应形式为被动自适应机构,然后根据被动自适应的特性对能够实现的这种自适应能力的履带轮式机构进行了罗列，并相互对比了各履带轮的运动能力，确定了所选用的行星履带轮式结构；最后将行星履带轮式结构在车体上的布置形式进行了详细的讨论，综合对比机器人的各原理方案，确定一种结构简单、快速被动越障的机器人方案。

第3章 机器人运动学与动力学

机器人运动学包括正向运动学和逆向运动学，正向运动学即给定机器人各关节变量，计算机器人末端的位置姿态；逆向运动学即已知机器人末端的位置姿态，计算机器人对应位置的全部关节变量。

机器人运动学包括正向运动学和逆向运动学，正向运动学即给定机器人各关节变量，计算机器人末端的位置姿态；逆向运动学即已知机器人末端的位置姿态，计算机器人对应位置的全部关节变量。一般正向运动学的解是唯一和容易获得的，而逆向运动学往往有多个解而且分析更为复杂。机器人逆运动分析是运动规划不控制中的重要问题，但由于机器人逆运动问题的复杂性和多样性，无法建立通用的解析算法。逆运动学问题实际上是一个非线性超越方程组的求解问题，其中包括解的存在性、唯一性及求解的方法等一系列复杂问题。

正运动学指，从机器人的关节空间描述计算笛卡尔空间描述的机器人末端执行器的位置和姿态，该问题通常是一个几何问题，给定一组关节角度，计算末端坐标系相对于基坐标系的位置和姿态。

逆运动学指，从笛卡尔空间描述下的机器人末端执行器位置和姿态反算出机器人关节空间应该达到的关节角度组合，是实现机器人控制的一个基本问题。通常因为正运动学方程是非线性的，因此逆运动学问题较为困难，很难得到封闭解，甚至无解。而正运动学的像空间就形成了逆运动学的有解空间，称为机器人的工作空间。

3.1 煤矿除尘机器人运动学原理

机器人运动学包括正向运动学和逆向运动学，正向运动学即给定机器人各关节变量，计算机器人末端的位置姿态；逆向运动学即已知机器人末端的位置姿态，计算机器人对应位置的全部关节变量。

3.1.1 逆向运动学

依据末端执行器的位置和方向确定关节变量，称之为逆向运动学。数学上，逆向运动学,主要寻找矢量 q 中的元素。

$$\boldsymbol{q}=(q_1 \quad q_2 \quad q_3 \quad \cdots \quad q_n)^{\mathrm{T}} \tag{3-1}$$

当变换矩阵 0Tn 作为关节变量 q_1、q_2、q_3…的函数给定时，有

$$ {}^{0}\boldsymbol{T}_{n}={}^{0}\boldsymbol{T}_{1}(q_{1}){}^{1}\boldsymbol{T}_{2}(q_{2}){}^{2}\boldsymbol{T}_{3}(q_{3}){}^{3}\boldsymbol{T}_{4}(q_{4})\cdots{}^{n-1}\boldsymbol{T}_{n}(q_{n}) \tag{3-2} $$

计算机控制的机器人通常在关节变量空间中被驱动，然而通常在全局笛卡儿坐标系中表述被操作的物体。因此，在机器人学中，必须携带关节空间和笛卡儿空间之间的运动信息。为了控制末端执行器到达一个物体的配置，必须求解逆向运动。因此，需要知道在期望 的方向上到达期望点所需的关节变量值是什么。

自由度机器人的正向运动结果是一个 4×4 的变换矩阵：

$$ {}^{0}\boldsymbol{T}_{6}={}^{0}\boldsymbol{T}_{1}{}^{1}\boldsymbol{T}_{2}{}^{2}\boldsymbol{T}_{3}{}^{3}\boldsymbol{T}_{4}{}^{4}\boldsymbol{T}_{5}{}^{5}\boldsymbol{T}_{6}=\begin{pmatrix} r_{11} & r_{12} & r_{13} & r_{14} \\ r_{21} & r_{22} & r_{23} & r_{24} \\ r_{31} & r_{32} & r_{33} & r_{34} \\ 0 & 0 & 0 & 1 \end{pmatrix} \tag{3-3} $$

这里，12 个元素是 6 个未知关节变量的三角函数。然而，因为左上 3×3 子矩阵是旋转矩阵，其中只有 3 个元素是独立的，这是因为满足式的正交条件。因此，式中的方程中只有 6 个方程是独立的。

三角函数本来就可以提供多个解，因此对于未知关节变量，当求解 6 个方程时，期望机器人有多种配置。

有可能将逆向运动学问题解耦成两个子问题，即众所周知的逆向位置运动学问题和逆向 方向运动学问题。这样解耦的一个实际结果就是将这个问题分解为两个独立的问题，每个问题只有 3 个未知参数。按照解耦原理，机器人的综合变换矩阵可以分解为一个平动和一个 转动。

$$ {}^{0}\boldsymbol{T}_{6}=\begin{pmatrix} {}^{0}\boldsymbol{R}_{6} & {}^{0}\boldsymbol{d}_{6} \\ 0 & 1 \end{pmatrix}={}^{0}\boldsymbol{D}_{6}{}^{0}\boldsymbol{R}_{6}=\begin{pmatrix} \mathbf{1} & {}^{0}\boldsymbol{d}_{6} \\ 0 & 1 \end{pmatrix}\begin{pmatrix} {}^{0}\boldsymbol{R}_{6} & \mathbf{0} \\ 0 & 1 \end{pmatrix} \tag{3-4} $$

平动矩阵 ${}^{0}D_{6}$ 说明了末端执行器在坐标系 B_0 中的位置，这只涉及机械手的 3 个关节变 量。对于控制手腕位置的变量，可以求解 ${}^{0}d_{6}$。转动矩阵 ${}^{0}R_{6}$ 说明了末端执行器坐标系 B_0 中的方向，这也只涉及手腕的 3 个关节变量。对于控制手腕方向的变量，可以求解 ${}^{0}R_{6}$。

证明： 大部分机器人都有一个手腕，它由在手腕点处具有正交轴的 3 个旋转关节所构成。

利用球形手腕，将综合正向运动变换矩阵 ${}^{0}T_{6}$ 分解成手腕方向和手腕位置，从而解耦手腕和机械手运动学。

$$ {}^{0}\boldsymbol{T}_{6}={}^{0}\boldsymbol{T}_{3}{}^{3}\boldsymbol{T}_{6}=\begin{pmatrix} {}^{0}\boldsymbol{R}_{3} & {}^{0}\boldsymbol{d}_{3} \\ 0 & 1 \end{pmatrix}\begin{pmatrix} {}^{3}\boldsymbol{R}_{6} & \mathbf{0} \\ 0 & 1 \end{pmatrix} \tag{3-5} $$

手腕方向矩阵为

$$
{}^{3}\boldsymbol{R}_{6}={}^{0}\boldsymbol{R}_{3}^{\mathrm{T}}\,{}^{0}\boldsymbol{R}_{6}={}^{0}\boldsymbol{R}_{3}^{\mathrm{T}}\begin{pmatrix} r_{11} & r_{12} & r_{13} \\ r_{21} & r_{22} & r_{23} \\ r_{31} & r_{32} & r_{33} \end{pmatrix} \tag{3-6}
$$

手腕的位置矢量为

$$
{}^{0}\boldsymbol{d}_{6}=\begin{pmatrix} r_{14} \\ r_{24} \\ r_{34} \end{pmatrix} \tag{3-7}
$$

手腕矢量 ${}^{0}d_{6}={}^{0}d_{3}$，仅仅包括了机械手关节变量。因此，为了求解机器人的逆向运动，必须求解 ${}^{0}d_{3}$ 以确定手腕点的位置，然后求解 ${}^{3}R_{6}$ 以确定手腕的方向。

对于未知机械手关节变量，手腕位置矢量 ${}^{0}d_{6}={}^{0}d_{w}$ 提供 3 个方程。对于机械手关节变量，求解 ${}^{0}d_{6}$ 可以计算 ${}^{3}R_{6}$。这时，对于手腕关节变量，可以求解手腕定向矩阵 ${}^{3}R_{6}$。

假使在正向运动学中包含了手爪坐标系，可以依据下列方程进行分解，不包括来自机器人运动学中手爪距离 d_{7} 的影响。

$$
\begin{aligned}
{}^{0}\boldsymbol{T}_{7}&={}^{0}\boldsymbol{T}_{3}\,{}^{3}\boldsymbol{T}_{7}={}^{0}\boldsymbol{T}_{3}\,{}^{3}\boldsymbol{T}_{6}\,{}^{6}\boldsymbol{T}_{7}\\
&=\begin{pmatrix} {}^{0}\boldsymbol{R}_{3} & d_{w} \\ 0 & 1 \end{pmatrix}\begin{pmatrix} {}^{3}\boldsymbol{R}_{6} & \boldsymbol{0} \\ 0 & 1 \end{pmatrix}\begin{pmatrix} \mathbf{I} & \begin{matrix} 0 \\ 0 \\ d_{7} \end{matrix} \\ 0 & 1 \end{pmatrix}
\end{aligned} \tag{3-8}
$$

在这种情况中，逆向运动从确定 ${}^{0}T_{6}$ 开始，矩阵 ${}^{0}T_{6}$ 由下列方程求得：

$$
\begin{aligned}
{}^{0}\boldsymbol{T}_{6}&={}^{0}\boldsymbol{T}_{7}\,{}^{6}\boldsymbol{T}_{7}^{-1}\\
&={}^{0}\boldsymbol{T}_{7}\begin{pmatrix} 1 & 0 & 0 & 0 \\ 0 & 1 & 0 & 0 \\ 0 & 0 & 1 & d_{7} \\ 0 & 0 & 0 & 1 \end{pmatrix}^{-1}={}^{0}\boldsymbol{T}_{7}\begin{pmatrix} 1 & 0 & 0 & 0 \\ 0 & 1 & 0 & 0 \\ 0 & 0 & 1 & -d_{7} \\ 0 & 0 & 0 & 1 \end{pmatrix}
\end{aligned} \tag{3-9}
$$

当期望的末端执行器坐标位置 ${}^{0}d7$ 超出了机器人的工作范围时，机器人关节变量没有任何实解。在这种情况下，平方根符号将使综合结果为负。而且，甚至当末端执行器位置 ${}^{0}d_{7}$ 在机器人的工作范围之内时，在没有突破关节约束以及没有违背 1 个或者两个关节限制情况下一些末端执行器的定位 ${}^{0}d_{7}$ 是达不到的。因此，通常来说，逆向运动学问题是否存在解取决于机器人的几何配置。正常情况即当关节数量为 6 时。假设没有多余的自由度，机器人末端执行器的配置在工作空间范围之内，逆向运动学的解有无数多个。为了到达同一末端执行器空间位置，不同的解均相当于可能的配置。

总的来说，当机器人逆向运动学的解存在时，其解不是唯一的。出现多解，这是因为机器人以不同的配置可以到达工作空间范围内的同一点。2R 机械手的提肘和垂肘的配置就是一个简单的例子。

解的多样性取决于机械手的关节数目及其类型。机械手有多解的事实可能会带来问题，因为系统必须能够符合这些解中的一个解。虽然作出取舍的标准可以变化，但是非常合理的 选择即是选择相对于当前配置最近的解。

当关节数量小于 6 时，如果在任务空间中同一时间内的自由度减小，将存在无解的情况，如相对于当前方向约束夹持器的定向。

当关节数量大于 6 时，系统结构将变得冗余，存在着无限多个解，在机器人工作空间范围内到达同一末端执行器配置。对于安装在受较多约束环境中系统来说，机器人结构冗余是一个有趣的特征。从运动学的角度看，困难在于如何以数学形式系统地阐述环境约束，以确保逆向运动学问题的解是唯一的。

3.1.2 逆向运动技术

可以用很多种方法求解机器人的逆向运动学问题，例如解耦、逆变换、迭代、螺旋代数、双重矩阵、双重四元数和其他几何技术。利用 4×4 齐次变换矩阵的解耦合逆变换技术 会遇到这样的问题，对于一个特别的配置，解不能清楚地说明怎样从多个可能的解中选择合适的解。这样一来，这些技术取决于工程师的技巧和直觉。迭代法通常要求大量的计算，而且它并不能保证收敛于正确解。机器人几乎不可能接近于齐次且衰退的配置。迭代求解法也 缺乏从多个可能的解中选择最合适解的方法。

虽然理论分析上不可能求解一组非线性三角函数方程，但是有些机器人结构是有分析解的。有解的充分条件是：当 6 自由度机器人有 3 个连续的旋转关节，并且其旋转关节轴交叉于一点。逆向运动学的其他特性是在齐次点中解的不确定性。然而，当求解机械臂方程的闭式解时，这些解很少是唯一的。

例 迭代技术和 n、m 关系。

1. 当 n=m 时的迭代法。当关节变量数目 n 等于描述正向运动学的独立方程的数量 m 时，这时假设雅可比矩阵是非奇异的，下列线性化方程有一组唯一解。

$$\delta \boldsymbol{T}=\boldsymbol{J}\,\delta\,\boldsymbol{q} \tag{3-10}$$

因此，可以利用牛顿-拉夫森技术 （Newton-Raphsontechnique）求解逆向运动学问题。

2. 该过程的成本取决于执行迭代的次数，迭代的次数取决于不同的参数，如估计解和有效解之间的距离、解处的雅可比矩阵条件数（制约数）等。因为逆向运动学问题的解不是唯一的，依据估计解的选择可以产生不同的配置。如果解的初始估计超出了算法的收敛范围，可以观察到其非收敛性。

当 n<m 时的迭代法

3. 当关节变量的数目 n 大于独立方程的数量 m 时，就是一个超定情况。该情况通常无解，因为关节数量不足以产生末端执行器的一个任意配置。但可以产生能最小化位置误差的一个解。

当 n<m 时的迭代法

当关节变量的数目 n 小于独立方程的数量 m 时，就是一个冗余情况，该情况下通常会有无数个解可用。

逆向运动学是指对于给定的末端执行器坐标系的位置和方向确定机器人的关节变量。一个 6 自由度机器人的正向运动学产生一个下面的 4×4 变换矩阵。

$$ {}^{0}\boldsymbol{T}_{6}={}^{0}\boldsymbol{T}_{1}{}^{1}\boldsymbol{T}_{2}{}^{2}\boldsymbol{T}_{3}{}^{3}\boldsymbol{T}_{4}{}^{4}\boldsymbol{T}_{5}{}^{5}\boldsymbol{T}_{6}=\begin{pmatrix}{}^{0}\boldsymbol{R}_{6} & {}^{0}\boldsymbol{d}_{6}\\ 0 & 1\end{pmatrix}=\begin{pmatrix}r_{11} & r_{12} & r_{13} & r_{14}\\ r_{21} & r_{22} & r_{23} & r_{24}\\ r_{31} & r_{32} & r_{33} & r_{34}\\ 0 & 0 & 0 & 1\end{pmatrix} \tag{3-11} $$

这里，${}^{0}T_{6}$ 中的 12 个元素中只有 6 个元素是独立的。因此，对于给定的 ${}^{0}T_{6}$ 矩阵，逆向运动学问题可以减少到求解 6 个独立元素。

解耦技术、逆向变换和迭代技术是求解逆向运动学问题方法中的 3 个已被应用的方法。在解耦技术里，具有球形手腕的机器人逆向运动学问题可以被分解成两个子问题：逆向位置运动学和逆向方向运动学。事实上，夹持器变换矩阵 ${}^{0}T_{7}$ 被分解成 3 个子矩阵 ${}^{0}T_{3}$、${}^{3}T_{6}$ 和 ${}^{6}T_{7}$。

$$ {}^{0}\boldsymbol{T}_{6}={}^{0}\boldsymbol{T}_{3}{}^{3}\boldsymbol{T}_{6}{}^{6}\boldsymbol{T}_{7} \tag{3-12} $$

这里，矩阵 ${}^{0}T_{3}$ 定位手腕点，取决于 3 个机械手关节变量；矩阵 ${}^{3}T_{6}$ 是手腕变换矩阵；${}^{6}T_{7}$ 是夹持器变换矩阵。

在逆向变换技术中，逐步地从下面的矩阵方程中抽取仅带有一个未知变量的方程。

$$
\begin{aligned}
{}^{1}\boldsymbol{T}_6 &= {}^{0}\boldsymbol{T}_1^{-1}\,{}^{0}\boldsymbol{T}_6 \\
{}^{2}\boldsymbol{T}_6 &= {}^{1}\boldsymbol{T}_2^{-1}\,{}^{0}\boldsymbol{T}_1^{-1}\,{}^{0}\boldsymbol{T}_6 \\
{}^{3}\boldsymbol{T}_6 &= {}^{2}\boldsymbol{T}_3^{-1}\,{}^{1}\boldsymbol{T}_2^{-1}\,{}^{0}\boldsymbol{T}_1^{-1}\,{}^{0}\boldsymbol{T}_6 \\
{}^{4}\boldsymbol{T}_6 &= {}^{3}\boldsymbol{T}_4^{-1}\,{}^{2}\boldsymbol{T}_3^{-1}\,{}^{1}\boldsymbol{T}_2^{-1}\,{}^{0}\boldsymbol{T}_1^{-1}\,{}^{0}\boldsymbol{T}_6 \\
{}^{5}\boldsymbol{T}_6 &= {}^{4}\boldsymbol{T}_5^{-1}\,{}^{3}\boldsymbol{T}_4^{-1}\,{}^{2}\boldsymbol{T}_3^{-1}\,{}^{1}\boldsymbol{T}_2^{-1}\,{}^{0}\boldsymbol{T}_1^{-1}\,{}^{0}\boldsymbol{T}_6 \\
\mathbf{I} &= {}^{5}\boldsymbol{T}_6^{-1}\,{}^{4}\boldsymbol{T}_5^{-1}\,{}^{3}\boldsymbol{T}_4^{-1}\,{}^{2}\boldsymbol{T}_3^{-1}\,{}^{1}\boldsymbol{T}_2^{-1}\,{}^{0}\boldsymbol{T}_1^{-1}\,{}^{0}\boldsymbol{T}_6
\end{aligned}
\tag{3-13}
$$

对于一组方程 T(q)=0，迭代技术是寻求关节变量矢量 q 的一种数值计算方法。

3.2 煤矿除尘机器人动力学原理

机器人动力学是对机器人机构的力和运动之间关系与平衡进行研究的学科。机器人动力学是复杂的动力学系统，对处理物体的动态响应取决于机器人动力学模型和控制算法，主要研究动力学正问题和动力学逆问题两个方面，需要采用严密的系统方法来分析机器人动力学特性。

3.2.1 力和力矩

从牛顿学说的观点，作用到刚体上的力可分为内力和外力。内力就是刚体内部粒子之间的作用力，外力就是来自刚体外部的力。外力可以是接触力（如机器人关节处的驱动力），也可以是刚体力（如机器人连杆上的重力）。外力和力矩被称为负载。作用到刚体上的一组力和力矩被称为力系统。合力 F 就是作用到刚体上的所有外力之和，合力矩就是外力绕着原点的所有力矩之和。

$$
\boldsymbol{F} = \sum_i \boldsymbol{F}_i \qquad \boldsymbol{M} = \sum_i \boldsymbol{M}_i \tag{3-14}
$$

考虑作用于一点 P 的力 F，点 P 由位置矢量表示。力绕着一条通过原点的方向线的力矩是

$$
M_l = l\hat{u}\cdot(\boldsymbol{r}_P \times \boldsymbol{F}) \tag{3-15}
$$

这里，u 是表示直线 l 方向的单位矢量。力矩也可以被称为转矩。力 F 作用点 P 且绕着位于矢量处的点 Q 的力矩是

$$
\boldsymbol{M}_Q = (\boldsymbol{r}_P - \boldsymbol{r}_Q)\times\boldsymbol{F} \tag{3-16}
$$

因此，力 F 绕着原点的力矩为

$$\boldsymbol{M} = \boldsymbol{r}_P \times \boldsymbol{F} \tag{3-17}$$

力系统作用于刚体上的效果等效于力系统的合力和合力矩的效果。如果两个力系统的合力和合力矩是相等的，那么这两个力系统是等效的。力系统的合力有可能为零。在这种条件下，力系统 的合力矩与坐标系的原点无关。这样的合力矩被称为转矩。相对于参考点 P，当力学系统简化为一合力F_P和合力矩M_P，可以将参考点转换到另一点 Q，并且求得新的合力和合力矩。

$$\begin{gathered}\boldsymbol{F}_Q = \boldsymbol{F}_P \\ \boldsymbol{M}_Q = \boldsymbol{M}_P + (\boldsymbol{r}_P - \boldsymbol{r}_Q) \times \boldsymbol{F}_P = \boldsymbol{M}_P + {}_Q\boldsymbol{r}_P \times \boldsymbol{F}_P\end{gathered} \tag{3-18}$$

物体的动量是一个矢量，它等于物体总质量乘以质心的平动速度。

$$\boldsymbol{p} = m\,\boldsymbol{v} \tag{3-19}$$

动量也被称为线动量或者平移动量。考虑具有动量 P 的刚体。绕着通过原点的方向线 l 的动量矩 L 为

$$\boldsymbol{L}_l = l\hat{u} \cdot (\boldsymbol{r}_C \times \boldsymbol{p}) \tag{3-20}$$

这里，u 是用来说明直线方向的单位矢量，是质心 C 的位置矢量，$L = r_C * p$是绕着原点的动量矩。动量矩也被称为角动量，以区分于线动量。

有界矢量是在空间中固定于一点的矢量。滑移矢量或者线矢量就是在作用线上自由移动的矢量。自由矢量只要保持其方向，便可以移动到任何点。力是一个滑移矢量，转矩是一个自由矢量。然而，力矩取决于坐标系原点和作用线之间的距离。

牛顿第二、第三运动定律强调力系统的应用。运动第二定律也被称为牛顿第二运动定律，它强调线动量的全局变化率正比于全局作用力。

$$^{G}\boldsymbol{F} = \frac{^{G}\mathrm{d}\,^{G}}{\mathrm{d}t}\boldsymbol{p} = \frac{^{G}\mathrm{d}}{\mathrm{d}t}(m\,^{G}\boldsymbol{v}) \tag{3-21}$$

牛顿第三运动定律，作用于两个物体的作用力和反作用力大小是相等的，方向是相反的。

牛顿第二定律可以扩展到旋转运动。因此牛顿第二定律也可说成角动量的全局变化率正比于所施加的全局转矩。

$$^{G}\boldsymbol{M} = \frac{^{G}\mathrm{d}}{\mathrm{d}t}\,^{G}\boldsymbol{L} \tag{3-22}$$

3.2.2 刚体移动动力学

图 3-1 所示为全局坐标系 G 中一个移动的物体 B。假设刚体坐标系建立在物体质心 C 处。点 P 说明了物体中的一个微球，它有一个非常小的质量。一个极微小的力作用到质点上，并且产生了一个全局速度。

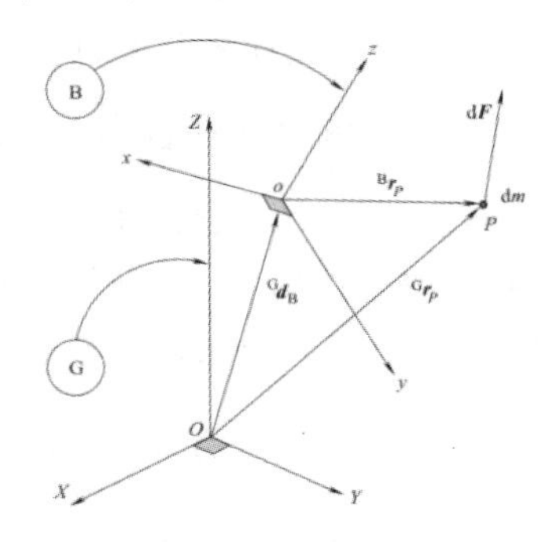

图 3-1 全局坐标系

根据牛顿运动定律，有

$$\mathrm{d}\boldsymbol{F} = {}^{G}\boldsymbol{a}_P \,\mathrm{d}m \tag{3-23}$$

然而，对于全局坐标系中的整个物体来说，其运动方程为

$${}^{G}\boldsymbol{F} = m\,{}^{G}\boldsymbol{a}_B \tag{3-24}$$

在刚体坐标系中，可被表述为

$${}^{B}\boldsymbol{F} = m\,{}^{B}_{G}\boldsymbol{a}_B + m\,{}^{B}_{G}\boldsymbol{\omega}_B \times {}^{B}\boldsymbol{v}_B \tag{3-25}$$

在这些方程中，G a_B 是物体质心 C 在全局坐标系中的加速度矢量，m 是物体的总质量，F 是作用到物体质心 C 处的外力的合力。

证明：

质心处的刚体坐标系被称为中心坐标系。如果坐标系 B 是一个中心坐标系，那么质心 C 可被定义，即

$$\int_B {}^{B}\boldsymbol{r}_{dm}\,\mathrm{d}m = 0 \tag{3-26}$$

dm 的全局位置矢量与它的局部位置矢量相关联。

$${}^{G}\boldsymbol{r}_{dm} = {}^{G}\boldsymbol{d}_B + {}^{G}\boldsymbol{R}_B\,{}^{B}\boldsymbol{r}_{dm} \tag{3-27}$$

这里，${}^{G}d_B$ 是中心刚体坐标系的全局位置矢量，因此，有

$$\int_B {}^G\boldsymbol{r}_{dm}\,dm=\int_B {}^G\boldsymbol{d}_B\,dm+{}^G\boldsymbol{R}_B\int_B {}^B\boldsymbol{r}_{dm}\,dm=\int_B {}^G\boldsymbol{d}_B\,dm={}^G\boldsymbol{d}_B\int_B dm=m\,{}^G\boldsymbol{d}_B \tag{3-28}$$

对式两边求取时间导数，则有

$$m\,{}^G\dot{\boldsymbol{d}}_B=\int_B {}^G\dot{\boldsymbol{r}}_{dm}\,dm=\int_B {}^G\boldsymbol{v}_{dm}\,dm \tag{3-29}$$

再次求导，则有

$$m\,{}^G\dot{\boldsymbol{v}}_B=m\,{}^G\boldsymbol{a}_B=\int_B^G \dot{\boldsymbol{v}}_{dm}\,dm \tag{3-30}$$

然而，已知$dF=Gv\cdot$Pdm有

$$m\,{}^G\boldsymbol{a}_B=\int_B d\boldsymbol{F} \tag{3-31}$$

对式右边积分，可得作用于刚体中极微小质量的所有力。内部力彼此抵消，因此净值是所有外力的矢量和 F 为

$${}^G\boldsymbol{F}=m\,{}^G\boldsymbol{a}_B=m\,{}^G\dot{\boldsymbol{v}}_B \tag{3-32}$$

在刚体坐标系中，有

$${}^B\boldsymbol{F}={}^B\boldsymbol{R}_G\,{}^G\boldsymbol{F}=m\,{}^B\boldsymbol{R}_G\,{}^G\boldsymbol{a}_B=m\,{}^B_G\boldsymbol{a}_B=m\,{}^B\boldsymbol{a}_B+m\,{}^B_G\boldsymbol{\omega}_B\times{}^B\boldsymbol{v}_B \tag{3-33}$$

3.2.3 刚体旋转动力学

刚体的旋转运动方程就是欧拉方程。

$${}^B\boldsymbol{M}=\frac{{}^G d_B}{dt}\boldsymbol{L}={}^B\dot{\boldsymbol{L}}+{}^B_G\boldsymbol{\omega}_B\times{}^B\boldsymbol{L}={}^B\boldsymbol{I}\,{}^B_G\dot{\boldsymbol{\omega}}_B+{}^B_G\boldsymbol{\omega}_B\times({}^B\boldsymbol{I}\,{}^B_G\boldsymbol{\omega}_B) \tag{3-34}$$

这里，L 是角动量，有

$${}^B\boldsymbol{L}={}^B\boldsymbol{I}\,{}^B_G\boldsymbol{\omega}_B \tag{3-35}$$

这里，I 是刚体的质量矩或者惯性矩。

$$\boldsymbol{I}=\begin{pmatrix} I_{xx} & I_{xy} & I_{xz} \\ I_{yx} & I_{yy} & I_{yz} \\ I_{zx} & I_{zy} & I_{zz} \end{pmatrix} \tag{3-36}$$

质量矩 I 中的元素是刚体质量分布的唯一函数，可由式（3-36）定义。

$$I_{ij}=\int_B (r_i^2\delta_{mn}-x_{im}x_{jn})\,dm \qquad i,j=1,2,3 \tag{3-37}$$

这里，δ_{ij}是克罗内克 δ 函数。

欧拉方程的扩展形式为

$$M_x = I_{xx}\dot{\omega}_x + I_{xy}\dot{\omega}_y + I_{xz}\dot{\omega}_z - (I_{yy} - I_{zz})\omega_y\omega_z - I_{yz}(\omega_z^2 - \omega_y^2) - \omega_x(\omega_z I_{xy} - \omega_y I_{xz}) \quad (3\text{-}38)$$

$$M_z = I_{zx}\dot{\omega}_x + I_{zy}\dot{\omega}_y + I_{zz}\dot{\omega}_z - (I_{xx} - I_{yy})\omega_x\omega_y - I_{xy}(\omega_y^2 - \omega_x^2) - \omega_z(\omega_y I_{xz} - \omega_x I_{yz}) \quad (3\text{-}39)$$

在被称为主坐标系的特殊空间笛卡儿坐标系中，可被简化为

$$\begin{aligned} M_1 &= I_1\dot{\omega}_1 - (I_2 - I_3)\omega_2\omega_3 \\ M_2 &= I_2\dot{\omega}_2 - (I_3 - I_1)\omega_3\omega_1 \\ M_3 &= I_3\dot{\omega}_3 - (I_1 - I_2)\omega_1\omega_2 \end{aligned} \quad (3\text{-}40)$$

主坐标系由数字 123 标识，以便表示第 1 主轴、第 2 主轴和第 3 主轴。在主坐标系中，参数 I_{ij}（$i \neq j$）等于零。假设刚体和主坐标系均位于刚体质心 C 处。

$$K = \frac{1}{2}(I_{xx}\omega_x^2 + I_{yy}\omega_y^2 + I_{zz}\omega_z^2) - I_{xy}\omega_x\omega_y - I_{yz}\omega_y\omega_z - I_{zx}\omega_z\omega_x = \frac{1}{2}\boldsymbol{\omega}\cdot\boldsymbol{L} = \frac{1}{2}\boldsymbol{\omega}^{\mathrm{T}}\boldsymbol{I}\boldsymbol{\omega} \quad (3\text{-}41)$$

在主坐标系中，可简化为

$$K = \frac{1}{2}(I_1\omega_1^2 + I_2\omega_2^2 + I_3\omega_3^2) \quad (3\text{-}42)$$

证明：

假设 m_i是刚体 B 中第 i 个微粒的质量，刚体 B 是由 n 个微粒构成，$r_i = {}^B r_i =$（x_i yi zi）T 是中心刚体固定坐标系 O_{xyz} 中 mi 的笛卡儿位置矢量，$\omega = {}_G^B\omega_B =$（ωx ωy ωy）T 是刚体相对于地面且表达在刚体坐标系中的角速度。

质量 mi 的角动量为

$$\boldsymbol{L}_i = \boldsymbol{r}_i \times m_i\dot{\boldsymbol{r}}_i = m_i[\boldsymbol{r}_i \times (\boldsymbol{\omega} \times \boldsymbol{r}_i)] = m_i[(\boldsymbol{r}_i \cdot \boldsymbol{r}_i)\boldsymbol{\omega} - (\boldsymbol{r}_i \cdot \boldsymbol{\omega})\boldsymbol{r}_i] = m_i r_i^2\boldsymbol{\omega} - m_i(\boldsymbol{r}_i \cdot \boldsymbol{\omega})\boldsymbol{r}_i \quad (3\text{-}43)$$

因此，刚体的角动量为

$$\boldsymbol{L} = \sum_{i=1}^{n}\boldsymbol{L}_i = \sum_{i=1}^{n} m_i r_i^2\boldsymbol{\omega} - \sum_{i=1}^{n} m_i(\boldsymbol{r}_i \cdot \boldsymbol{\omega})\boldsymbol{r}_i \quad (3\text{-}44)$$

替换式（3-44）中的 r_i和 ω，则有：

$$L = (\omega_x\hat{\imath} + \omega_y\hat{\jmath} + \omega_z\hat{k})\sum_{i=1} m_i(x_i^2 + y_i^2 + z_i^2) - \sum_{i=1} m_i(x_i\omega_i + y_i\omega_y + z_i\omega_z).(x_i\hat{\imath} + y_i\hat{\jmath} + z_i\hat{k}) \quad (3\text{-}45)$$

$$L = \sum_{i=1}^{n} m_i(x_i^2 + y_i^2 + z_i^2)\omega_i\hat{\imath} + \sum_{i=1}^{n}\omega_i(x_i^2 + y_i^2 + z_i^2)m_y\hat{\jmath} + \sum_{i=1}^{n}\omega_i(x_i^2 + y_i^2 + z_i^2)\omega_z\hat{k} - \sum_{i=1}^{n} m_i(x_i\omega_x + y_i\omega_y + z_i\omega_z)x_i\hat{\imath} - \sum_{i=1}^{n} m_i(x_i\omega_x + y_i\omega_y + z_i\omega_z)y_i\hat{\jmath} - \sum_{i=1}^{n} m_i(x_i\omega_x + y_i\omega_y + z_i\omega_z)z_i\hat{k} \quad (3\text{-}46)$$

或者

$$\boldsymbol{L}=\sum_{i=1}^{n} m_i[(x_i^2+y_i^2+z_i^2)\omega_x-(x_i\omega_x+y_i\omega_y+z_i\omega_z)x_i]\hat{i}+$$
$$\sum_{i=1}^{n} m_i[(x_i^2+y_i^2+z_i^2)\omega_y-(x_i\omega_x+y_i\omega_y+z_i\omega_z)y_i]\hat{j}+$$
$$\sum_{i=1}^{n} m_i[(x_i^2+y_i^2+z_i^2)\omega_z-(x_i\omega_x+y_i\omega_y+z_i\omega_z)z_i]\hat{k} \tag{3-47}$$

可被调整为

$$L=\sum_{i=1}^{n}[m_i(y_i^2+z_i^2)]\omega_x\hat{i}-\left(\sum_{i=1}^{n}(m_ix_iy_i)\omega_y+\sum_{i=1}^{n}(m_ix_iz_i)\omega_z\right)\hat{i}-\sum_{i=1}^{n}(m_iy_ix_i)\omega_x\hat{j}+$$
$$\sum_{i=1}^{n}[m_i(z_i^2+x_i^2)]\omega_y\hat{j}-\sum_{i=1}^{n}(m_iy_iz_i)\omega_z\hat{j}-\left(\sum_{i=1}^{n}(m_iz_ix_i)\omega_x+\sum_{i=1}^{n}(m_iz_iy_i)\omega_y\right)\hat{k}+$$
$$\sum_{i=1}^{n}[m_i(x_i^2+y_i^2)]\omega_z\hat{k} \tag{3-48}$$

角动量也可以被写成如下简约形式

$$L_x=I_{xx}\omega_x+I_{xy}\omega_y+I_{xz}\omega_z$$
$$L_y=I_{yx}\omega_x+I_{yy}\omega_y+I_{yz}\omega_z$$
$$L_z=I_{zx}\omega_x+I_{zy}\omega_y+I_{zz}\omega_z \tag{3-49}$$

或者通过引入惯性矩阵的矩 I，也可以被写成矩阵形式 e

$$I_{xx}=\sum_{i=1}^{n}[m_i(y_i^2+z_i^2)]$$
$$I_{yy}=\sum_{i=1}^{n}[m_i(z_i^2+x_i^2)]$$
$$I_{zz}=\sum_{i=1}^{n}[m_i(x_i^2+y_i^2)]$$

$$I_{xy}=I_{yx}=-\sum_{i=1}^{n}(m_ix_iy_i)$$
$$I_{yz}=I_{zy}=-\sum_{i=1}^{n}(m_iy_iz_i)$$
$$I_{zx}=I_{xz}=-\sum_{i=1}^{n}(m_iz_ix_i) \tag{3-50}$$

这里因为微粒是一个连续的固体，因此所有微粒之和可由对刚体体积的积分取代刚体运动的欧拉方程为

$${}^{B}\boldsymbol{M}=\frac{{}^{G}\mathrm{d}_{B}}{\mathrm{d}t}\boldsymbol{L} \tag{3-51}$$

这里，BM 是作用到刚体上的外部力矩的合力矩。角动量 BL 是在刚体坐标

系中所定义的矢量，因此它在全局坐标系中的时间导数为

$$\frac{{}^{G}\mathrm{d}_{B}}{\mathrm{d}t}\boldsymbol{L}={}^{B}\dot{\boldsymbol{L}}+{}_{G}^{B}\boldsymbol{\omega}_{B}\times{}^{B}\boldsymbol{L} \tag{3-52}$$

因此，有

$${}^{B}\boldsymbol{M}=\frac{\mathrm{d}\boldsymbol{L}}{\mathrm{d}t}=\dot{\boldsymbol{L}}+\boldsymbol{\omega}\times\boldsymbol{L}=\boldsymbol{I}\dot{\boldsymbol{\omega}}+\boldsymbol{\omega}\times(\boldsymbol{I}\boldsymbol{\omega}) \tag{3-53}$$

$$\begin{aligned}{}^{B}\boldsymbol{M}=&(I_{xx}\dot{\omega}_x+I_{xy}\dot{\omega}_y+I_{xz}\dot{\omega}_z)\hat{i}+(I_{yx}\dot{\omega}_x+I_{yy}\dot{\omega}_y+I_{yz}\dot{\omega}_z)\hat{j}+(I_{zx}\dot{\omega}_x+I_{zy}\dot{\omega}_y+I_{zz}\dot{\omega}_z)\hat{k}+\\&\omega_y(I_{xz}\omega_x+I_{yz}\omega_y+I_{zz}\omega_z)\hat{i}-\omega_z(I_{xy}\omega_x+I_{yy}\omega_y+I_{yz}\omega_z)\hat{i}+\\&\omega_z(I_{xx}\omega_x+I_{xy}\omega_y+I_{xz}\omega_z)\hat{j}-\omega_x(I_{xz}\omega_x+I_{yz}\omega_y+I_{zz}\omega_z)\hat{j}+\\&\omega_x(I_{xy}\omega_x+I_{yy}\omega_y+I_{yz}\omega_z)\hat{k}-\omega_y(I_{xx}\omega_x+I_{xy}\omega_y+I_{xz}\omega_z)\hat{k}\end{aligned} \tag{3-54}$$

假设可以将刚体坐标系绕着它的原点旋转，以求得使 $I_{ij}=0$，$i\neq j$ 的方向。在这样一个被称为主坐标系的坐标系中，欧拉方程可简化为

$$\begin{aligned}M_1&=I_1\dot{\omega}_1-(I_2-I_3)\omega_2\omega_3\\M_2&=I_2\dot{\omega}_2-(I_3-I_1)\omega_3\omega_1\\M_3&=I_3\dot{\omega}_3-(I_1-I_2)\omega_1\omega_2\end{aligned} \tag{3-55}$$

利用质量微小单元 dm 的动能对整个刚体的积分，可以求得刚体的动能。

$$\begin{aligned}K&=\frac{1}{2}\int_B\dot{\boldsymbol{v}}^2\mathrm{d}m=\frac{1}{2}\int_B(\boldsymbol{\omega}\times\boldsymbol{r})\cdot(\boldsymbol{\omega}\times\boldsymbol{r})\mathrm{d}m\\&=\frac{\omega_x^2}{2}\int_B(y^2+z^2)\mathrm{d}m+\frac{\omega_y^2}{2}\int_B(z^2+x^2)\mathrm{d}m+\frac{\omega_z^2}{2}\int_B(x^2+y^2)\mathrm{d}m-\\&\quad\omega_x\omega_y\int_B xy\,\mathrm{d}m-\omega_y\omega_z\int_B yz\,\mathrm{d}m-\omega_z\omega_x\int_B zx\,\mathrm{d}m\\&=\frac{1}{2}(I_{xx}\omega_x^2+I_{yy}\omega_y^2+I_{zz}\omega_z^2)-I_{xy}\omega_x\omega_y-I_{yz}\omega_y\omega_z-I_{zx}\omega_z\omega_x\end{aligned} \tag{3-56}$$

动能可被调整成矩阵乘积的形式，即

$$K=\frac{1}{2}\boldsymbol{\omega}^{\mathrm{T}}\boldsymbol{I}\boldsymbol{\omega}=\frac{1}{2}\boldsymbol{\omega}\cdot\boldsymbol{L} \tag{3-57}$$

当刚体坐标系是主坐标系时，动能将简化为

$$K=\frac{1}{2}(I_1\omega_1^2+I_2\omega_2^2+I_3\omega_3^2) \tag{3-58}$$

以上便是单刚体动力学方程。对于多连杆的串联机器人来说本质上也是逐个分析其中的每个连杆。但是对机器人来说如何求解各个连杆的速度、加速度、角速度、角加速度在其质心坐标系下的表达式才是基于牛顿欧拉法的机器人动力学真正难的地方。

第 4 章 煤矿除尘机器人感知传感器

机器人是由计算机控制的复杂机器，它具有类似人的肢体及感官功能；动作程序灵活；有一定程度的智能；在工作时可以不依赖人的操纵。机器人传感器在机器人的控制中起了非常重要的作用，正因为有了传感器，机器人才具备了类似人类的知觉功能和反应能力。

为了检测作业对象及环境或机器人与它们的关系，在机器人上安装了触觉传感器、视觉传感器、力觉传感器、超声波传感器和听觉传感器，大大改善了机器人工作状况，使其能够更充分地完成复杂的工作。由于外部传感器为集多种学科于一身的产品，有些方面还在探索之中，随着外部传感器的进一步完善，机器人的功能越来越强大，将在许多领域为人类做出更大贡献。

4.1 机器人传感器

机器人传感器，是一种机器人能对外界进行感知判断的装置，可以把位置、温度、距离等非电量转换成电量变化输出的一种电子器件，机器人通过传感器的测量感知，实现了类似于人类的感官作用，例如：视觉、力觉、听觉、味觉等。传感器说简单点，就是把非电量转换成电量控制的一种智能设备。传感器和计算机控制系统相互协作，通过的程序来控制机器人的行动。传感器的智能化程度的高低，灵敏程度的高低，都直接影响到智能机器人的灵活和智能化程度，智能传感器对外界信息的检测能力、自身故障的自诊断能力、采集信息后的数据处理能力和自适应能力，都体现了传感器的先进程度。

对于机器人而言，不管是同外部环境进行信息交换，还是感知自身的运动情况，都必须通过传感器来获取相应的信息。通过传感器提供的信息，机器人不仅可以对自身的状态、速度调节、加速度等参数进行控制，而且可以进行相应任务和路径规划，用来完成已经设置好的的工作任务与工作目标。

4.1.1 机器人传感器分类

机器人传感器的分类方法很多，主要可根据检测对象的不同，分为内部传感器与外部传感器。

（1）内部传感器

指用来感知和检测机器人本身运动状态的传感器。这类传感器主要感知与机器人自身参数相关的内部信息，如速度，位移，加速度以及位置等，还可以监测机器人位置和角度等。常见的速度传感器，加速度传感器，还有位置传感器等。

表 4-1 机器人内部传感器的基本分类

内部传感器	基本种类
位置传感器	电位器、旋转变压器、码盘
速度传感器	测速发电机、码盘
加速度传感器	应变式、伺服式、压电式、电动式
倾斜角传感器	液体式、垂直振子式
力（力矩）传感器	应变式、压电式

（2）外部传感器

指用以检测机器人感知自身所处环境（如离某物体的距离、位置等）状况的传感器。这类传感器主要是具体有物体识别的传感器，例如：力觉传感器，听觉传感器，距离传感器，接近觉传感器等。常用以测量机器人自身以外的物理信息，比如：障碍物的位置远近、障碍物的形状颜色、距离、和接触受力情况等。常见常传感器主要有视听觉传感器，触力觉传感器、接近距离觉传感器、嗅味觉传感器、和生物仿生传感器等。

表 4-2 机器人外传感器的基本分类

传感器	检测内容	检测器件	应用
力觉	把握力 荷重 分布压力 力矩 多元力 滑动	应变计、半导体感压元件、弹簧变位测量计、导电橡胶、感压高分子材料 、压阻元件、电机电流计 、应变计、半导体感压元件 、光学旋转检测器、光纤	把握力控制、张力控制、指压力控制、姿势、形状判别、协调控制、装配力控制、滑动判定、力控制
触觉	接触	限制开关	动作顺序控制
视觉	平面位置 形状 距离	ITV 摄像机、位置传感器、线图像传感器、测距器、面图	位置决定、控制、物体识别、判别、移动控制、检查、异

	缺陷	像传感器	常检测
听觉	声音 超声波	麦克风 超声波传感器	语言控制（人机接口）、移动控制
嗅觉	气体成分	气体传感器、射线传感器	化学成分探测
接近觉	接近 间隔 倾斜	光电开关、LED、激光、红外光电晶体管、光电二极管、电磁线圈、超声波传感器	动作顺序控制、障碍物躲避、轨迹移动控制、探索

4.1.2 机器人中的传感器

机器人中的传感器应用非常多，机器人智能化程度越高，传感器也越多，但归纳起来主要有类似于人类五官如视觉、触觉、听觉、味觉、嗅觉等传感器，下面就这些类似于人类感官的常见传感器在机器人中的应用进行分析。

（1）机器人的视觉传感器

人类通过视觉看见物体，感知世界，判断距离等，虽然机器人视觉传感器还在发展阶段，但近年来已经有了突飞猛进的提高，视觉传感器由二维的逐渐变成三维成像，通过计算机进行图像的处理，就可获取机器人所需画面。视觉传感器工作原理是：视觉传感器通过摄像机取得环境图像信息，再对获取的图像进行数字化信息等加工处理，就可利用计算机控制系统，判断机器人所处的环境信息。通过视觉传感器，可以判断环境中物体各种状态，如轮廓、形状、颜色等，另外还可以实现运动状态的检测和深度测量以及相对定位和所处环境等。

（2）机器人触觉传感器

人类的触觉是通过皮肤和神经进行感知的，机器人的触觉也是通过与检测物体的接触而产生的，其材料要求它有弹性，且柔软易变形，变形后可恢复，并且有一定的机械强度，有一定的摩擦力，方便于抓取。触觉能检测目标物体的表面性能以及物理特性，如柔软度、弹性、粗糙程度和温度等。机器人触觉传感器是人类的触觉的某些模仿。如冷热体验、触压体验等感觉。常见的有触觉、力觉、压觉、滑觉等传感器。主要用于感知物体抓取的碰撞情况[2]。触觉传感器的材料一般选择更为合适的敏感材料，用于研究人工皮肤触觉传感器. 常用的材料有导电橡胶、压电材料、感应高分子材料等。

（3）机器人听觉传感器

机器人听觉传感器可以分辨环境中的声音，有超声波、次声波等信息。传感器的发展使得机器人的听觉类似于人类的听力系统。机器人对声音信号的识别与处理，可用于防治噪音污染和次声污染也可用于自然灾害监测等多个领域。常见的听觉传感器有无噪音电声传感器和动圈式传声器等。

（4）机器人味觉传感器

机器人味觉传感器类似于人的舌头，可以感知酸甜苦辣等味道，还可以检测这些基本味道的浓淡程度，通过数据分析可将味道数值化，从而再进行对比评价。味觉传感器的应用使机器人有了检测并识别味道的功能，常用于制造美食家机器人，用于评判美味的好坏。

（5）机器人嗅觉传感器

人类的嗅觉相对于其他生物是比较弱的，机器人嗅觉传感器是一种仿照生物嗅觉的新型仿生传感技术。利用各种嗅觉传感器，可检测特定气体的浓度，通过计算机数据分析，判断出此气体的危险系数。

（6）机器人距离传感器

距离的判断对于机器人来说相当重要。距离传感器通过发出能量波到对象物体表面，并接收反射来能量波，计算两者之间的时间差，即可算出机器人到该物体的距离。机器人距离传感器可获取外部环境的各种信息，用以机器人避开障碍物和定位等。

各种传感器相当于工业机器人的手、眼、耳和鼻，有助于识别自身的运动状态和环境状况。在这些信息的帮助下，控制器可以发出相应的指令，使机器人完成所需的动作。煤矿除尘机器人涉及到的主要传感器如下所述。

4.2 惯导传感器

加速度计和陀螺仪对于运动测量有根本而重要的意义，因为它们构成了惯性导航的基础。几十年前，为了实现高精度的惯性导航，大型空天飞行器需要将传感器安装在稳定的平台上，从而使敏感器件免受载体转动动力学的影响。为了使平台保持水平所需要的旋转角度也是载体转角的测量值。但是，现代惯导系统被称为捷联惯导系统，因为传感器实际上与载体结构固定在一起，并经历与载体相同的运动。这种现代惯导系统隐含着下述内容。捷联式系统不需要稳定平台，因此可以做得更小；跟踪潜在的高速旋转需要大量的计算；传感器也需要较高的动态范围；一些现代传感器利用再平衡回路来增强动态范围。本节将简要讨论几种低成本小型捷联式传感器。它们最有可能用于移动机器人。

4.2.1 惯性传感器的性能指标

在工程上，经常关注惯性传感器的下述特性：精度、环境影响、成本、件得性以交尺寸。

1）精度

常用的传感器性能模型如下所示:

$$f_{meas} = kf_{true} + b + w_{noise} \tag{4-1}$$

其中包含的重要性能参数为：比例因子 k，偏差 b 以及噪声处理噪声的最好办法就是将其取平均，所有的最优估计系统都把其作为一种基本运算。之前已经看到，如何利用阿伦方差图揭示惯性传感器的基本噪声特性，其技术指标则被称为角度随机游动(用于陀螺仪)以及速度随机游动(用于加速度计)。

2)偏差和比例因子

偏差和比例因子误差的定义可以进一步细化为两个部分:容易补偿的部分和不易补偿的部分。初始偏置指传感器第一次通电时的偏置量值，它可以进一步细化为恒定分量和随机分量。偏置重复度指初始偏置的变化量。对于必须执行特定初始化过程的系统而言,它非常重要。运行偏置稳定度指使用过程中的随机变化。它可能比偏置重复度小,其原因在于,比方说,运行时的温度比开机温度更稳定。

偏置稳定度指的是，当传感器模型最优时，可能出现的最佳的运行偏置变化量。上述所有偏置的变化量也可以定义为比例因子误差，而且都可以表示成关于温度或者时间的函数。

3)带宽、线性度和动态范围

传感器的带宽指的是输入信号幅值的衰减值或值为 3dB（分贝）时的频率。它会经常与更新率混淆。更新率仅表示每单位时间内来自于指口电路的数据帧数量。

比例因子误差指的是输人输出模型曲线斜率不正确的情况；而非线性度是街量该曲线的形状与直线的差异程度。非线性度经常表示为这种偏离直线的最大偏差（传感器校准曲线与拟合直线之间）除以满量程输出值，有时以百万分之一(ppm)的形式表示。饱和是非线性的种极端形式，当输入信号超出传感器的动态范围时就会出现这种情况。

4)对准和交叉耦合

通常情况下，每个测量轴都会对名义上与其垂直的输入信号存在稍许敏感度。这种现象可能是由于封装、单轴对准误差造成的，或者有可能是装置本身的固有误差。

5)环境敏感性

对各种外界环境影响因素，包括温度、冲击和振动，惯性传感器都非常敏感。术语 g 偏置指的是陀螺仪对加速度的敏感度。交叉耦合误差指的是，传感器被设计成对沿某轴线的运动敏感，而它对与该轴垂直方向的运动也有一定的敏感度。

2.加速度计

所有加速度计的工作原理都是测量一个小质量块的相对位移，而该质量块则通过弹性的、黏性阻尼或电磁约束件安装在器件外壳上(如图 4-1 所示)。传感器会返回一个与质量块位移成比例的信号。通常，质量块仅有一个直线或转动自由度

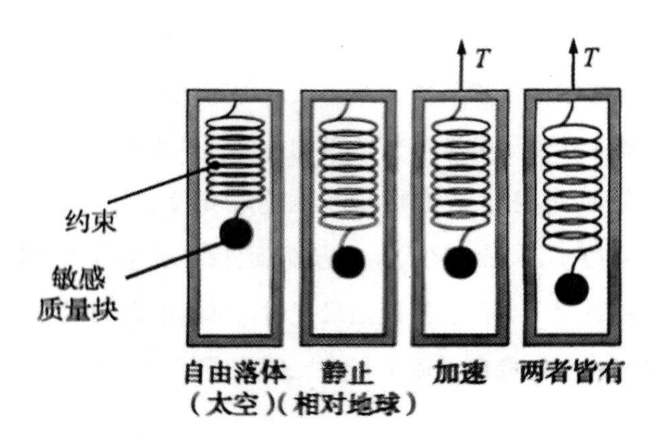

图 4-1 加速度计的工作原理

加速度计原理。在空中，传感器在重力作用下自由下落，不产生任何输出；当在地面上处于静止状态或在太空以 1g 的加速度向上运动时，传感器产生 1g 的输出；当在地面附近以 1g 的加速度向上运动时，传感器产生 2g 的输出。

1) 比力

弹性约束件指示的偏移量直接受弹簧张力的影响，该张力是对器件敏感轴方向上的加速度和重力的矢量和的响应。针对该质量块，写出牛顿第二定律：

$$\vec{T} + \vec{W} = m\vec{T}^{i} \tag{4-2}$$

2）MEMS 加速度计

MEMS (微机电系统)技术的发展在过去十年中突飞猛进，并取得巨大进步。MEMS 惯性传感器将半导体设计制造原理应用于微观机械系统的构建，这些系统通过振动和偏转实现对运动的检测。MEMS 加速度计技术已经发展得相当成熟，根据设计原理可分为几种类别。其中一种容易理解的设计是平面移动(横向)质量块(如图 4-2 所示)。在该设计中，敏感质量块安装在挠曲件上。挠曲件在加速度作用下会发生弯曲，导致梳齿间隙的变化，从而使所有梳齿之间的总电容发生改变。在基于该原理的振动型加速度计中，敏感质量块在晶片平面内振荡，而外部加速度的作用可以转换为敏感器件谐振频率的变化。当前，此类传感器的偏置幅度大约为 lmg,噪声密度大约为 10mg/t-Hz。随着技术的进步，比上述性能更好的传感器已经通过了实验验证。

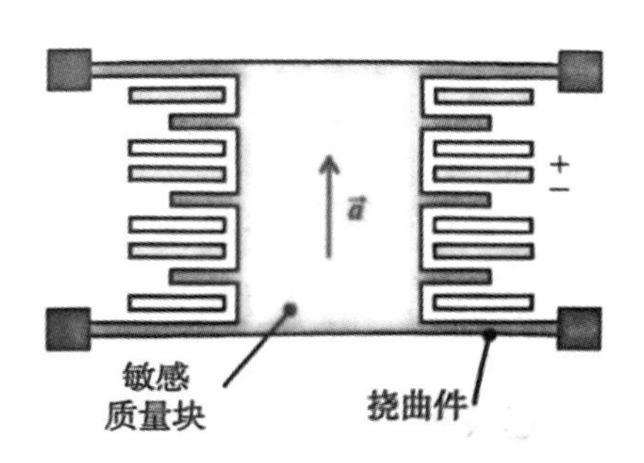

图 4-2 振动型加速度计的原理

3.陀螺仪

陀螺仪(角运动检测装置)是测量角速度的传感器，其所遵循的物理定律使它们只能相对于惯性参考系进行测量。跟加速度计一样，陀螺仪使用的检测技术也多种多样。

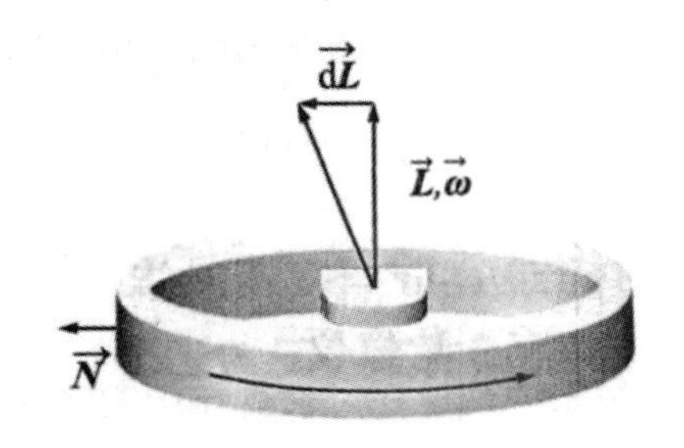

图 4-3 陀螺仪

1） 机械陀螺仪

最基础的陀螺仪，或陀螺，方案是原始机械陀螺仪一个旋转的转子。转子是一个具有旋转对称性的质量块。依据角动量守恒定律使自转轴在惯性空间中保持固定不变，就需要这种几何对称特征。不对称物体的自然转动状态是翻滚，而非自旋。自旋轴的刚度特性引出了名为进动的第二个特性。它决定了陀螺仪如何响应试图转动其自转轴的外力矩。

针对旋转转子应用欧拉方程:

$$\vec{N} = \frac{d\vec{L^i}}{dt} = \frac{d(I^i\vec{w})}{dt} \tag{4-3}$$

2)动力调谐陀螺仪

机械陀螺仪经过数十年的发展及工程改进，减少了漂移率，提高了可靠性，延长了使用寿命。一种常用于移动机器人的机械陀螺仪是动力调谐陀螺仪(DTG)。这些陀螺仪与上面介绍的裸转子类似，但它用两对柔性轴构成万向节来支撑转子。万向节能够绕一个转轴相对转子转动。当万向节的转动速度达到特定值时，柔性轴的刚度基本上可忽略不计。此时，该装置工作于接近无摩擦、无挠度的理想转子支撑状态。动力调谐陀螺仪在第一代捷联惯性系统中获得了非常成功的应用。它们成本低、体积小(体积仅仅头几立方厘米)、坚固耐用，其偏置稳定性小于 1/hr，角度随机游走(ARW)约为 01/t-h 其至能够制造出偏置稳定性低至 0.01%/hr 的此类传感器。

3)光学陀螺仪

现代光学陀螺仪可分为两大类：速率偏频激光陀螺和光纤陀螺。两者都基于萨格纳克(Sagnac)效应测量原理；它把两束反向旋转运行的光混合在一起，以提取与角速度成正比的信号。实际上，当设备绕其敏感轴转动时，绕个方向旋转的光子走过较长的路径，而绕另一个方向旋转的光子走过较短的路径。当把两束光混合，而且其干涉被有效放大后，就能观测到干涉现象。

在速率偏频激光陀螺(RLG)中，光束行进的“环”用激光介质填充，环本身也是激光束。当两束激光结合在一起时，产生与角速度成比例的拍频。RLG 是一种昂贵的高性能传感器。

光纤陀螺仪(FOG)即光纤角速度传感器，是一种简单、价格适中、耐用的传感器。对于绝大多数移动机器人应用来说，其性能已经足够好了，以至于在某些场合很难说出不用它们的理由。激光二极管产生调制光信号，该光信号被分成两束，在光纤线圈中以相反方向分别传播。两束光信号在出口处被重新混合，再被送给光电检测器，提取与角速度成正比的相位差。目前，光纤陀螺仪也许是移动机器人搭载的性能最高的传感器，其偏置稳定性量级大约 1%/hr，同时角度随机游走非常低，其量级大约为 lmrad/rt-hr。

4) MEMS 陀螺仪

一些高性能的 MEMS 陀螺仪应用了梳状驱动音叉原理，该技术由德雷珀实验室(Draper Laboratory)开发，并已授权给多家制造商(如图 4-4 所示)。MEMS 陀螺仪的基本原理是使敏感质量块在一个方向产生速度，然后检测当传感器旋转时，由科里奥利力在垂直方向上引起的运动。当然，传感器外壳内的敏感质量块不可能移动很长距离，因此实际装置中的质量块是做正弦振动。

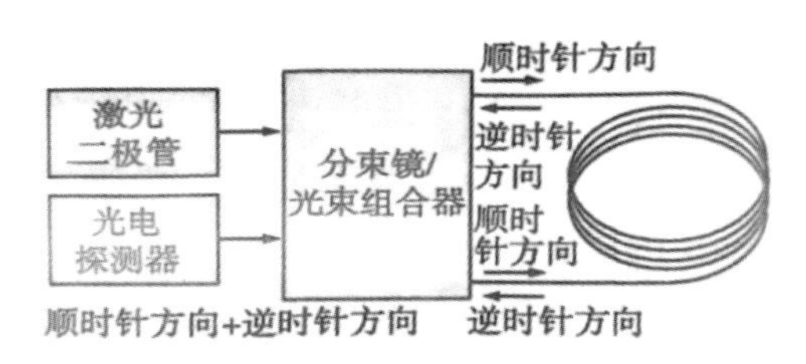

图 4-4　梳状驱动音叉原理

4.惯性测量单元

惯性测量单元(IMU)是一种把加速度计和陀螺仪布置在紧凑封装中的装置，以便同时测量所有三个方向上的直线运动和角运动。对于在高低不平的崎岖地面上运行的车辆，通常需要 IMU 来测量其姿态。理论上，利用三个陀螺仪检测载体相对于导航坐标系的角速度信号，就足以确定方向；而利用加速度计指示重力方向，被证明是一种消除姿态累积误差的重要方法。

一些误差来源是 IMU 布局所特有的。IMU 敏感轴的布置不可能绝对完美，因此在有些场合需要关注对准误差。同样，IMU 在车辆上的安装位置和方向也需要很好地标定。方向对于感知数据的处理非常重要；而 IMU 的线速度和加速度与车辆本体线速度和加速度一般不相等，除非 IMU 正好在车体坐标系的原点上，但这通常不可能或不便于实现。

综合了上述传感器特点的小型而廉价的 IMU 变得越来越普遍。许多 IMU 配备了计算机通信接口。在 20 世纪 90 年代，一种很小的、完全基于石英组件的 IMU 就发布了。用户软件的开发推动了具有串行数据接口的小型低性能 IMU 的发展。

现在的小型 IMU,通过组合平面型和离面型传感器，或者把不同传感器按照三维布局安装在一起，实现对三轴信号的灵敏检测。目前已经能够生产包含三个陀螺仪的单个芯片，以及三个加速度计的单个芯片。即便现在还没有，在不久的将来，在单个芯片上开发出完整的 IMU 也是必然能实现的。

4.3 磁致伸缩位移传感器

磁致伸缩位移传感器，通过内部非接触式的测控技术精确地检测活动磁环的绝对位置来测量被检测产品的实际位移值;该传感器的高精度和高可靠性已被广泛应用于成千上万的实际案例中。

由于作为确定位置的活动磁环和敏感元件并无直接接触，因此传感器可应用在极恶劣的工业环境中，不易受油渍、溶液、尘埃或其他污染的影响。此外，传感器采用了高科技材料和先进的电子处理技术，因而它能应用在高温、高压和高振荡的环境中。传感器输出信号为绝对位移值，即使电源中断、重接，数据也不会丢失，更无须重新归零。由于敏感元件是非接触的，就算不断重复检测，也不会对传感器造成任何磨损，可以大大地提高检测的可靠性和使用寿命。

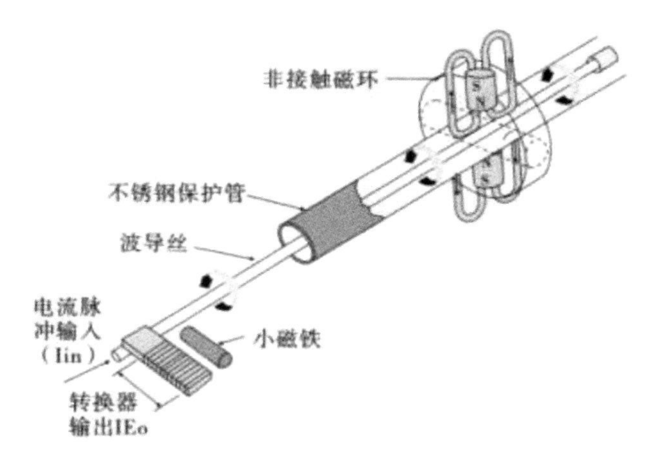

图 4-5 磁致伸缩位移传感器

4.3.1 工作原理

磁致伸缩位移(液位)传感器，是利用磁致伸缩原理、通过两个不同磁场相交产生一个应变脉冲信号来准确地测量位置的。测量元件是一根波导管，波导管内的敏感元件由特殊的磁致伸缩材料制成的。测量过程是由传感器的电子室内产生电流脉冲，该电流脉冲在波导管内传输，从而在波导管外产生一个圆周磁场，当该磁场和套在波导管上作为位置变化的活动磁环产生的磁场相交时，由于磁致伸缩的作用，波导管内会产生一个应变机械波脉冲信号，这个应变机械波脉冲信号以固定的声音速度传输，并很快被电子室所检测到。

由于这个应变机械波脉冲信号在波导管内的传输时间和活动磁环与电子室之间的距离成正比，通过测量时间，就可以高度精确地确定这个距离。由于输出信号是一个真正的绝对值,而不是比例的或放大处理的信号,所以不存在信号漂移或变值的情况,更无须定期重标。

传感器的核心包括一条铁磁材料的测量感应元件，一般被称为“波导管”，一个可以移动的永磁铁，磁铁与波导管会产生一个纵向的磁场。每当电流脉冲（即“询问信号”）由传感器电子头送出并通过波导管时，第二个磁场便由波导管的径向方面制造出来。

当这两个磁场在波导管相交的瞬间，波导管产生“磁致伸缩”现象，一个应变脉冲即时产生。这个被称为“返回信号”的脉冲以超声的速度从产生点（即位置测量点）运行回传感器电子头并被检测器检出来。准确的磁铁位置测量是由传感器电路的一个高速计时器对询问信号发出到返回信号到达的时间周期探测而计算出来，这个过程极为快速与精确无误。

4.3.2 磁致伸缩位移传感器分类

1、磁悬浮位移传感器

磁悬浮位移传感器采用非接触式磁悬浮测量技术。此技术能提供高精准、直接和绝对值的位移输出。非接触式设计不但方便安装，而且能消除所有工作磨损而带来的误差。

2、油缸内置式磁致伸缩位移传感器

磁致伸缩位移传感器采用非接触式超声波测量技术。能提供最佳的线性和绝对值的位置测量。

铝成型外壳能配合两种形式的永久磁铁滑块进行非接触式测量。

1）直接取替电阻式电位器，而无须机械修改

2）开放式导轨型外壳设计能减少因安装失误而损坏传感器 4.2.4 应用领域

可广泛应用于石油、化工、水利、制药、食品、饮料等行业的各种液罐的液位计量和控制，航天加油系统、汽车加油系统、柴油加油系统及各种液压罐、水文监测、水处理等。

磁致伸缩位移传感器是根据磁致伸缩原理制造的高精度、长行程绝对位置测量的位移传感器。它采用内部非接触的测量方式，由于测量用的活动磁环和传感器自身并无直接接触，不至于被摩擦、磨损，因而其使用寿命长、环境适应能力强，可靠性高，安全性好，便于系统自动化工作，即使在恶劣的工业环境下(如容易受油渍、尘埃或其他的污染场合)，也能正常工作。此外，它还能承受高温、高压和强振动，现已被广泛应用于机械位移的测量、控制中。它的行程可达 3 米或更长，标称精度为 0.05% F·S，行程 1 米以上传感器精度可达 0.02% F，S,重复性可达 0.002% F·S，因此它在石油化工，航空航天、电力、水利等行业得到广泛的应用。

4.3.3 伸缩现象

大家都知道物质有热胀冷缩。除了加热外，磁场和电场也会导致物体尺寸的伸长和缩短。铁磁性物质在外磁场的作用下，其尺寸伸长(或缩短)，去掉外磁场后，其又恢复原来的长度，这种现象称为磁致伸缩现象(或效应)。此现象的机理是:铁磁或亚铁磁材料在居里点以下发生自发磁化，形成磁畴。在每个磁畴内。晶

格都沿磁化强度方向发生形变。当施加外磁场时，材料内部随即取向的磁畴发生旋转，是各磁畴的磁化方向趋于一致，物体对外显示的宏观效应即沿磁场方向伸长或缩短。

磁致伸缩材料主要有三大类:即:磁致伸缩的金属与合金和铁氧体磁致伸缩材料。这两种称为传统磁致伸缩材料。它们并没有得到广泛的应用；后来人们发现了电致伸缩材料，其电致伸缩系数比金属与合金的大约 200~400ppm，它很快得到广泛的应用；第三大类是发展的稀土金属间化合物磁致伸缩材料，称为稀土超磁致伸缩材料。它是可提高一个国家竞争力的材料，是 21 世纪战略性功能材料。

磁致伸缩位移传感器适用于高温、高压和强振荡等极其恶劣的工况，其绝对式输出很好地解决了断电归零问题，由于敏感元件都是非接触式、无磨损运行，平均无故障时间长达 23 年。

4.3.4 磁致伸缩传感器的应用

随着国内风力发电机组的制造水平的不断提高，液压变桨系统凭借其在性能、环境适应能力、维护成本等方面的优势，必将得以广泛应用。机械盘式刹车锁紧销方面，磁致伸缩线性位移传感器的应用显著提高了锁紧销动作的可靠性，进而提高了整机运行的安全性。

通过位移传感器来进行监测锁紧销的动作是否可靠到位，所以在大多数的机械盘式刹车系统上的锁紧销都需要安装位置传感器。

4.4 光电式速度传感器

光电编码器是一种集光、机、电为一体的数字检测装置，它是一种通过光电转换，将输至轴上的机械、几何位移量转换成脉冲或数字量的传感器，它主要用于速度或位置(角度)的检测。县有精度高、响应快、抗干扰能力强、性能稳定可革等显著的优点。按结构形式可分为真线式编码器和旋转式编码器两种类型。

旋转编码器主要由光栅、光源、检读器、信号转换电路、机械传动等部分组成。光栅面上刻有节距相等的辐射状透光缝隙，相邻两个透光缝隙之间代表一个增量周期:分别用两个光栅面感光。由于两个光栅面具有 90°的相位差.因此将该输出输入数字加减计算器，就能以分度值来表示角度。它们的节距从光电编码器的输出信号种类来划分，可分为增量式和绝对值式两大类。

旋转增量式编码器转动时输出脉冲，通过计数设备来知道其位置，当编码器不动或停电时，依靠计数设备的内部记忆来记住位置。这样，当停电后，编码器不能有任何的移动；当来电工作时，编码器输出脉冲过程中，也不能有干扰而丢失脉冲，不然，计数设备记忆的零点就会偏移，而且这种偏移的量是无从知道的，只有错误的生产结果出现后才能知道。

由于绝对编码器在定位方面明显地优于增量式编码器，已经越来越多地应用于工业控制定位中。

编码器信号输出有并行输出、串行输出、总线型输出、变送一体型输出等输出形式。串行输出是时间上数据按照约定，有先后输出；空间上，所有位数的数据都在一组电缆上(先后)发出。这种约定称为"通讯协议"，其连接的物理形式有RS232、RS422(TTL)、RS485 等。串行输出连接线少，传输距离远，可靠性就大大提高了，但传输速度比并行输出慢。对于绝对编码器，信号并行输出是时间上数据同时发出；空间上，每个位数的数据各占用一根线缆。对于位数不高的绝对编码器，一般就直接以此形式输出数码，可直接进入 PLC 或上位机的 I/0 接口。这种方式输出即时，连接简单。但是，对于位数较多的绝对编码器，有许多芯电缆，由此带来工程难度和诸多不便、降低了可靠性。因此，在绝对编码器多位数输出一般不采用并行输出型，而是选用串行输出或总线型输出。

光电式速度传感器将速度的变化转变成光通量的变化，在通过光电转换元件将光通量的变化转换成电量变化，即利用光电脉冲变成电脉冲，光电转换元件的工作原理是光电效应。

图 4-6 光电转换元件

4.4.1 工作原理

光电式速度传感器由光学系统及大面积梳状硅光电池组合构成。是一种通过光电转换将输出轴上的机械几何位移量转换成脉冲或数字量的传感器。这是应用最多的传感器，光电编码器是由光源、光码盘和光敏元件组成。光栅盘是在一定直径的圆板上等分地开通若干个长方形孔。由于光电码盘与电动机同轴，电动机旋转时，光栅盘与电动机同速旋转，经发光二极管等电子元件组成的检测装置检测输出若干脉冲信号，通过计算每秒光电编码器输出脉冲的个数就能反映当前电动机的转速。此外，为判断旋转方向，码盘还可提供相位相差 90º 的两路脉冲信号。光电编码器是利用光栅衍射原理实现位移-数字变换，通过光电转换，将输出轴上的机械几何位移量转换成脉冲数字量的传感器。

常见的光电编码器由光栅盘，发光元件和光敏元件组成。光栅实际上是一个刻有规则透光和不透光线条的圆盘，光敏元件接收的光通量随透光线条同步变化，光敏元件输出波形经整形后，变为脉冲信号，每转一圈，输出一个脉冲。根据脉冲的变化，可以精确测量和控制设备位移量。

将传感器安装在汽车上，镜头对准灯光照射的地面(晴朗天气可以不用灯光照射)。 汽车行驶时，地面杂乱花纹通过光学系统，在光电器件上成像，并扫描梳状硅光电池，经广电装换和空间滤波等处理后，广电传感器输出周期性的饿随机窄带信号，该信号的基波频率正比于汽车行驶速度，并且每一周期严格对应地面上走过的一段距离，经过带通跟踪滤波器和整形等预处理后，即可得到随车速变化的脉冲信号。

4.4.2 编码器的分类

光电编码器主要有增量式编码器、绝对式编码器、混合式绝对值编码器、旋转变压器、正余弦伺服电机编码器等，其中增量式编码器、绝对式编码器、混合式绝对值编码器属于数字量编码器，旋转变压器、正余弦伺服电机编码器属于模拟量编码器。

1.增量式编码器

增量编码器可以将位移转换为周期性的电信号，然后将该电信号转换为计数脉冲，并通过计数设备知道其位置。增量式光电编码器的特性是每个输出脉冲信号都对应一个增量位移，但是位置上的增量不能通过输出脉冲来区分。它可以产生等效于位移增量的脉冲信号，其功能是为连续位移的离散化或增量以及位移变化(速度)提供一种传感方法。它相对于参考点。位置增量不能直接检测轴的绝对位置信息。一般而言，增量式光电编码器输出彼此之间具有 90°电角度的 A 和 B 脉冲信号(所谓的两组正交输出信号)，从而可以容易地判断旋转方向。同时，还有一个 Z 相标记(指示)脉冲信号用作参考标记，并且每当码盘旋转一圈时，仅发出一个标记信号。标记脉冲通常用于指示机械位置或清除累积量。

1)特点

增量式编码器转轴旋转时，有相应的脉冲输出，其旋转方向的判别和脉冲数量的增减借助后部的判向电路和计数器来实现。其计数起点任意设定，可实现多圈无限累加和测量。还可以把每转发出一个脉冲的 Z 信号，作为参考机械零位。编码器轴转一圈会输出固定的脉冲，脉冲数由编码器光栅的线数决定。需要提高分辨率时，可利用 90 度相位差的 A、B 两路信号对原脉冲数进行倍频，或者更换高分辨率编码器。

2)工作原理

在一个码盘的边缘上开有相等角度的缝隙（分为透明和不透明部分），在开缝码盘两边分别安装光源及光敏元件。当码盘随工作轴一起转动时，每转过一个缝隙就产生一次光线的明暗变化，再经整形放大，可以得到一定幅值和功率的电脉冲输出信号，脉冲数就等于转过的缝隙数。将该脉冲信号送到计数器中去进行计数，从测得的数码数就能知道码盘转过的角度。

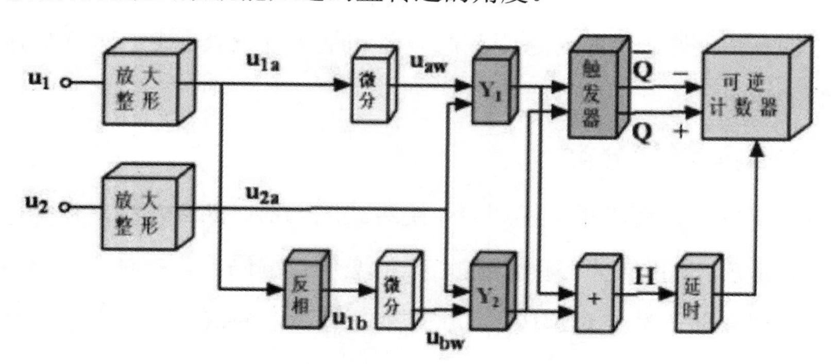

图 4-7 增量式编码器工作原理

为了判断旋转方向，可以采用两套光电转换装置。令它们在空间的相对位置有一定的关系，从而保证它们产生的信号在相位上相差 1/4 周期。

2.绝对式编码器

绝对编码器的每个位置都对应一个特定的数字代码，因此其指示仅与测量的开始和结束位置有关，与测量的中间过程无关，其位置由输出代码的读数确定。断开电源后，绝对编码器不会与实际位置分开。再次打开电源时，位置读数仍为当前状态。绝对值编码器可以直接输出大量数字量。代码光盘上将有几个代码通道，并且代码通道的数量是二进制数字。每个条形码轨道均由透光且不透明的扇形区域组成，并使用光电传感器收集信号。光源和光敏元件分别布置在代码盘的两侧，使得光敏元件可以根据是否接收到光信号来执行电平转换，并输出二进制数，并在不同位置输出不同的数字代码。因此，可以检测绝对位置。但是分辨率是由二进制中的位数决定的，这意味着精度取决于位数。优点：角度坐标的绝对值可以直接读取，没有累积误差，断电后位置信息也不会丢失。编码器的抗干扰特性和数据可靠性大大提高。

1）基本构造

用增量式光电编码器有可能由于外界的干扰产生计数错误，并且在停电或故障停车后无法找到事故前执行部件的正确位置。采用绝对式光电编码器可以避免上述缺点。绝对式光电编码器的基本原理及组成部件与增量式光电编码器基本相同，也是由光源、码盘 、检测光栅、光电检测器件和转换电路组成。与增量式光电编码器不同的是，绝对式光电编码器用不同的数码来分别指示每个不同的增量位置，它是一种直接输出数字量的传感器。在它的圆形码盘上沿径向有若干同心码道，每条上由透光和不透光的扇形区相间组成，相邻码道的扇区数目是双倍关系，码盘上的码道数就是它的二进制数码的位数，在码盘的一侧是光源，另一侧对应每一码道有一光敏元件；当码盘处于不同位置时，各光敏元件根据受光照与否转换出相应的电平信号，形成二进制数。这种编码器的特点是不要计数器，在转轴的任意位置都可读出一个固定的与位置相对应的数字码。显然，码道越多，分辨率就越高，对于一个具有 N 位二进制分辨率的编码器，其码盘必须有 N 条码道。

2）特点

绝对式光电编码器是利用自然二进制、循环二进制（格雷码）、二-十进制等方式进行光电转换的。绝对式光电编码器与增量式光电编码器不同之处在于圆盘上透光、不透光的线条图形，绝对光电编码器可有若干编码，根据读出码盘上的编码，检测绝对位置。它的特点是：可以直接读出角度坐标的绝对值；没有累积误差；电源切除后位置信息不会丢失；编码器的精度取决于位数；最高运转速度比增量式光电编码器高。

3）原理

绝对编码器光码盘上有许多道刻线，每道刻线依次以 2 线、4 线、8 线、16 线。编排，这样，在编码器的每一个位置，通过读取每道刻线的通、暗，获得一组从 2 的零次方到 2 的 n-1 次方的唯一的二进制编码（格雷码），这就称为 n 位绝对编码器。这样的编码器是由码盘的机械位置决定的，它不受停电、干扰的影响。绝对编码器由机械位置决定的每个位置的唯一性，它无须记忆，无须找参考点，而且不用一直计数，什么时候需要知道位置，什么时候就去读取它的位置。这样，编码器的抗干扰特性、数据的可靠性大大提高了。

3.混合式绝对值编码器

混合式绝对值编码器，它输出两组重要的信息：一组信息是用来检测磁极位置的，具有绝对信息功能;另一组信息与增量编码器的输出信息是完全相同的。

4.正余弦伺服电机编码器

正弦余弦伺服电机编码器由一个以中心轴为中心的光电编码盘组成，上面有环形和深色的刻线，由光电发射和接收装置读取，并获得四组正弦波信号形成正弦余弦伺服电机编码伺服驱动器无须高频通信即可获得高精度细分，从而降低了硬件要求。同时，由于单转角度信号，伺服电机可以平稳启动，启动转矩大。

采用光电式速度传感器、数据预处理电路和微机多了数据采集系统组成的车辆道路性能检测器。可以为交通部门提供方便、快捷、准确、高效的车辆外场路面行驶性能检测和新型车辆性能测试，是一种先进的车辆性能虚拟测量系统。它不仅能测量速度，也可以检测加速度、距离、车辆制动等多种性能。

4.5 压电式压力传感器

压电式传感器是一种基于压电效应的传感器。是一种自发电式和机电转换式传感器。它的敏感元件由压电材料制成。正压电效应是指：当晶体受到某固定方向外力的作用时，内部就产生电极化现象，同时在某两个表面上产生符号相反的电荷；当外力撤去后，晶体又恢复到不带电的状态；当外力作用方向改变时，电荷的极性也随之改变；晶体受力所产生的电荷量与外力的大小成正比。逆压电效应又称电致伸缩效应，是指对晶体施加交变电场引起晶体机械变形的现象。用于电声和超声工程的一般使用逆压电效应制造的变送器。

基于压电效应的压力传感器。它的种类和型号繁多，按弹性敏感元件和受力机构的形式可分为膜片式和活塞式两类。膜片式主要由本体、膜片和压电元件组成。压电元件支撑于本体上，由膜片将被测压力传递给压电元件，再由压电元件输出与被测压力成一定关系的电信号。这种传感器的特点是体积小、动态特性好、耐高温等。现代测量技术对传感器的性能出越来越高的要求。例如用压力传感器测量绘制内燃机示功图，在测量中不允许用水冷却，并要求传感器能耐高温和体积小。压电材料最适合于研制这种压力传感器。比较有效的办法是选择适合高温条件的石英晶体切割方法。

1.压电效应

压电效应可分为正压电效应和逆压电效应。正压电效应是指：当晶体受到某固定方向外力的作用时,内部就产生电极化现象,同时在某两个表面上产生符号相反的电荷；当外力撤去后，晶体又恢复到不带电的状态；当外力作用方向改变时，电荷的极性也随之改变；晶体受力所产生的电荷量与外力的大小成正比。压电式传感器大多是利用正压电效应制成的。逆压电效应是指对晶体施加交变电场引起晶体机械变形的现象，又称电致伸缩效应。用逆压电效应制造的变送器可用于电声和超声工程。压电敏感元件的受力变形有厚度变形型、长度变形型、体积变形型、厚度切变型、平面切变型 5 种基本形式。压电晶体是各向异性的，并非所有晶体都能在这 5 种状态下产生压电效应。例如石英晶体就没有体积变形压电效应，但具有良好的厚度变形和长度变形压电效应。

2、压电材料

它可分为压电单晶、压电多晶和有机压电材料。压电式传感器中用得最多的是属于压电多晶的各类压电陶瓷和压电单晶中的石英晶体。其他压电单晶还有适用于高温辐射环境的铌酸锂以及钽酸锂、镓酸锂、锗酸铋等。压电陶瓷有属于二元系的钛酸钡陶瓷、锆钛酸铅系列陶瓷、铌酸盐系列陶瓷和属于三元系的铌镁酸铅陶瓷。压电陶瓷的优点是烧制方便、易成型、耐湿、耐高温。缺点是具有热释电性，会对力学量测量造成干扰。有机压电材料有聚二氟乙烯、聚氟乙烯、尼龙等十余种高分子材料。有机压电材料可大量生产和制成较大的面积,它与空气的声阻匹配具有独特的优越性,是很有发展潜力的新型电声材料。60 年代以来发现了同时具有半导体特性和压电特性的晶体，如硫化锌、氧化锌、硫化钙等。利用这种材料可以制成集敏感元件和电子线路于一体的新型压电传感器，很有发展前途。

4.6 智能粉尘浓度视频传感器

粉尘传感器主要用于检测环境中的粉尘浓度，当前人们对生活工作居住环境的要求越来越高，生产性粉尘对人体的危害日益凸显。工地因为大型作业等会引起扬尘，是城市扬尘污染的主要源头，在工地安装工地扬尘监测系统可有效改善扬尘环境，当作业引起的扬尘达到一定浓度时，采取一定的降尘措施，减少扬尘污染。光散射法的粉尘传感器国外、国内厂家较多，又分普通光散射和激光光散射法。因为激光光散射法仪器的重复性、稳定性好，在欧美日已经全面取代普通光散射法。如选择好厂家可以达到高性价比。不过国内传感器质量差别较大，应注意选择质量有保障的厂家。

矿用智能粉尘浓度视频传感器（系统）由视频数据采集、网络传输、智能数据算法、上位机数据管理显示组成。传感器（系统）还具有频率、电流、RS485信号输出（选其一）和断电开关信号输出功能，可以和监控系统及其它控制器联机使用，适用于煤矿井下有瓦斯、煤尘爆炸危险的环境。

图 4-8 智能粉尘浓度视频传感器

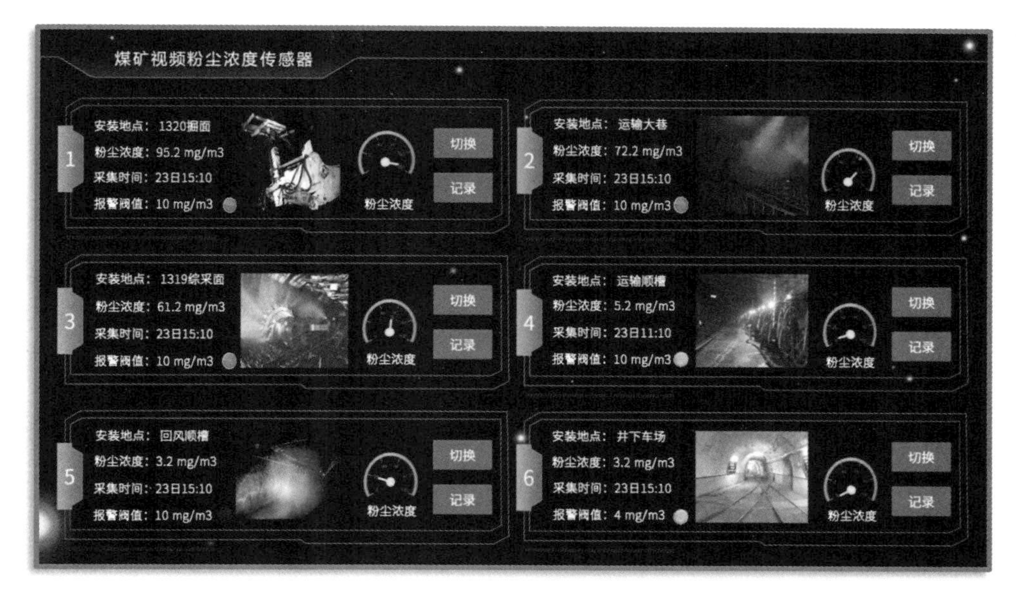

图 4-9 传感器应用案例

粉尘传感器是采用先进 PM2.5 检测机理实现对 PM2.5 检测。该灰尘传感器中 PM2.5 检测单元采用粒子计数原理，可灵敏检测直径 0.5μm 以上灰尘颗粒物。工作原理主要是光吸收、光散射、β 射线、微电脑激光和交流静电感应原理，快速检测方法主要有 5 种：光散射法、β 射线法和微重量天平法、静电感应法、压电天平法。微重量天平的仪器现基本被少数美国公司垄断，价格高，维护费高。静电感应法的仪器一般用于布袋除尘器后检测布袋是否泄漏。压电天平法的使用比较麻烦，生产厂家少。

煤矿除尘机器人系统中使用的粉尘浓度智能视频传感器和粉尘浓度检测包括：视频采集装置，用于采集环境视频；粉尘浓度检测装置，用于检测粉尘的浓度。

视频采集装置，粉尘浓度检测装置。粉尘浓度检测装置包括：激光发生装置，用于发射激光；变换装置，用于将粉尘散射的激光转换为数字信息信号；处理装置，用于根据数字信息号生成粉尘浓度值。本发明将视频采集装置与粉尘浓度检测装置结合，采用视频采集装置采集周围环境视频，并结合粉尘浓度检测装置检测出的粉尘浓度值一起传输显示，实现了长时间连续实时粉尘浓度值数据和视频图像数据合二为一的输出和显示，使得对矿下粉尘浓度观测更加直观。进一步，本发明的粉尘浓度检测装置采用发射激光，变换装置，处理装置，利用激光散射原理，实现了高灵敏度的对矿井下粉尘浓度的检测。

粉尘浓度智能视频传感器还包括还显示装置，显示装置与视频采集装置和粉尘浓度检测装置连接，接收视频采集装置传输的视频以及粉尘浓度检测装置传输粉尘浓度值，同时显示视频采集装置采集的视频，及处理装置生成粉尘浓度值。

该方法将视频采集装置与粉尘浓度检测装置结合，采用视频采集装置采集周围环境视频，并结合粉尘浓度检测装置检测出的粉尘浓度值一起传输显示，实现了长时间连续实时粉尘浓度值数据和视频图像数据合二为一的输出和显示，使得对矿下粉尘浓度观测更加直观。进一步，本发明的粉尘浓度检测装置采用发射激光，变换装置，处理装置，利用激光散射原理，实现了高灵敏度的对矿井下粉尘浓度的检测。

变换装置包括：光电信号转换、信号放大装置、反向信号放大装置和 A/D 信号转换装置。具体步骤如下：

1. 光电信号转换装置，用于将粉尘散射其上的激光所形成的光信号转换为电信号；
2. 光电信号转换装置优选光电二极管，被粉尘散射的激光散射到光电二极管上，光电二极管微弱光信号变成微弱电信号，信号放大装置，用于将接收到的电信号放大；
3. 反向信号放大装置，用于将放大后的电信号转换为模拟直流电信息号；
4. 反向信号放大装置优选为反向信号放大器，反向信号放大装置与信号放大装置连接，用于将放大后电信号转换为模拟直流电信息号；
5. A/D 信号转换装置，用于将模拟直流电信息号转换为数字信号；
6. A/D 信号转换装置与反向信号放大装置连接，用于将模拟直流电信息号转换为数字信号；同时，A/D 信号转换装置还与处理装置连接，将数字信号传输至处理装置。

粉尘浓度智能视频传感器还包括：气体过滤装置和清扫装置。清扫装置用于对所述激光发生装置和所述变换装置进行除尘处理。处理装置与清扫装置连接，根据粉尘浓度值控制清扫装置的运行。处理装置还用于控制所述清扫装置沿顺时针和/或顺时针方向对激光发生装置和变换装置气体除尘处理。气体过滤装置，用于过滤进入所述清扫装置的气体。

清扫装置优选为气流清扫系统或光学清扫系统；其用于通过气流清洁激光发射装置的发射面和光电信号转换装置的接受面。气体过滤装置用于对进入清扫装置的气体进行过滤，滤除其中的颗粒杂质，为清扫装置提供清洁的气体，保证激光发射装置的发射面和光电信号转换装置的接受面不受到粉尘污染二次污染，影响检测精度。

处理装置根据粉尘浓度值的开启清扫装置，即粉尘浓度值达到预设浓度值时，控制清扫装置开启。控制清扫装置进行清扫时，处理装置控制清扫装置从左往右持续清洁约 30 秒后，再从右往左持续清洁约 30 秒，两个循环后清扫结束恢复正常测量状态。

粉尘浓度智能视频传感器还包括：断电装置，用于对整体的环境进行断电；所述处理装置，还用于根据所述粉尘浓度值启动所述断电装置。

4.7 油液流量传感器

液体流量传感器，可分为有腐蚀液体流量传感器以及没有腐蚀液体流量传感器，这只是从介质方面来区分的，也是在应用选要第一个注意的事项。断定了液体的性质后，就依据咱们自身运用的需求来分，计量型液体流量传感器或是模仿量信号输出流量传感器，计量类的如今一般有脉冲信号（赛盛尔水流量传感器）的，模仿量信号输出如今较多的是开关量信号输出（如干簧管式水流开关），也能够转换成电流和电压信号，模仿量的只提供一个模仿（开关)量，不能进行计量，相对来讲较为粗豪，没有计量型的液体流量传感器的精度高，模仿量的发动流量也是开关量液体流量传感器要思考的一个事项。按精度来分，有水表级的（分 B 级和 A 级，一般是在 2%到 3%的差错内，是要有计量证的），超出在 5%-10%电子类的如今一般用来当开关量信号运用，或是水控水加热等运用，比方电热水器，饮水机，咖啡机，燃气热水器用水流量传感器（赛盛尔水流量传感器）。一句话总结：一从介质下手，二从运用需求入水，三从精度下手，就能够选到你想要的液体流量传感器。

1.工作原理

当被测液体流过传感器时，在流体作用下，叶轮受力旋转，其转速与管道平均流速成正比。叶轮的转动周期地改变磁回路的磁阻值，检测线圈中的磁通随之发生周期性变化，产生频率与叶片旋转频率相同的感应电动势，经放大后，进行转换和处理。

2.技术参数

表 4-3 LWGY 传感器通用指标

<table>
<tr><td>被测介质</td><td colspan="4">无杂质、低黏度、无强烈腐蚀性液体</td></tr>
<tr><td>执行标准</td><td colspan="4">涡轮流量传感器（JB/T9246-1999）</td></tr>
<tr><td>检定规程</td><td colspan="4">涡轮流量计（JJG1037-2008）</td></tr>
<tr><td rowspan="3">仪表口径
及连接方式</td><td>法兰连接型</td><td colspan="3">DN15-DN200</td></tr>
<tr><td>螺纹连接型</td><td colspan="3">DN4-DN50</td></tr>
<tr><td>夹装连接型</td><td colspan="3">DN4-DN200</td></tr>
<tr><td rowspan="3">法兰标准</td><td>常规标准</td><td colspan="3">GB/T9113-2000</td></tr>
<tr><td rowspan="2">其他标准</td><td>国际管法兰标准</td><td colspan="2">如德标 DIN、美标 ANSI、日标 JIS</td></tr>
<tr><td>国内管法兰标准</td><td colspan="2">如化工部标准、机械部标准</td></tr>
<tr><td rowspan="2">螺纹规格</td><td>常规规格</td><td colspan="3">英制管螺纹（外螺纹）</td></tr>
<tr><td>其他规格</td><td colspan="3">内螺纹、球面螺纹、NPT 螺纹等</td></tr>
<tr><td>精度等级</td><td colspan="4">±1%R、±0.5%R、±0.2%R（需特制）</td></tr>
<tr><td>重复性</td><td colspan="4">≤0.15%、≤0.1%、≤0.03%</td></tr>
<tr><td>量程比</td><td colspan="4">1∶10；1∶15；1∶20</td></tr>
<tr><td rowspan="3">检定条件</td><td>检定装置</td><td colspan="3">标准表法液体流量检定装置
静态质量法液体流量标定装置</td></tr>
<tr><td rowspan="2">环境条件</td><td>环境温度</td><td colspan="2">20℃</td></tr>
<tr><td>相对湿度</td><td colspan="2">65%</td></tr>
<tr><td rowspan="5">使用条件</td><td rowspan="3">介质温度</td><td>T1（一般型，标配）</td><td colspan="2">-20℃～+80℃</td></tr>
<tr><td>T2（高温型，订制）</td><td colspan="2">-20℃～+120℃</td></tr>
<tr><td>T3（高温型，订制）</td><td colspan="2">-20℃～+150℃</td></tr>
<tr><td>环境温度</td><td>-20℃～+60℃</td><td>相对湿度</td><td>5%～90%</td></tr>
<tr><td>大气压力</td><td colspan="3">86Kpa～106Kpa</td></tr>
</table>

3.仪表系数频段

表 4-4 仪表系数频段

仪表口径（mm）	仪表系数(次/L)	频率下限（HZ）	频率上限（HZ）
DN 4	16000	177.8	1111.1
DN 6	8200	227.8	1366.7
DN 10	1800	100.0	600.0
DN 15	830	138.3	1383.3
DN 20	600	133.3	1333.3
DN 25	212	58.9	588.9
DN 32	150	62.5	625.0
DN 40	77	42.8	427.8
DN 50	27	30.0	300.0
DN 65	12.1	23.5	235.3
DN 80	6.1	16.9	169.4
DN 100	4.3	23.8	238.9
DN 125	3.1	21.5	215.3
DN 150	2.2	18.3	183.3
DN 200	1.2	26.7	266.7

4.耐压等级

表 4-5 LWGY 传感器耐压等级

连接方式	口径范围	常规耐压等级	特制耐压等级
法兰连接型	DN4-DN50	4.0MPa	10MPa 及以下
	DN65-DN200	1.6MPa	10MPa 及以下
螺纹连接型	DN4-DN40	6.3MPa	-
	DN50-DN80	1.6MPa	-
夹装连接型	DN4-DN40	-	42MPa 及以下
	DN50-DN80	-	25MPa 及以下
	DN100-DN150	-	16 MPa 及以下
	DN200	-	12 MPa 及以下

4.8 照度传感器

照度传感器是以光电效应为基础，将光信号转换成电信号的装置。早期照度传感器的光敏元件采用光敏电阻，现基本都改用半导体材料制成的光敏二极管。照度传感器采用对弱光也有较高灵敏度的硅兰光伏探测器作为传感器；具有测量范围宽、线形度好、防水性能好、使用方便、便于安装、传输距离远等特点，适用于各种场所,尤其适用于农业大棚、城市照明等场所。根据不同的测量场所，配合不同的量程，线性度好、防水性能好 、可靠性高、结构美观、安装使用方便、抗干扰能力强。光照度传感器是将光照度大小转换成电信号的一种传感器，输出数值计量单位为Lux。光是光合作用不可缺少的条件；在一定的条件下，当光照强度增强后，光合作用的强度也会增强，但当光照强度超过限度后，植物叶面的气孔会关闭，光合作用的强度就会降低。因此，使用光照度传感器控制光照度也就成为影响作物产量的重要因素。

1.工作原理

根据爱因斯坦的光子假说：光是一粒一粒运动着的粒子流，这些光粒子称为光子。每一个光子具有一定的能量，其大小等于普朗克常数乘以光的频率。所以，不同频率的光子具有不同的能量。光的频率越高，其光子能量就越大。

光线照射在某些物体上，使电子从这些物体表面逸出的现象称为外光电效应，也称光电发射。逸出来的电子称为光电子。光电效应一般分为外光电效应、光电导效应和光伏效应三类，根据这些效应可制成不同的光电转换器件（称为光敏元件）。照度传感器是以光伏特效应来工作的。

在光照下，若入射光子的能量大于禁带宽度，半导体PN结附近被束缚的价电子吸收光子能量，受激发跃迁至导带形成自由电子，而价带则相应的形成自由空穴。这些电子一空穴对，在内电场的作用下，空穴移向P区，电子移向N区，使P区带正电，N区带负电，于是在P区与N区之间产生电压，称为光生电动势，这就是光伏效应。利用光伏效应制成的敏感元件有光电池、光敏二极管和光敏三极管等，其应用极为广泛。

利用光敏二极管的光伏效应可以制作照度传感器。光敏二极管的结构与一般二极管相似，装在透明玻璃外壳中，它的PN结装在管顶，可直接受到光照射，光敏二极管在电路中一般是处于反向工作状态。光敏二极管在电路中处于反向偏置，在没有光照射时，反向电阻很大，反向电流很小，此反向电流称为暗电流。反向电流小的原因是在PN结中，P型中的电子和N型中的空穴（少数载流子）很少。当光照射在PN结上，光子打在PN结附近，使PN结附近产生光生电子和光生空穴对，使少数载流子的浓度大大增加，因此通过PN结的反向电流也随着增加。如果入射光照度变化，光生电子一空穴对的浓度也相应变动，通过外电路的光电流强度也随之变动，可见光敏二极管能将光信号转换为电信号输出。

2.特光照度传感器的结构及特性

国内某公司生产的On9668光控阀值可调的光电集成传感器就可做成一个开关型可见光照度传感器。内置双敏感元接收器，可见光范围内高度敏感，光开关阀值通过外置电阻线性可调，直接输出高、低电平，外围电路简单。下图4-10是开关型可见光照度传感器的原理图。

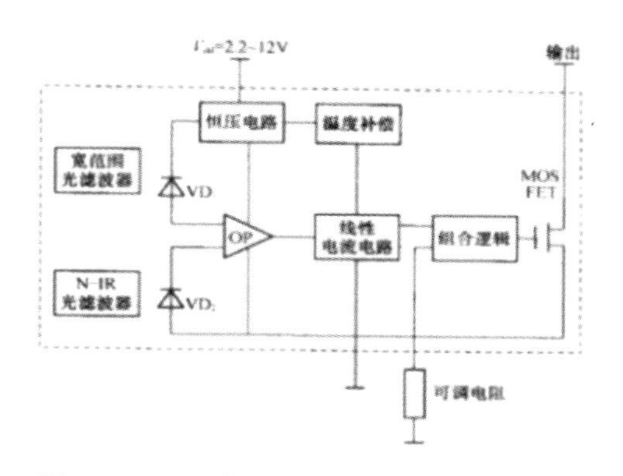

图4-10 开关型可见光照度传感器的原理图

电气特性如下：

(1)暗电流小，低照度响应，灵敏度高；

(2)光控阀值通过外置电阻线性可调，直接输出高、低电平，外围电路简单；

(3)内置双敏感元，自动衰减近红外，光谱响应接近人眼函数曲线；

(4)内置微信号CMOS放大器、高精度电压源和修正电路，输出电流可达30 mA；

(5)工作电压范围宽，温度稳定性好；

(6)可选光学纳米材料封装，可见光透过，紫外线截止，近红外相对衰减，增强光学滤波效果。

3.结构原理

选用光接选器件，对于可见光频段光谱吸收后转换成电信号。根据电信号的大小对应光照度的强弱。内装有滤光片，使可见光以外的光谱不能到达光接收器，内部放大电路有可调放大器，用于调制光谱接收范围，从而可实现不同光强度的测量。

4.用途

一个被光线照射的表面上的照度定义为照射在单位面积上的光通量。即所得到的光通量与被照面积之比。广泛应用于电光源、科教、冶金行业、工业监察、农业研究以及照明行业的品控。

5.照度传感器的应用

照度传感器根据环境灯光的变化，采用电子元器件将可见光转化成电信号，从而控制照明系统来保证使作业面的照度在一定范围内。当作业面的照度高于预设的照度值，关闭或调暗采光系统；当作业面的照度低于预设的照度值，开启或调亮采光系统。通常，前一个预设的照度值高于后一个预设的照度值，利用该“死区”以免频繁地开关照明设备。

采用单个照度传感器设置其控制区域时，应注意以下事项：

(1)控制区内作业活动内容、照度要求和环境相同；

(2)控制区内天然采光的条件相同；

(3)控制区域连续，没有隔断或墙体。

4.9 高/中压喷嘴及喷雾组合件

高压雾化喷嘴四个典型应用有喷雾造雾、加湿降温、雾化除尘等，其实雾化喷嘴的应用，贯穿于工业生产和农业生产，不仅仅是局限于喷雾造雾应用，还可以用来冷却、清洗、杀菌、消毒、防火、盐田实验等功能使用。

从工艺角度来看：高压喷雾设备喷嘴采用激光打孔，已确保孔的精确度与喷雾流量的准确度，每个喷嘴都会进行试压喷雾测试，确保喷雾效果。在运行过程中，高压喷嘴属于高压的，必须配置高压主机，使用压力需要达到 50～70kg 以上，喷嘴才能完全打开。

高压雾化喷嘴采用黄铜主体,内镶不锈钢喷嘴芯和不锈钢导流叶片,内含防滴漏装置,液体在 50～70kg 的水压之下,高速流动,在导流叶片中形成一个离心旋涡,从喷孔中喷出极细微的空心式雾粒。使用特氟龙滩网,雾粒粒径仅为 5-10μm,此种喷嘴喷孔是使用进口精密打孔机打孔,孔径在 0.1～0.5mm 之间,通过喷嘴的自由组合,可以有效的调节加湿量和喷雾效果。该喷嘴的特点是不易堵塞,耐磨性好,喷雾均匀,可以有效的提高产品的质量和生产效率,制作精良,使用成本低廉。

高压三段式雾化喷头特点：

（1）自带防地漏设计，停机喷头不滴水；

（2）自带 316 不锈钢过滤网，内旋式自动清洁不易堵塞；

（3）不锈钢喷片经先进锻压工艺处理，耐磨性好，喷雾均匀，是同类喷嘴的 2-5 倍寿命。

（4）该系列喷头不需要空气辅助，系统装置简单，喷雾细微达 3～7μm，雾化均匀充分，节水节能。

高压雾化喷嘴型号有 0 号、1 号、2 号、3 号、4 号、5 号六种规格,可满足不同场合加湿降温,消毒除尘等;另配有高压喷嘴配件三通,四通,弯头,末端堵头,终端堵头,阀接,外丝接头,单喷底座,双喷底座,低压管,高压 PE 管等。

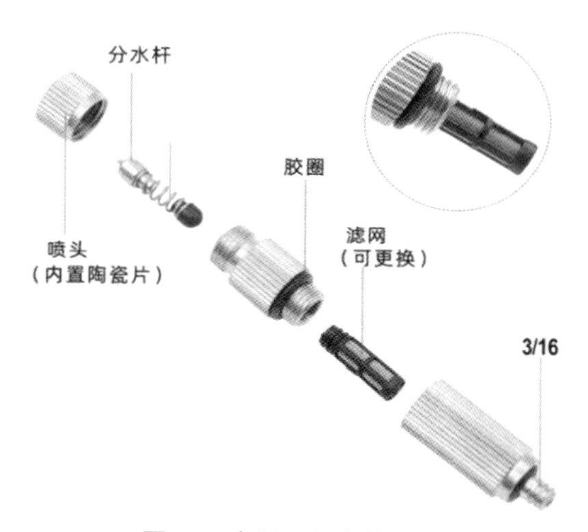

图 4-11 高压三段式雾化喷嘴

图 4-12 中压喷嘴

中压雾化喷嘴，以黄铜或不锈钢为主体，内镶不锈钢喷嘴芯和不锈钢导流叶片,内含防滴漏装置。液体在 3～10kg 的水压之下，高速流动，在导流叶片中形成一个离心旋涡，从中压雾化喷嘴喷孔中喷出极细微的空心式雾粒。中压雾化喷嘴使用特氟龙过滤网，雾粒粒径仅为 3～5μm，此种中压雾化喷嘴喷孔是使用美国精密打孔机打孔,孔径在 0.1～0.5mm 之间，中压雾化喷嘴的自由组合，可以有效地调节加湿量和喷雾效果。该中压雾化喷嘴的特点是不易堵塞，耐磨性好，喷雾均匀，可以有效地提高产品的质量和生产地效率，制作精良，使用成本低廉。

高压雾化喷嘴需要与其他配件搭配使用，如各种喷雾主机,中压管路件，如三通，单喷座，双喷座，直通，弯头，未端堵头等。与高压雾化喷嘴相比，中压雾化喷嘴根本不需要使用这些设备与配件，使用更方便，也更加节省成本，是非常值得推荐的一款雾化喷嘴。

中压雾化喷嘴使用黄铜主体,内镶不锈钢喷嘴芯和 不锈钢导流叶片,内含有一防滴漏装置,液体在 3～10kg 的水压之下，高速流动，在导流叶片中形成一个离心旋涡，从喷孔中喷出极细微的空心式雾粒，使用特氟龙滤网，雾粒粒径在 20μm 左右。

4.10 热释光传感器

热释电传感器又称人体红外传感器，被广泛应用于防盗报警、来客告知及非接触开关等红外领域。压电陶瓷类电介质在电极化后能保持极化状态，称为自发极化。自发极化随温度升高而减小，在居里点温度降为零。因此，当这种材料受到红外辐射而温度升高时， 表面电荷将减少，相当于释放了一部分电荷，故称为热释电。将释放的电荷经放大器可转换为电压输出。这就是热释电传感器的工作原理。当辐射继续作用于热释电元件，使其表面电荷达到平衡时，便不再释放电荷。因此，热释电传感器不能探测恒定的红外辐射。

热释电传感器的工作原理：某些晶体，例如钽酸锂、硫酸三甘肽等受热时，晶体两端会产生数量相等、符号相反的电荷。1842 年布鲁斯特将这种由温度变化引起的电极化现象正式命名为“pyroelectric”，即热释电效应。红外热释电传感器就是基于热释电效应工作的热电型红外传感器其结构简单坚固，技术性能稳定，被广泛应用于红外检测报警、红外遥控、光谱分析等领域，是目前使用最广的红外传感器。

热释电传感器的滤光片为带通滤光片，它封装在传感器壳体的顶端，使特定波长的红外辐射选择性地通过，到达热释电探测元件在其截止范围外的红外辐射则不能通过。热释电探测元是热释电传感器的核心元件，它是在热释电晶体的两面镀上金属电极后，加电极化制成，相当于一个以热释电晶体为电介质的平板电容器。当它受到非恒定强度的红外光照射时，产生的温度变化导致其表面电极的电荷密度发生改变，从而产生热释电电流。探测元的原理参考了菲涅耳透镜(英语：Fresnel lens)，又译菲涅尔透镜，别称螺纹透镜，是由法国物理学家奥古斯丁·菲涅耳所发明的一种透镜。此设计原来被应用于灯塔，这个设计可以建造更大孔径的透镜，其特点是焦距短，且比一般的透镜的材料用量更少、重量与体积更小。和早期的透镜相比，菲涅耳透镜更薄，因此可以传递更多的光，使得灯塔即使距离相当远仍可看见。

热释电传感器由滤光片、热释电探测元件和前置放大器组成，补偿型热释电传感器还带有温度补偿元件。为防止外部环境对传感器输出信号的干扰，上述元件被真空封装在—个金属管内。热释电传感器的滤光片为带通滤光片，它封装在传感器壳体的顶端，使特定波长的红外辐射选择性地通过，到达热释电探测元件在其截止范围外的红外辐射则不能通过。热释电探测元件是热释电传感器的核心元件，它是在热释电晶体的两面镀上金属电极后，加电极化制成，相当于一个以热释电晶体为电介质的平板电容器。当它受到非恒定强度的红外光照射时，产生的温度变化导致其表面电极的电荷密度发生改变，从而产生热释电电流。前置放大器由一个高内阻的场效应管源极跟随器构成，通过阻抗变换，将热释电探测元微弱的电流信号转换为有用的电压信号输出。前置放大器将微弱的热释电电流转换为有效电压输出。前置放大器必须具备高增益、低噪声、抗干扰能力强的特点，以便从众多的噪声干扰中提取微弱的有用信号。热释电探测元和前置放大器通常集成封装在晶体管内，以避免空气湿度使泄露电流增大。这种结构的前置放大器信噪比高，受温度影响小。

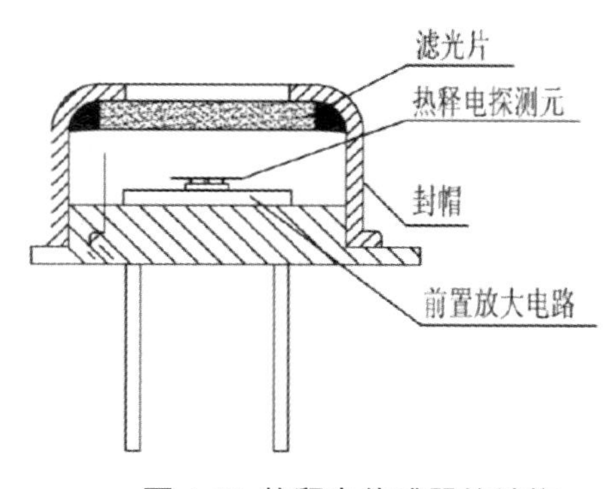

图 4-13 热释电传感器的结构

热释电传感器的滤光片为带通滤光片，它封装在传感器壳体的顶端，使特定波长的红外辐射选择性地通过，到达热释电探测元件在其截止范围外的红外辐射则不能通过。

热释电探测元件是热释电传感器的核心元件，它是在热释电晶体的两面镀上金属电极后，加电极化制成，相当于一个以热释电晶体为电介质的平板电容器。当它受到非恒定强度的红外光照射时，产生的温度变化导致其表面电极的电荷密度发生改变，从而产生热释电电流。

探测元的原理参考了菲涅耳透镜（Fresnel lens），又译菲涅尔透镜，别称螺纹透镜，是由法国物理学家奥古斯丁·菲涅耳所发明的一种透镜。此设计原来被应用于灯塔，这个设计可以建造更大孔径的透镜，其特点是焦距短，且比一般的透镜的材料用量更少、重量与体积更小。和早期的透镜相比，菲涅耳透镜更薄，因此可以传递更多的光，使得灯塔即使距离相当远仍可看见。

由于使用菲涅耳透镜来投射光线会降低成像品质，所以它一般用在对成像品质要求不太苛刻或无法使用一般透镜的地方。廉价的菲涅耳透镜一般由透明塑料压铸或模塑而成，并使用在透镜式投影仪、背投电视、便携放大镜上。同时它也被应用在交通信号灯上。菲涅耳透镜也用于校正一些视觉障碍，比如斜视。

菲涅尔镜片是红外线探头的“眼镜”，它就像人的眼镜一样，配用得当与否直接影响到使用的功效，配用不当产生误动作和漏动作，致使用户或者开发者对其失去信心。配用得当充分发挥人体感应的作用，使其应用领域不断扩大。菲涅尔镜片是根据法国光物理学家 FRESNEL 发明的原理采用电镀模具工艺和 PE（聚乙烯）材料压制而成。镜片（0.5mm 厚）表面刻录了一圈圈由小到大，向外由浅至深的同心圆，从剖面看似锯齿。圆环线多而密感应角度大，焦距远；圆环线刻录的深感应距离远，焦距近。红外光线越是靠进同心环光线越集中而且越强。同一行的数个同心环组成一个垂直感应区，同心环之间组成一个水平感应段。垂直感应区越多垂直感应角度越大；镜片越长感应段越多水平感应角度就越大。区段数量多被感应人体移动幅度就小，区段数量少被感应人体移动幅度就要大。不同区的同心圆之间相互交错，减少区段之间的盲区。

区与区之间，段与段之间，区段之间形成盲区。由于镜片受到红外探头视场角度的制约，垂直和水平感应角度有限，镜片面积也有限。镜片从外观分类为：长形、方形、圆形，从功能分类为：单区多段、双区多段、多区多段。下图 4-8

是常用镜片外观示意图：

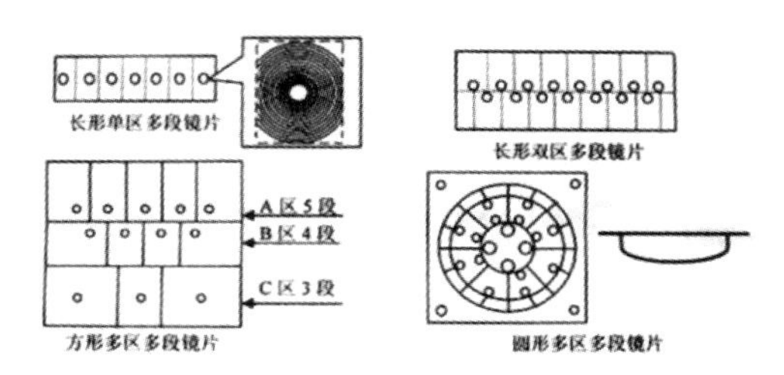

图 4-8 常用镜片外观示意图

下图是常用三区多段镜片区段划分、垂直和平面感应图。

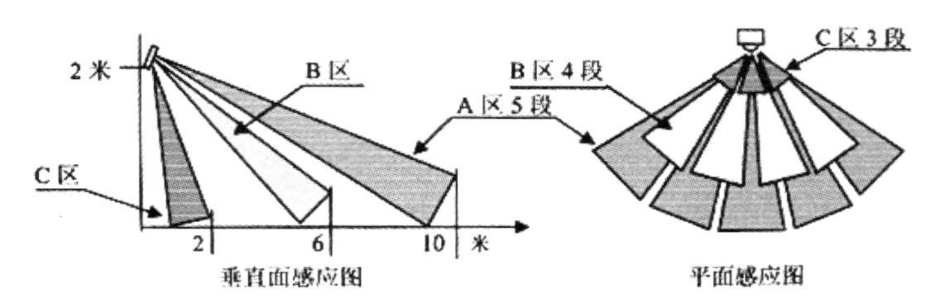

图 4-15 常用三区多段镜片区段划分、垂直和平面感应图

当人进入感应范围，人体释放的红外光透过镜片被聚集在远距离 A 区或中距离 B 区或近距离 C 区的某个段的同心环上，同心环与红外线探头有一个适当的焦距，红外光正好被探头接收，探头将光信号变成电信号送入电子电路驱动负载工作。整个接收人体红外光的方式也被称为被动式红外活动目标探测器。

镜片主要有三种颜色：

（1）聚乙烯材料原色，略透明，透光率好，不易变形。

（2）白色主要用于适配外壳颜色。

（3）黑色用于防强光干扰。

镜片还可以结合产品外观注色，使产品整体更美观。

在接收到信号后就要进入信号转换与处理，热释电传感器的信号转换可以概述为三个阶段：

热转换阶段：辐射通量为$\triangle\Phi$ 的调制辐射光经过透射率为 T 的红外滤光片到达热释电探测元，辐射通量 $\tau\triangle\Phi$ 被元件表面吸收后，产生温度变化$\triangle T$。

热电转换阶段：在$\triangle$T 的作用下，热释电元件的表面电报产生电荷密度变化$\triangle Q$。

电转换阶段：$\triangle Q$ 通过前置放大器转换为电压信号$\triangle u$ 输出。

图 4-16 热释电传感器的信号转换过程

热转换阶段产生的转换温差△T 越大，传感器的响应率和信噪比越高；

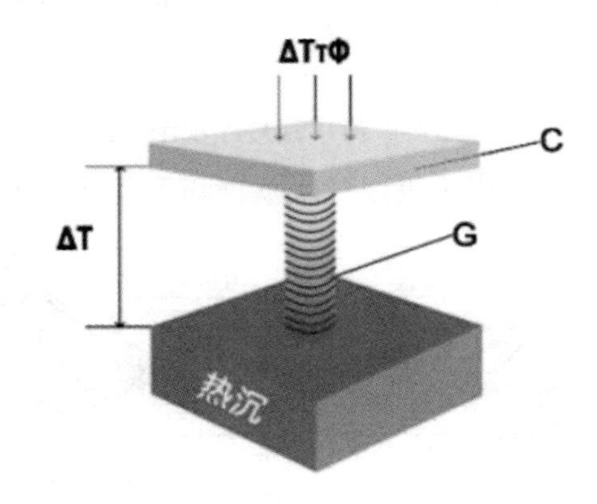

图 4-17 热释电传感器热学简化模型

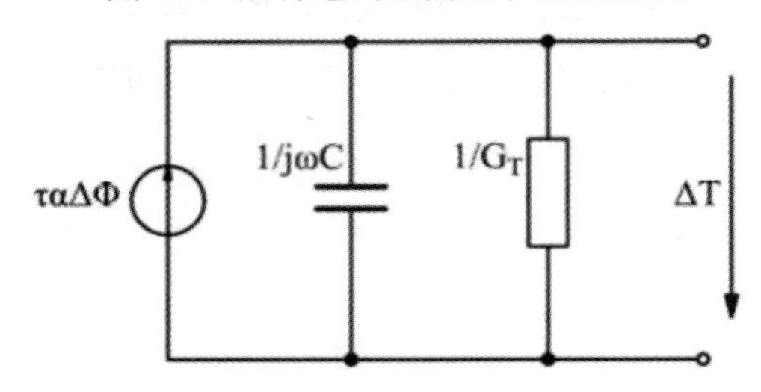

图 4-18 热释电传感器等效电路

图 4-17、4-18 是热释电传感器的热学模型和等效电路。热沉表示环境温度影响。

转换温差

$$\Delta T=\frac{\alpha\tau\,\Delta\phi}{\sqrt{G_T^2+\omega C^2}} \tag{4-4}$$

式中，α——热释电探测源的吸收率，

C——热释电探测源的热容；

G_T——热释电探测元与环境之间的热导。

从（4-4）式可知，$\alpha\tau$ 越趋近于 1，△T 越大，在热释电探测元的表面附着吸收层可以使 $\alpha\tau$ 增大，从而增大△T。其次，△T 与热容 C 成反比，而物质的厚度越小，热容越小，因此通常用钽酸锂薄膜做热释电探测器元的材料。此外，△T 还与热导 G_T 成反比，但是减小 G_T 会使热时间常数增大，因此一般不做考虑。

热释电电流是热释电探测元响应温度变化产生的热电输出。当温度恒定时，热释电晶体表面的极化电荷会被空气中的异性电荷中和异性电荷中和而无法检测。因此，热释电探测元只响应温度变化而非恒定温度。

热释电电流

$$i_p = pA_s\frac{\Delta T}{dt} \tag{4-5}$$

式中，P——热释电系数；

A_s——热释电元件的表面积。

图 4-19 描绘了热释电电流、温差和热辐射频率的函数关系。图中热辐射的脉动频率以角频率标示。热释电电流曲线是热释电电流与频率之间的关系，可以看出当频率大于 0.01Hz 时才有热电输出，当频率超过 1Hz 时，热释电电流不再增大．这是因为当热辐射频率低于 0.01Hz 时，热释电晶体被缓慢地彻底加热冷却，并维持在暂时的热平衡态，晶体虽然产生了较大的温差，但不会有较大的电流输出，而热辐射频率太高，晶体的热惯性会使温差降低，也会影响热释电信号的输出。

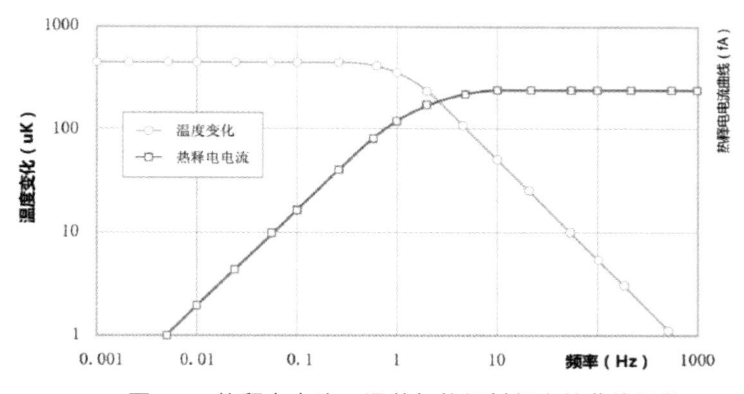

图 4-19 热释电电流、温差与热辐射频率的曲线函数

热释电探测元的直接输出的微弱电流信号，必须经过高阻抗的前置放大器转换才能使用。图 4-20 是热释电传感器的前置放大器电路，它由一个场效应管源极跟随器构成。

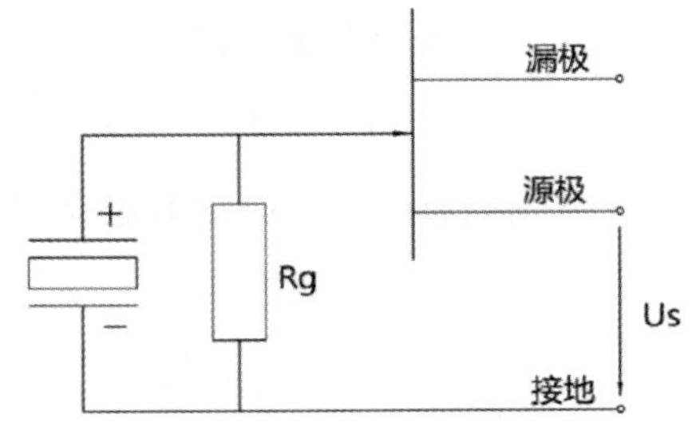

图 4-20 前置放大器电路

如图 4-20 所示的前置放大器电路中，输出电压和响应率的计算如下：

输出电压

$$\tilde{u}_S = \overline{\omega}\alpha\tau_F\tilde{\phi}_S A_S P\frac{1}{G_T}R_G\frac{1}{[1+(\overline{\omega}\pi_T)^2]^{1/2}}\frac{1}{[1+(\overline{\omega}\pi_E)^2]^{1/2}} \tag{4-6}$$

响应率

$$R_V = \frac{\tilde{u}_S}{\tilde{\phi}_S} = \overline{\omega}\alpha\tau_F A_S P\frac{1}{G_T}R_G\frac{1}{[1+(\pi_T)^2]^{1/2}}\frac{1}{[1+(\omega\pi_E)^2]^{1/2}} \tag{4-7}$$

热释电传感器输出的信号受到多种噪声源的干扰，使可探测的辐射通量减少或降低传感器的信噪比，研究表明这些干扰主要来自传感器的固有噪声或周围空气流动引起的噪声，包括：

(1)热释电元件的介电损耗噪声，

(2)温度噪声，

(3)前置放大器的输入噪声电压，

(4)前置放大器的输入噪声电流，

(5)高兆欧电阻器的热噪声。

通常用比探测率来衡量传感器的信噪比，则：

比探测率式中，有效噪声值，也称为噪声电压密度。

理想状态下，热释电晶片与环境之间的热交换是热释电传感器唯一的噪声源. 此即温度噪声。它决定了热释电情感器在室温下可达到的最高理论比探测率：

$$D^*_{max} = 1.8 \cdot 10^{10} cm\sqrt{Hz}/W \tag{4-8}$$

但在现实条件下，其他噪声源对热释电传感器的影响远大于温度噪声，图 4-15 所示为不同频率下，各噪声源对热释电传感器的影响。当频率小于 10Hz 时，有效噪声主要是高兆欧电阻器的热噪声频率在 100Hz 附近时，有效噪声主要是热释电元件的介电损耗噪声；当频率大于 1000Hz 时，有效噪声主要是前置放大器的电压噪声。

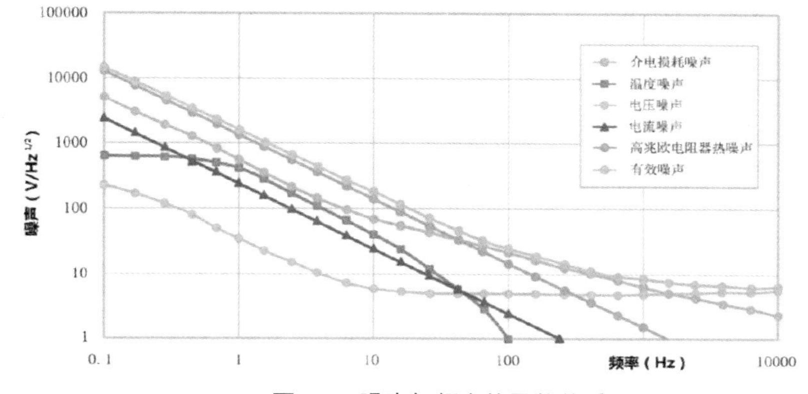

图 4-21 噪声与频率的函数关系

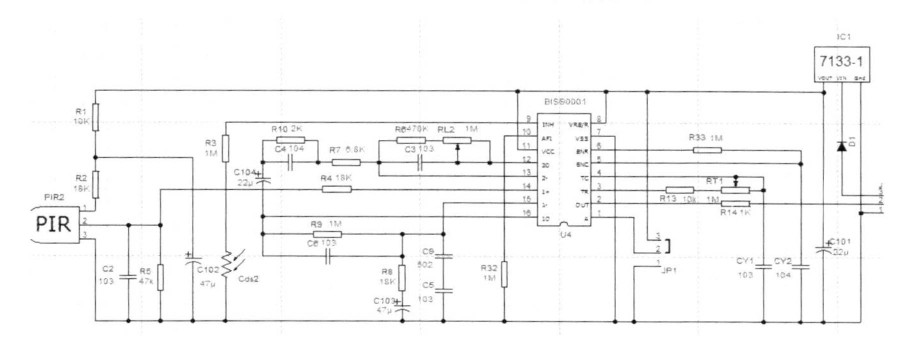

图 4-22 BISS0001 驱动探测器的电路装置图

BISS0001 是专门用来驱动热释电传感器的芯片，按照如图 4-22 所示的接法，输出信号由 IC1 的 VIN 接收，只需要改变 RL2 和 RT1 的阻值，即可改变设备的响应时间和测量范围。这样人进入其感应范围则输出高电平，人离开感应范围则自动延时关闭高电平，输出低电平。而 JP1 的位置就是控制的触发方式。可以分别短接 2 和 3 或者 2 和 1 达成。

a.不可重复触发方式:即感应输出高电平后，延时时间段一结束，输出将自动从高电平变成低电平；

b。可重复触发方式：即感应输出高电平后，在延时时间段内，如果有人体在其感应范围活动，其输出将一直保持高电平，直到人离开后才延时将高电平变为低电平（感应模块检测到人体的每一次活动后会自动顺延一个延时时间段，并且以最后一次活动的时间为延时时间的起始点)。

现在来看一下如何使用传感器：

（1） 感应模块通电后有一分钟左右的初始化时间，在此期间模块会间隔地输出 0～3 次，一分钟后进入待机状态。

（2）应尽量避免灯光等干扰源近距离直射模块表面的透镜，以免引进干扰信号产生误动作 ；使用环境尽量避免流动的风，风也会对感应器造成干扰。

（3）感应模块采用双元探头，探头的窗口为长方形，双元（A 元 B 元）位于较长方向的两端，当人体从左到右或从右到左走过时,红外光谱到达双元的时间、距离有差值，差值越大，感应越灵敏，当人体从正面走向探头或从上到下或从下到上方向走过时，双元检测不到红外光谱距离的变化，无差值，因此感应不灵敏或不工作；所以安装感应器时应使探头双元的方向与人体活动最多的方向尽量相平行，保证人体经过时先后被探头双元所感应 。为了增加感应角度范围，本模块采用圆形透镜，也使得探头四面都感应，但左右两侧仍然比上下两个方向感应范围大、灵敏度强，安装时仍须尽量按以上要求。

通常在市面上看到的传感器都有以下特点：

（1）全自动感应:人进入其感应范围则输出高电平，人离开感应范围则自动延时关闭高电平，输出低电平。

（2）光敏控制（可选择，出厂时未设）可设置光敏控制，白天或光线强时不接收感应。

（3）温度补偿(可选择，出厂时未设)：在夏天当环境温度升高至 30～32℃，探测距离稍变短，温度补偿可作一定的性能补偿。

（4） 两种触发方式：（可跳线选择）

a、不可重复触发方式:即感应输出高电平后，延时时间段一结束，输出将自动从高电平变成低电平；

b、可重复触发方式：即感应输出高电平后，在延时时间段内，如果有人体在其感应范围 活动，其输出将一直保持高电平，直到人离开后才延时将高电平变为低电平（感应模块检测到人体的每一次活动后会自动顺延一个延时时间段，并且以最后一次活动的时间为延时时间的起始点)。

（5）具有感应封锁时间(默认设置:2.5 s 封锁时间)：感应模块在每一次感应输出后（高电平变成低电平），可以紧跟着设置一个封锁时间段，在此时间段内感应器不接受任何感应信号。此功能可以实现“感应输出时间”和“封锁时间”两者的间隔工作，可应用于间隔探测产品；同时此功能可有效抑制负载切换过程中产生的各种干扰。(此时间可设置在零点几秒～几十秒钟)。

（6）工作电压范围宽：默认工作电压 DC4.5～20V。

（7）微功耗:静态电流<50 μm，特别适合干电池供电的自动控制产品。

（8）输出高电平信号：可方便与各类电路实现对接。

4.11 瓦斯浓度传感器

瓦斯主要成分是烷烃，其中甲烷占绝大多数，另有少量的乙烷、丙烷和丁烷，此外一般还含有硫化氢、二氧化碳、氮气和水，以及微量的惰性气体，如氦和氩等。在标准状况下，甲烷至丁烷以气体状态存在，戊烷以上为液体。如遇明火，即可燃烧，发生“瓦斯”爆炸，直接威胁着矿工的生命安全。

检测甲烷气体浓度的方法有多种，基于气体特征光谱吸收原理和谐波检测技术的瓦斯 浓度检测方法具有较高的灵敏度。另外，谐波检测也是检测微弱信号的有效方法之一. 其原理：激光波长在甲烷气体的某一吸收峰附近，应用ＤＦＢＬＤ的温度调谐和电流调谐特性将激光波长锁定在气体的某一吸收峰处，然后加入正弦调制信号，对激光波长进行调制，用锁相放大技术检测由气体浓度引起的谐波信号，从而达到检测气体浓度的目的. 在本研究中，选择甲烷气体在 1651 nm处的吸收线，采用波长调制技术，实现了对瓦斯气体的一、 二次谐波检测，验证了谐波检测理论。

4.12 激光雷达

同声呐一样，激光雷达也是一种基于 TOF 原理的外部测距传感器。由于使用的是激光而不是声波，相对于声呐，它得到了很大改进，具有高精度、高解析度。激光雷达传感器由发射器和接收器组成，发射器和接收器连接在一个可以旋转的机械结构上，某时刻发射器将激光发射出去，之后接收器接收返回的激光并计算激光与物体碰撞点到雷达原点的距离。激光雷达的基本测距原理是测量发射光束与从被测物体表面反射光束的时间差△r，通过时间差和光速计算被测物体到激光雷达的距离 d。

$$d = (c \times \Delta t)/2 \tag{4-9}$$

其中，C 为光速。

1.测量时间差有三种不同的技术

(1) 脉冲检测法。直接测量反射脉冲与发射脉冲之间的时间差(TOF)。早期雷达均用显示器作为终端，在显示器画面上根据扫掠量程和回波位置直接测读延迟时间，现代雷达常采用电子设备自动测读回波到达的延迟时间。

TOF（Time of Fly)测距方法的核心原理是对探测物体打一束时间极短的激光，通过直接测量激光发射、打到探测物体再返回到探测器的飞行时间，来反推探测器到被测物的距离。这种测距方法类似于传统的微波雷达测距，返回的时延对应的路程是两倍的目标距离。

由于光的飞行速度极快，因此该方案需要一个非常精细的时钟电路和脉宽极窄的激光发射电路，因此开发难度和门槛较高，但一般采用 TOF 原理的激光雷达通常都能达到百米级别的探测距离。

脉冲激光具有峰值功率大的特点，这使它能够在空间中传播很长的距离，所以脉冲激光测距法可以对很远的目标进行测量。很远是有多远呢？目前人类历史上最远的激光测量距离是地球和月亮之间的距离，他们采用的就是脉冲激光测距法。自 2019 年 6 月以来，我国天琴计划团队已经多次成功实现地月距离的测量，通过对脉冲飞行时间的精确计时，得到地月距离在 351000 km 到 406000 km（椭圆轨道）之间波动。距离值获取与精度如图 4-23。

开始测距时，脉冲驱动电路驱动激光器发射一个持续时间极短但瞬时功率非常高的光脉冲，同时计时单元启动计时；

光脉冲经发射光路出射后，到达被测物体的表面并向各方向散射。测距模块的接收光路收到部分散射光能量，通过光电器件转化为光电流，输送给回波信号处理电路；

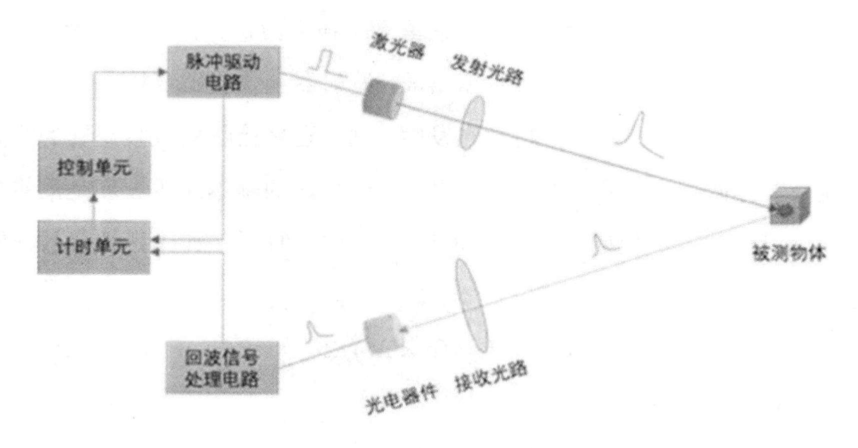

图 4-23 距离值获取与精度

回波信号处理电路将光电流转化为电压信号，经过一级或数级放大并调理后，得到一个回波信号对应的电脉冲，用于触发计时单元停止计时；数字式测距只要记录回波脉冲到达时的计数脉冲的数目 n ，根据计数脉冲的重复周期 T，就可以计算出回波脉冲相对于发射脉冲的延迟时间。

$$TOF = nT = 2R/C \tag{4-10}$$

这样测量 TOF 实际上变成测量回波脉冲到达时的计数脉冲的数目 n。为了减少误差，通常计数脉冲产生器和雷达定时器触发脉冲在时间上是同步的。

当目标回波峰值出现在第 n 个与 n+1 个计数脉冲之间时，就会产生相应的误差。从提高测量精度，减少误差的观点来看，计数脉冲频率 f 越高越好，这时对器件速度的要求提高，计数器的级数应相应增加。由于近年来数字器件及技术的飞跃发展，有条件采用高速数字器件来达到上述要求。

TOF 雷达是依赖飞行时间，时间测量精度并不随着长度增加有明显变化，因此大多数 TOF 雷达在几十米的测量范围内都能保持几个厘米的精度。

回波时刻鉴别

一般来说回波时刻鉴别其实是对上升沿的时间鉴别，因此在对回波信号处理时，必须保证信号尽量不要失真。目前 TOF 雷达的出射光脉宽都在几纳秒左右，上升沿更是要求越快越好，因此每家产品的激光驱动方案也是有高低之分的。

另外，即便信号没有失真，由于回波信号不可能是一个理想的方波，因此在同一距离下对不同物体的测量也会导致前沿的变动。比如对同一位置的白纸和黑纸的测量，可能得到如图 4-24 的两个回波信号，而时间测量系统必须测出这两个前沿是同一时刻的（因为距离是同一距离），这就需要特别的处理。

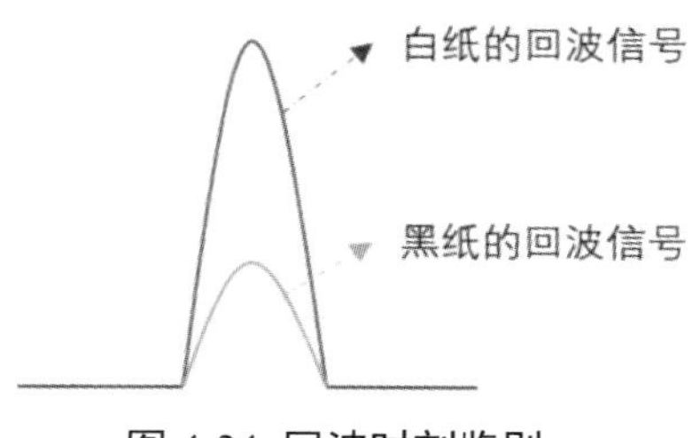

图 4-24 回波时刻鉴别

DTOF 全称是 direct Time-of-Flight。顾名思义，DTOF 直接测量飞行时间。DTOF 核心组件包含 VCSEL、单光子雪崩二极管 SPAD 和时间数字转换器 TDC。Single Photon Avalanche Diode(SPAD)是一种具有单光子探测能力的光电探测雪崩二极管，只要有微弱的光信号就能产生电流。因此不需要复杂的脉冲鉴别电路。

DTOF 模组的 VCSEL 向场景中发射脉冲波，SPAD 接收从目标物体反射回来的脉冲波。Time Digital Converter(TDC)能够记录每次接收到的光信号的飞行时间，也就是发射脉冲和接收脉冲之间的时间间隔。DTOF 会在单帧测量时间内发射和接收 N 次光信号，然后对记录的 N 次飞行时间做直方图统计，其中出现频率最高的飞行时间 t 用来计算待测物体的深度。下图 4-25 是 DTOF 单个像素点记录的光飞行时间直方图，其中，高度最高的柱对应的时间就是该像素点的最终光飞行时间。

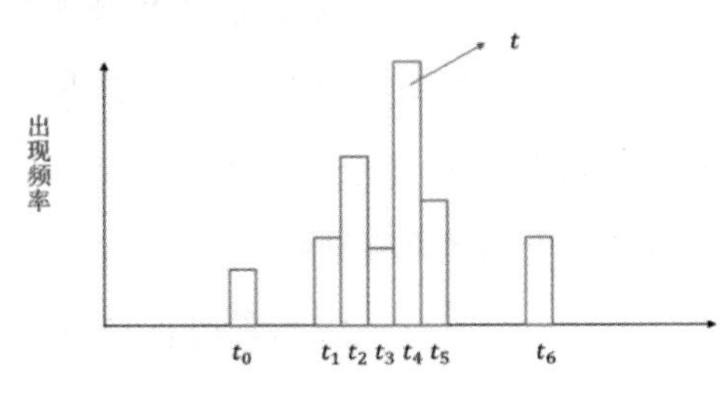

图 4-25 飞行时间

DTOF 的原理看起来虽然很简单，但是实际能达到较高的精度很困难。除了对时钟同步有非常高的精度要求以外，还对脉冲信号的精度有很高的要求。普通的光电二极管难以满足这样的需求。而 DTOF 中的核心组件 SPAD 由于制作工艺复杂，能胜任生产任务的厂家并不多，并且集成困难。所以目前研究 DTOF 的厂家并不多，更多的是在研究和推动 DTOF。新款 iPad Pro 搭载的 Pro 级摄像头不仅包含了全新的超广角摄像头，还包含了一款激光雷达扫描仪。该扫描仪利用 DTOF 技术，结合运动传感器和 iPadOS 内的架构，可以进行深度测量，为增强现实及更广泛的领域开启无尽可能。

(2)相干检测法。相干探测激光雷达将对飞行时间的测量转换为对与飞行时间成比例的差频频率的测量。典型的调频连续波激光探测系统由信号发生子系统、接收子系统以及信号处理子系统组成，如图 4-26 所示。

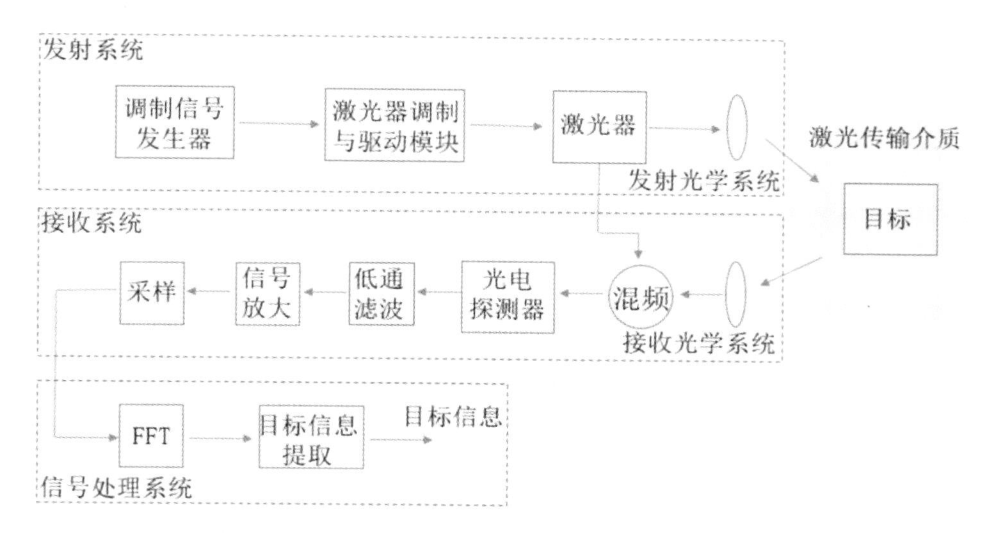

图 4-26 相干探测激光雷达系统

图中调制信号发生器产生线性调频信号（三角波、锯齿波等）输入激光调制电路作为激光器的调制信号，激光器发射的光分为两路，一路作为信号光由发射系统打向目标，另一路输入到接收系统作为本振信号。激光器调制与驱动模块将调频信号与激光器偏置电流叠加，形成激光器驱动电流输入激光器。激光器将包含调制信号的驱动电流经光电转换形成发射激光信号，使得发射的激光随调频信号变化。目标回波信号经接收光学系统将目标反射光汇聚到光电探测器上与本振光进行混频。光电探测器将混频信号转换成光电流，通过对中频信号的进一步分析与处理，解算探测系统与目标之间的距离。

由上述分析可知，相干探测激光雷达探测系统通过对发射和接收的激光调频信号混频后的中频信号的频率测量确定目标距离信息，因此，相干探测激光探测系统从调制信号产生到中频信号采集处理要经过激光器光强调制、激光空间传输、目标散射与光电探测器接收和混频四个过程，如图 4-27 所示。

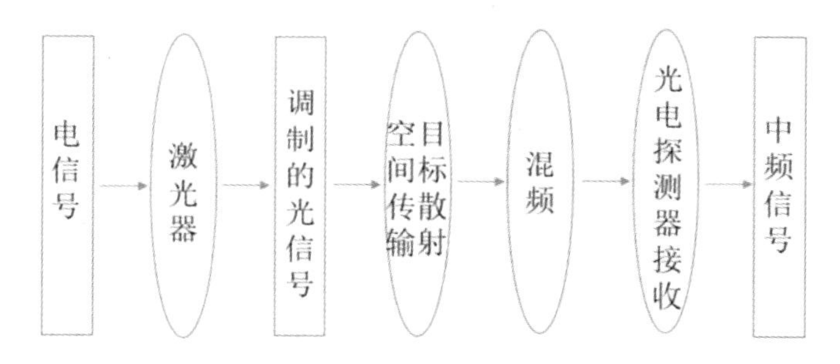

图 4-27 信号转换流程

相干理论：

假设本振光和信号光的电场分布为：

$$E\_L(t) = A\_L\ exp^{f\,0}[i(\omega L\,t + \varphi\,L)] \tag{4-11}$$

$$E\_S(t) = A\_S\ exp^{f\,0}[i(\omega S\,t + \varphi\,S)] \tag{4-12}$$

则在光电探测器光敏面上相干之后的总电场为：

$$\begin{aligned} E(t) &= E\_L\,(t)\ + E\_S\,(t) \\ &= A\_L\ exp^{f\,0}\,[i(\omega\_L\,t + \varphi\,L\,)] + A\_S\,exp^{f\,0}i(\omega\_S\,t + \varphi\_S)] \end{aligned} \tag{4-13}$$

在相干探测系统中，对激光光源的要求也比较高。要使本振光和信号光产生差频，光源就要进行频率调制，要想本振光与信号光在传播一段距离后相干光源的线宽要求就要很窄。频率调制的方式有很多，表中主要列出了三角波和锯齿波调制测距原理。

相干探测技术将微波雷达中调频测距的探测精度高、探测信息丰富、功率低、距离选通方便等特点与激光传输的优点相结合，有效解决了调频连续波无线电探测抗电磁干扰特别是人工有源干扰能力差的问题，而且由于采用光载波，可加载更大带宽的调制信号，可以获得比调频无线电探测技术更好的距离分辨能力。此外，采用调频测距体制，还可以有效降低传输过程中因信号畸变导致的测距误差，因此调频连续波可广泛应用于地空、空空、空地及反舰导弹引信中。尤其是该探测体制具有多目标探测及成像潜力，因此，在空间目标近距离探测、识别与跟踪等领域具有广阔的应用前景。与其他体制激光探测技术相比相干探测激光雷达具有明显的优势：

（1）抗干扰能力强。相关接收，对人为、背景光干扰不敏感；

（2）不存在探测盲区。理论上可以实现任意近距离测量；

（3）探测精度高。近距离探测时，精度为厘米至毫米量级；

（4）测距速度快。可以缩短调频周期，提高测距速度，速度一般在 1kHz 以上；

（5）支持多信息探测。相干探测不仅可以测距还可以测速，因此可以用于相对运动速度较高的目标测距。

由于有望在军事上和商业上具有实用性和经济性，相干探测激光雷达受到各国关注，并逐步挖掘其应用潜力、扩大其应用范围。目前，该技术已从最初的陆军战场应用，扩展到空间操控、飞行器着陆、空中飞机避障、高速路面平整度的检测、车辆自动避撞、港口的交通管理等，若使用大于 1.4μm 的人眼安全波段，则更适合民用，甚至在商业上也有很大的应用潜力。

(3)相移检测法。通过测量调幅连续波的发射光束和反射光束间的相位差而测量时间差。由于相位差的 2x 周期性，因此这一方法测得的只是相对距离，而非绝对距离，这是 AMCW 激光成像雷达的重大缺陷。其中，2 倍相位差对应的距离称作多义性间距(Ambiguity Interval)。

LMS291 是一种非接触自主测量系统，通过扫描一个扇形区域感知区域的障碍。激光器发射的激光脉冲经过分光器后，分为两路，一路进入接收器；另一路则由反射镜面发射到被测障碍物体表面，反射光也经由反射镜返回接收器。发射光与反射光的频率完全相同，因此可通过发射脉冲、反射脉冲之间的时间间隔与光速的乘积计算出被测障碍物体的距离。LMS291 的反射镜转动速度为 4500r/m，即每秒旋转 75 次。由于反射镜的转动，激光雷达可以在一个角度范围内获得线扫描的测距数据。

上述激光雷达是单线雷达，但在现代应用中，尤其是基于激光的 SLAM、无人车以及 3D 建模等，应用较多的是 16 线、32 线、64 线激光雷达。通过不断旋转激光发射头，将激光从“线”变成“面”，并在竖直方向上排布多束激光(4、16、32 或 64 线)，形成多个面，达到动态 3D 扫描并动态接收信息的目的。目前，一般多线激光雷达的水平感知范围是 0°～360°，垂直感知范围约 30°，提供的是包含目标距离、角度、反射率的激光点云数据。基于激光点云数据可以进行障弱物检测与分割、可通行空间检测、障碍物轨迹预测、高精度电子地图经制与定位等工作。目前市面上最常用的是美国 Velodynex 系列的激光雷达。

表 4-6 Velodynex 系列激光雷达

系列	HDL-64E	HDL-32E	VLP-16/PUCK	VLP-32C/PUCK
售价	50万~100万元	10万~30万元	2万~5万元	10万~30万元
特点	性能佳、价格贵	体积更小、更轻	适用于无人机	汽车专用
激光器数	64	32	16	32
尺寸	203mm×284mm	86mm×145mm	104mm×72mm	104mm×72mm
质量	13.2kg	1.3kg	0.83kg/0.53kg	(0.8~1.3) kg
激光波长	905nm	905nm	905nm	903nm
水平视野	360°	360°	360°	360°
垂直视野	+2°~-24.6°	+10.67°~-36.67°	+15°~-15°	+15°~-25°

输出频率	130万点/秒	70万点/秒	30万点/秒	60万点/秒
测量范围	100~120m	80~120m	100m	200m
距离精度	<2cm	<2cm	<3cm	<3cm
水平分辨率	5Hz:0.08° 10Hz:0.17° 20Hz:0.35°	5Hz:0.08° 10Hz:0.17° 20Hz:0.35°	5Hz:0.1° 10Hz:0.2° 20Hz:0.4°	5Hz:0.1° 10Hz:0.2° 20Hz:0.4°
垂直分辨率	0.4°	1.33°	2.0°	0.33°
防护标准	IP67	IP67	IP67	IP67

激光雷达之所以在移动机器人中扮演越来越重要的角色，主要是因为它与摄像机等其他传感器相比有以下优势：

(1)激光雷达采用主动测距法接收到的是物体反射的自己发出的激光脉冲，从而使得激光雷达对环境光的强弱和物体色彩差异具有很强的鲁棒性。

(2)激光雷达直接返回被测物体到雷达的距离，与立体视觉复杂的视差深度转换算法相比更直接，而且测距更准确。

(3)对于单线或多线扫描激光雷达，它每帧返回几百到几千个扫描点的程距，相比摄像机每帧要记录百万级像素的信息，前者速度更快，实时性更好。

(4)激光雷达还具有视角大，测距范围大等其他优点。

同时，激光雷达因为复杂性和高价格，使得其在移动机器人上的应用受到很大限制。由于激光点云的稀疏性，这类激光雷达在获取障碍物的几何形状上能力不足，但是其快速的信息采集速度和较小的系统误差使得它十分适合移动机器人中较高的实时性要求和复杂的工作环境的要求。

由于激光测距雷达的固有优点及其广泛的用途，人们很早就开始利用它，早在 20 世纪 70 年代，国外就有人开始使用激光测距系统得到的图像解释室内景物。其后，激光测距系统得到不断发展，并越来越显示出它在实时计算机视觉和机器人领域中的用处。当前，其应用已涉及机器人、自动化生产、军事、工业和农业等各个领域。激光雷达在移动机器人导航上的应用，最初出现在一些室内或简单的室外环境的实验性的移动机器人上，随着研究成果的积累和工作的进一步深入，激光雷达逐渐应用到未知的、非结构化的、复杂环境下移动机器人的导航控制中。

根据研究者的需要和研究目标的不同，激光雷达的具体应用也是多种多样，可用来进行移动机器人位姿估计和定位，进行运动目标检测和跟踪，进行环境建模和避障，进行同时定位和地图构建(SL.AM)，还可以利用激光雷达数据进行地形和地貌特征的分类，有的激光雷达不仅能获得距离信息，还能获得回波信号的强度，所以也有人利用激光雷达的回波强度信息进行障碍检测和跟踪。

4.13 超声波传感器

超声波发生器可以分为两大类：一类是用电气方式产生超声波，一类是用机械方式产生超声波。电气方式包括压电型、磁致伸缩型和电动型等；机械方式有加尔统笛、液哨和气流旋笛等。它们所产生的超声波的频率、功率和声波特性各不相同，因而用途也各不相同。目前较为常用的是压电式超声波发生器。

压电式超声波发生器实际上是利用压电晶体的谐振来工作的。它有两个压电晶片和一个共振板。当它的两极外加脉冲信号，其频率等于压电晶片的固有振荡频率时，压电晶片将会发生共振，并带动共振板振动，便产生超声波。反之，如果两极间未外加电压，当共振板接收到超声波时，将压迫压电晶片振动，将机械能转换为电信号，这时它就成为超声波接收器了。

1.超声波传感器的原理及特性

（1）超声波传感器的原理

人们可以听到的声音频率为20Hz～20kHz，即为可听声波，超出此频率范围的声音，即20Hz以下的声音称为低频声波，20kHz以上的声音称为超声波，一般说话的频率范围为100Hz～8kHz。超声波为直线传播方式，频率越高，绕射能力越弱，但反射能力越强，为此利用超声波的这种性质就可以制成超声波传感器。另外，超声波在空气中传播的速度较慢，约为330m/s，这就使得超声波传感器使用变得非常简单。

超声波传感器有发送器和接收器，但一个超声波传感器也可以具有发送和接收声波的双重作用，即为可逆元件。一般市场上出售的超声波传感器有专用型和兼用型，专用型就是发送器用作发送超声波，接收器用作接收超声波；兼用型就是发送器和接收器为一体传感器，即可发送超声波，又可接收超声波。超声波传感器的谐振频率(中心频率)有23kHz、40kHz、75kHz、200kHz、400kHz等。谐振频率变高，则检测距离变短，分解力也变高。

超声波传感器是利用压电效应的原理，压电效应有逆效应和顺效应，超声波传感器是可逆元件，超声波发送器就是利用压电逆效应的原理。所谓压电逆是在压电元件上施加电压，元件就变形，即称应变。外部正电荷与压电陶瓷的极化正电荷相斥，同时，外部负电荷与极化负电荷相斥。由于相斥的作用，压电陶瓷在厚度方向上缩短，在长度方向上伸长。若外部施加的极性变反，压电陶瓷在厚度方向上伸长，在长度方向上缩短。超声波传感器采用双晶振子，即把双压电陶瓷片以相反极化方向粘在一起，在长度方向上，一片伸长，另一片就缩短。在双晶振子的两面涂敷薄膜电极，其上面用引线通过金属板(振动板)接到一个电极端，下面用引线直接接到另一个电极端。双晶振子为正方形，正方形的左右两边由圆弧形凸起部分支撑着。这两处的支点就成为振子振动的节点。金属板的中心有圆锥形振子。发送超声波时，圆锥形振子有较强的方向性，因而能高效率地发送超声波；接收超声波时，超声波的振动集中于振子的中心，所以，能产生高效率的高频电压。采用双晶振子的超声波传感器,若在发送器的双晶振子(谐振频率为40kHz)上施加 40kHz 的高频电压，压电陶瓷片就根据所加的高频电压极性伸长与缩短，于是就能发送 40kHz 频率的超声波。超声波以疏密波形式传播，传送给超声波接收器。超声波接收器是利用压电效应的原理，即在压电元件的特定方向上施加压力，元件就发生应变，则产生一面为正极，另一面为负极的电压。若接收到发送器发送的超声波，振子就以发送超声波的频率进行振动，于是，就产生与超声波频率相同的高频电压，当然这种电压是非常小的，必须采用放大器放大。

（2）超声波传感器的特性

超声波传感器的基本特性有频率特性和指向特性，这里以 FUS-40BT 发射型超声波传感器为例进行说明。

1)频率特性

超声波发射传感器的频率特性曲线。其中，f0＝40kHz 为超声波发射传感器的中心频率，在 f0 处，超声波发射传感器所产生的超声机械波最强，也就是说在 f0 处所产生的超声波声压能级最高。而在 f0 两侧，声压能级迅速衰减。因此，超声波发射传感器一定要使用非常接近中心频率 f0 的交流电压来激励。另外，超声波接收传感器的频率特性与超声波发射传感器的频率特性类似。曲线在 f0 处曲线最尖锐，输出电信号的幅度最大，即在 f0 处接收灵敏度最高。因此，超声波接收传感器具有很好的频率选择特性。超声波接收传感器的频率特性曲线和输出端外接电阻 R 也有很大关系，如果 R 很大，频率特性是尖锐共振的，并且在这个共振频率上灵敏度很高。如果 R 较小，频率特性变得光滑而具有较宽得带宽，同时灵敏度也随之降低。并且最大灵敏度向稍低的频率移动。因此，超声波接收传感器应与输入阻抗高的前置放大器配合使用，才能有较高得接收灵敏度。

2)指向特性

实际的超声波传感器中的压电晶片是一个小圆片，可以把表面上每个点看成一个振荡源，辐射出一个半球面波（子波），这些子波没有指向性。但离开超声传感器得空间某一点的声压是这些子波叠加的结果（衍射），却有指向性。

超声波传感器的指向图由一个主瓣和几个副瓣构成，其物理意义是 0°时声压最大，角度逐渐增大时，声压减小。超声波传感器的指向角一般为 40°～ 80°，课题中超声波发射传感器的指向角为 75°。

2.超声波传感器系统的构成

超声波传感器系统由发送器、接收器、控制部分以及电源部分构成，如图 4-28 所示。发送器常使用直径为 15mm 左右的陶瓷振子，将陶瓷振子的电振动能量转换为超声波能量并向空中辐射。除穿透式超声波传感器外，用作发送器的陶瓷振子也可用作接收器，陶瓷振子接收到超声波产生机械振动，将其变换为电能量，作为传感器接收器的输出，从而对发送的超声波进行检测。

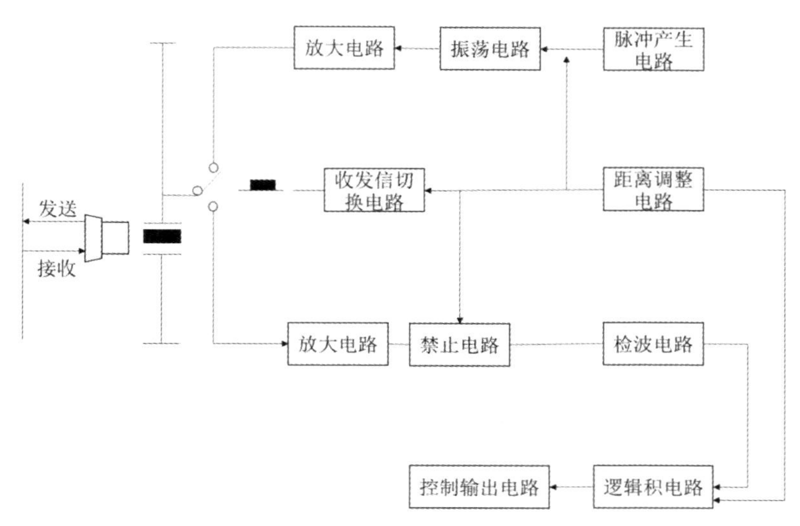

图 4-28 超声波传感器系统的构成

控制部分判断接收器的接收信号的大小或有无，作为超声波传感器的控制输出。对于限定范围式超声波传感器，通过控制距离调整回路的门信号，可以接收到任意距离的反射波。另外，通过改变门信号的时间或宽度，可以自由改变检测物体的范围。

超声波传感器的电源常由外部供电，一般为直流电压，电压范围为12~24V±10%，再经传感器内部稳压电路变为稳定电压供传感器工作。超声波传感器系统中关键电路是超声波发生电路和超声波接收电路。可有多种方法产生超声波，其中最简单的方法就是用直接敲击超声波振子，但这种方法需要人参与，因而是不能持久的，也是不可取的。为此，在实际中采用电路的方法产生超声波，根据使用目的的不同来选用其振荡电路。

3.超声波传感器系统主要参数的确定

（1）测距仪的工作频率

传感器的工作频率是测距系统的主要技术参数，它直接影响超声波的扩散和吸收损失、障碍物反射损失、背景噪声，并直接决定传感器的尺寸。

工作频率的确定主要基于以下几点考虑：

1） 如果测距的能力要求很大，声波传播损失就相对增加，由于介质对声波的吸收与声波频率的平方成正比，为减小声波的传播损失，就必须降低工作频率。

2） 工作频率越高，对相同尺寸的还能器来说，传感器的方向性越尖锐，测量障碍物复杂表面越准，而且波长短，尺寸分辨率高，“细节”容易辨识清楚，因此从测量复杂障碍物表面和测量精度来看，工作频率要求提高。

3） 从传感器设计角度看，工作频率越低，传感器尺寸就越大，制造和安装就越困难。

综上所述，由于本测距仪最大测量量程不大，因而选择测距仪工作频率在40KHz。这样传感器方向性尖锐，且避开了噪声，提高了信噪比；虽然传播损失相对低频有所增加，但不会给发射和接收带来困难。

（2）声速

声速的精确程度线性的决定了测距系统的测量精度。传播介质中声波的传播速度随温度、杂质含量和介质压力的变化而变化。声速随温度变化公为 V=331.5＋0.607T(m/s)式中，T 是温度。由于该测距系统用于室内测量，且量程也不大，温度可以看作定值。在常温下，声音在空气中的传播速度可依据上式计算出为340 m/s。

（3）发射脉冲宽度

发射脉冲宽度决定了测距仪的测量盲区，也影响测量精度，同时与信号的发射能量有关。根据资料，减小发射脉冲宽度，可以提高测量精度，减小测量盲区，但同时也减小了发射能量，对接收回波不利。但是根据实际的经验，过宽的脉冲宽度会增加测量盲区，对接收回波及比较电路都造成一定困难。在具体设计中，比较了 24μs (1 个 40kHz 脉冲方波)，48μs(2 个 40kHz 脉冲方波)，240μs (10 个 40kHz 脉冲方波)，作为发射信号后的接收信号，最终选用 48μs (2 个 40kHz 脉冲方波)的发射脉冲宽度。此时，从接收回波信号幅度和测量盲区两个方面来衡量比较适中。

4.测量盲区

在以传感器脉冲反射方式工作的情况下，电压很高的发射电脉冲在激励传感器的同时也进入接收部分。此时，在短时间内放大器的放大倍数会降低，甚至没有放大作用，这种现象称为阻塞。不同的检测仪阻塞程度不一样。根据阻塞区内的缺陷回波高度对缺陷进行定量评价会使结果偏低，有时甚至不能发现障碍物，这是需要注意的。由于发射声脉冲自身有一定的宽度，加上放大器有阻塞问题，在靠近发射脉冲一段时间范围内，所要求发现的缺陷往往不能被发现，这段距离，称为盲区。

超声测距技术是一门交叉学科，它设计到声学、力学、材料科学等，每一门学科的新发展都会推动超声学的发展。大功率驱动电源技术的发展必将使超声的测距范围进一步扩大，超声测距技术将广泛应用于机器人或无人小车的定位系统、交通工具安全预警等方面。

4.14 毫米波雷达

毫米波雷达指工作频段在毫米波频段的雷达。通常，毫米波波长为 1～10mm，介于厘米波和光波，因而兼有微波制导和光电制导的优点。与厘米波导引头相比，米波导引头体积更小，质量更轻，空间分辨率更高；与红外、激光等光学导引头相比，毫米数导引头穿透力更强，同时还有全天候全天时的特点。此外，毫米波导引头的抗干扰和反隐能力也强于别的微波导引头。

同厘米波导引头相比，毫米波导引头具有体积小、质量轻和空间分辨率高的特点。与红外、激光、电视等光学导引头相比，毫米波导引头穿透雾、烟、灰尘的能力强，具有全天候(大雨天除外)全天时的特点。另外，毫米波导引头的抗干扰、反隐身能力也优于其他微波导引头。毫米波雷达能分辨识别很小的目标，而且能同时识别多个目标；具有成像能力，体积小、机动性和隐蔽性好，在战场上生存能力强。

硬件核心：MMIC 芯片和天线 PCB 板，以 FMCW 车载雷达系统为例，主要包括：天线、收发模块、信号处理模块。

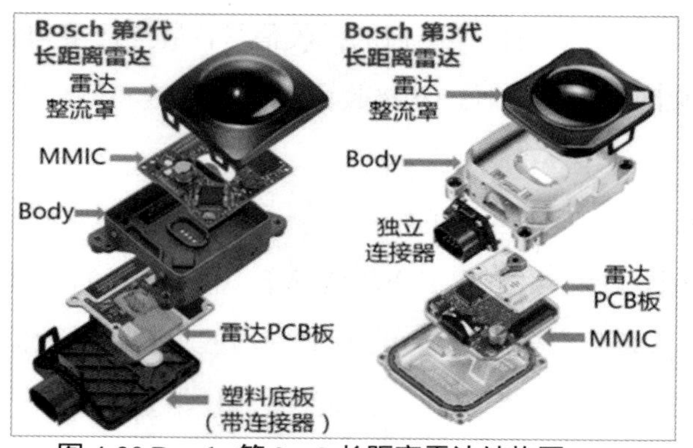

图 4-29 Bosch 第 2、3 长距离雷达结构图

（1）前端单片微波集成电路（MMIC）（供应商：英飞凌、飞思卡尔 、厦门意行和南京米勒）它包括多种功能电路，如低噪声放大器（LNA）、功率放大器、混频器、甚至收发系统等功能；

特点：电路损耗小、噪声低、频带宽、动态范围大、功率大、附加效率高、抗电磁辐射能力强等特点；

（2）雷达天线高频 PCB 板：毫米波雷达天线的主流方案是微带阵列，即将高频 PCB 板集成在普通的 PCB 基板上实现天线的功能，需要在较小的集成空间中保持天线足够的信号强度。

毫米波雷达的研制是从 20 世纪 40 年代开始的。50 年代出现了用于机场交通管制和船用导航的毫米波雷达（工作波长约为 8 毫米），显示出高分辨力、高精度、小天线口径等优越性。但是，由于技术上的困难，毫米波雷达的发展一度受到限制。这些技术上的困难主要是：随着工作频率的提高，功率源输出功率和效率降低，接收机混频器和传输线损失增大。上世纪 70 年代中期以后，毫米波技术有了很大的进展,研制成功一些较好的功率源:固态器件如雪崩管（见雪崩二极管）和耿氏振荡器（见电子转移器件）；热离子器件如磁控管、行波管、速调管、扩展的相互作用振荡器、返波管振荡器和回旋管等。

脉冲工作的固态功率源多采用雪崩管,其峰值功率可达 5～15W(95GHz)。磁控管可用作高功率的脉冲功率源，峰值功率可达 1～6kW（95GHz）或 1 千瓦(140GHz)，效率约为 10%。回旋管是一种新型微波和毫米波振荡器或放大器，在毫米波波段可提供兆瓦级的峰值功率。在低噪声混频器方面，肖特基二极管（见晶体二极管、肖特基结）混频器在毫米波段已得到应用，在 100 吉赫范围，低噪声混频器噪声温度可低至 500K(未致冷)或 100K（致冷）。此外，在高增益天线、集成电路和鳍线波导等方面的技术也有所发展。70 年代后期以来，毫米波雷达已经应用于许多重要的民用和军用系统中，如近程高分辨力防空系统、导弹制导系统、目标测量系统等。

从 2017 年加特兰第一代产品研发出来之后就开始了 AiP 相关的研发。2018 年，加特兰第一代的 AiP 就和 Alps 当时的样片 SoC 同时问世，实现了毫米波雷达业界通道数量最多的 AiP 的设计。经历了四代的迭代和优化，AiP 在 2020 年正式进入量产。2021 年，加特兰微电子在成功量产了第二代 SoC 系列产品后，又率先在 AiP 技术上实现了突破。在汽车舱内，毫米波传感器还可以实现比如手势对车上娱乐系统的控制。雷达还可以探测到人的呼吸、心跳带来的身体表面的微动，通过对这个微动的探测，可对驾驶员的生命体征进行探测，也可探测车舱内是否有人或者宠物。相较于摄像头，使用毫米波雷达还能够很好地解决隐私问题。使用 AiP 的传感器尺寸更小，也更易装在车顶灯或者后视镜的位置。在工业领域，AiP 产品的诞生将为智能家居、安防监控等领域带来更多的可能性。

毫米波雷达是通过收发电磁波的方式进行测距的，通过发送和接收雷达波之间的时间差测得目标的位置数据。毫米波雷达的工作波长短，频率高，频带极宽，适用于各种宽带信号处理，有利于提高距离和速度的测量精度和分辨能力。同时，毫米波雷达可以在小的天线孔径下得到窄波束，方向性好，有极高的空间分辨力，跟踪精度高，穿透烟、雾和灰尘的能力强。毫米波雷达的这些特性使得它相比其他的雷达有无可替代的优势。

在研制之初，毫米波雷达主要用于机场交通管制和船用导航。初期的毫米波雷达功率效率低，传输损失大，发展受到限制。后来，随着汽车和军事发展应用的要求，毫米波雷达蓬勃发展。目前，毫米波雷达主要用在汽车自动驾驶和军事领域。尤其是在自动驾驶技术中，为了同时解决摄像头测距、测速精确度不够的问题，毫米波雷达被安装在车身上，方便汽车获取车身周围的物理环境信息，如汽车自身与其他运动物体之间的相对距离、相对速度、角度等信息，然后根据检测到的物体信息进行目标追踪。

图 4-30、图 4-31 所示是智能汽车驾驶中常用的一种毫米波雷达，如图 4-30 所示，其测距范围为 0.20～250m(长距模式)，0.20～70m(短距模式，±45°范围内)，0.20～20m(短距模式，±60°范围内)。图 4-31 是其对应的目标坐标系。德国大陆汽车工业开发的 ARS408-21 传感器利用雷达辐射分析周围环境。ARS408-21 雷达对接收到的雷达反射信号进行处理后，以 Cluster(Point Targets, No Tracking)和 Object(Tracking)两种可选目标模式输出。其中 Cluster 模式包含雷达反射目标的位置、速度、信号强度等信息，并且在每个雷达测量周期都会重新计算这些信息。相对而言，Object 模式在 Cluster 模式的基础之上，进一步包含反射目标的历史与维度信息，即 Object 目标由被追踪的 Cluster 目标(Tracked Cluster)组成。

图 4-30 ARS408-21 外观

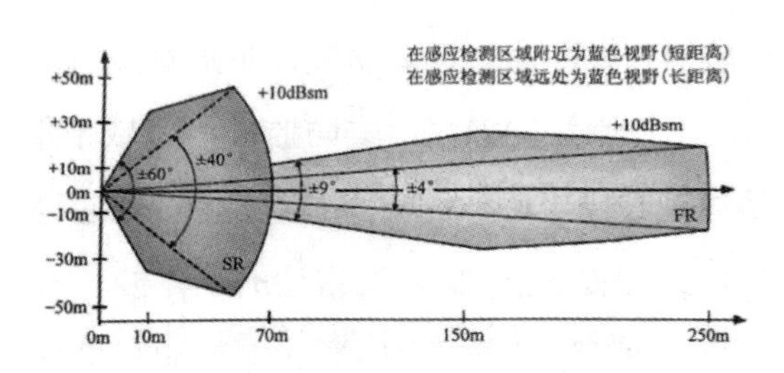

图 4-31 ARS408-21 测距范围

更通俗地讲，Cluster 模式输出的是目标的原始基本信息，如位置、速度、信号强度等，这些信息可以供用户进行更深层次的二次开发，如集成自有目标识别算法、目标跟踪算法等，以应用于更多特定的场景。而 Object 模式则是经过雷达自身的一些复杂算法计算后，输出目标更是在原有 Cluster 基础上增加识别算法、跟踪算法等，如加速度、旋转角度、目标的长度、宽度等，并对目标进行了识别，如可以识别小车、卡车、摩托车、自行车、宽体目标(类似墙面)等目标，所以 Object 模式的使用技术门槛更低，用户可以更快速、更容易地进行系统集成与开发。

目标相对于传感器的位置坐标在笛卡儿坐标系中给出，如图 4-32，以传感器为原点可得到目标的欧几里得距离，然后通过横摆角(Angle)的角度可计算得到横向坐标和纵向坐标。而目标的速度是相对于假定的车辆航速计算的。航速则是通过速度和横摆角信息确定。如果速度和横摆角速度信息丢失，将设置为默认值：偏航速度=0.1°/s，速度=0m/s，静止不动。

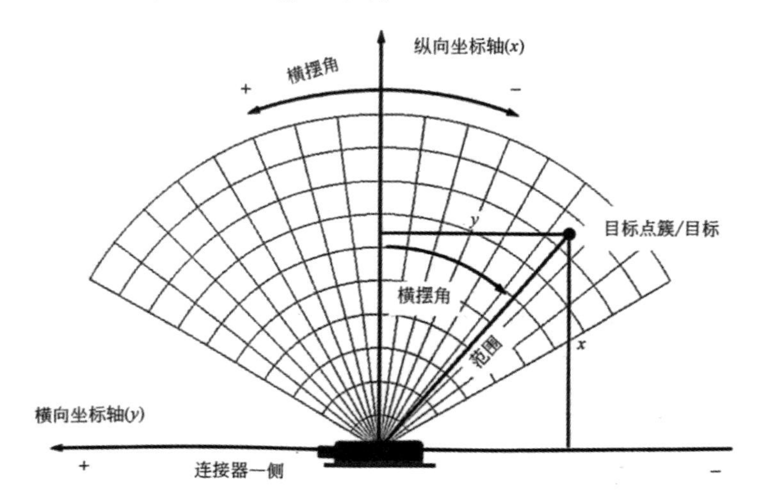

图 4-32 传感器的位置坐标在笛卡儿坐标系

距离测量：

在雷达系统中，其基本概念是指电磁信号发射过程中被其发射路径上的物体阻挡进行的反射。FMCW 雷达系统所用信号的频率随时间变化呈线性升高。这种类型的信号也称为线性调频脉冲。图 4-33 以幅度（振幅）相对时间的函数，显示了线性调频脉冲信号表示。

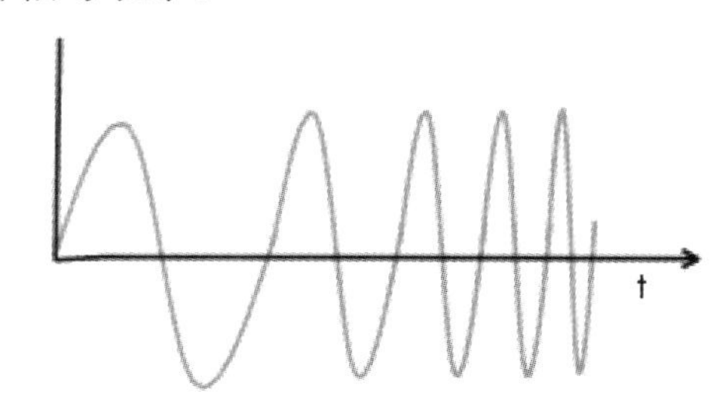

图 4-33 线性调频脉冲信号（以振幅作为时间的函数）

图 4-34 为同一个线性调频脉冲信号（频率作为时间的函数）。该线性调频脉冲具有起始频率(fc)、带宽(B) 和持续时间(Tc)。该线性调频脉冲的斜率 (S) 捕捉频率的变化率。在例子中图 4-34 提供的示例中，fc = 77 GHz，B = 4 GHz，Tc = 40 μs，S = 100 MHz/μs.

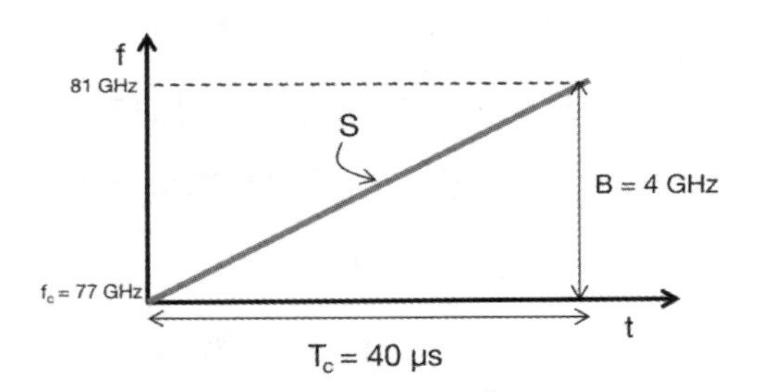

图 4-34 线性调频脉冲信号（频率作为时间的函数）

FMCW 雷达系统发射线性调频脉冲信号，并捕捉其发射路径中的物体反射的信号。图 4-35 所示为 FMCW 雷达主射频组件的简化框图。该雷达的工作原理如下：

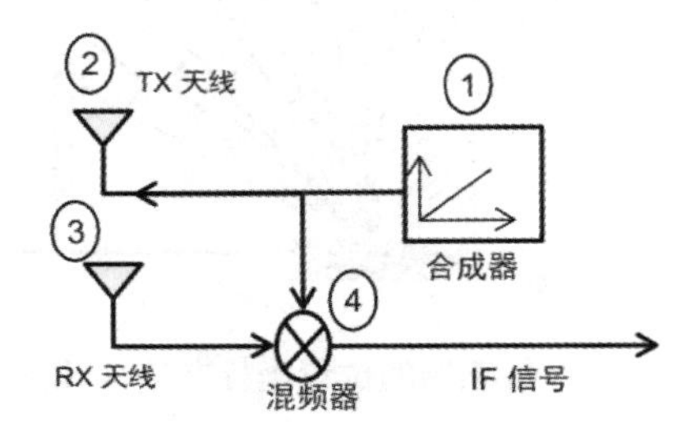

图 4-35 FMCW 雷达框图

（1）.合成器生成一个线性调频脉冲。

（2）.该线性调频脉冲由发射天线（TX 天线）发射。

（3）.物体对该线性调频脉冲的反射生成一个由接收天线（RX 天线）捕捉的反射线性调频脉冲。

（4）."混频器"将 RX 和 TX 信号合并到一起，生成一个中频 (IF) 信号。

混频器是一个电子组件，将两个信号合并到一起生成一个具有新频率的新信号。

对于两个正弦输入 和 （方程式 4-14 和 4-15）：

$$x_1 = \sin(\omega_1 t + \phi_1) \tag{4-14}$$

$$x_2 = \sin(\omega_2 t + \phi_2) \tag{4-15}$$

输出有一个瞬时频率，等于两个输入正弦函数的瞬时频率之差。输出 的相位等于两个输入信号的相位之差（方程式 4-16）：

$$x_{OUT} = \sin[(\omega_1 - \omega_2)t + (\phi_1 - \phi_2)] \tag{4-16}$$

混频器的运行方式还可以以图形方式，通过观察作为时间函数的 TX 和 RX 线性调频脉冲频率表示法来加以理解。

延时 (t) 可通过数学方法推导出方程式 4-17：

$$\tau = \frac{2d}{c} \tag{4-17}$$

其中 d 是与被检测物体的距离，C 是光速。

在车载毫米波雷达中，根据毫米波雷达辐射电磁波方式的不同，可将其分为脉冲体制和连续波体制。脉冲体制工作的毫米波雷达多用于近距离目标信息的测量，测量过程比较简单，精度也比较高；而连续波体制工作的毫米波雷达有多个连续波，不同的连续波特点不同，例如，FMCW 调频的连续波能同时测出多个目标的距离和速度信息，可实现对目标的连续跟踪，系统敏感度高，误报率低。此外，根据毫米波雷达的有效范围，可将毫米波雷达分为长距离、中距离和短距离雷达，其各项指标见表 4-7。

表 4-7 车载毫米波雷达规格

类型	频率	距离	距离分辨率	速度分辨率	角度精度	3dB波束角
长距离雷达	77GHz,79GHz	10-250m	0.5m/0.1m	0.6m·s⁻¹/0.1ms	0.1°	±15°
中距离雷达	24GHz,77GHz,79GHz	1-100m	0.5m/0.1m	0.6m·s⁻¹/0.1ms	0.5°	±40°
短距离雷达	24GHz	0.15-30m	0.1m/0.02m	0.6m·s⁻¹/0.1ms	1°	±80°

根据毫米波雷达的特点，它容易满足以下的应用需求：

（1）高精度多维搜索测量：进行高精度距离、方位、频率和空间位置的测量定位；

（2）雷达安装平台有体积、重量、振动和其它环境的严格要求：毫米波雷达天线尺寸小、重量轻，容易满足便携、弹载、车载、机载和星载等不同平台的特殊环境要求；

（3）目标特征提取和分类识别：毫米波雷达高分辨力、宽工作频带、大数值的多普勒频率响应、短的波长易获得目标细节特征和清晰轮廓成像等特点，适于目标分类和识别的重要战术要求；

（4）小目标和近距离探测：毫米波短波长对应的光学区尺寸较小，相对微波雷达更适于小目标探测。除特殊的空间目标观测等远程毫米波雷达外，一般毫米波雷达适用于 30km 以下的近距离探测；

（5）抗电子战干扰性强：毫米波窗口可用频段宽，易进行宽频带扩频和跳频设计。同时针对毫米波雷达的侦察和干扰设备面临宽频带、大气衰减和窄波束等干扰难题，毫米波雷达相对微波雷达具有更好的抗干扰能力。

尽管毫米波雷达具有分辨率高、准确性较高、设计紧凑、抗干扰性强等优点，但它仍有如下缺点：

(1)毫米波雷达的工作与天气关系很大，大雨天气时精度下降尤为严重。

(2)在防空环境中，无可避免地出现距离和速度模糊。

(3)毫米波器件昂贵，无法大批量生产。

(4)数据稳定性差。

(5)对金属敏感：毫米波雷达发出的电磁波对金属尤其敏感。

(6)数据只有距离和角度信息，无高度信息。

同时，毫米波雷达还面临如下挑战：

(1)易损性。易受某些大气和气象现象的影响，污染物或其他大气粒子的存在会妨碍雷达有效地识别威胁。

(2)过于敏感。有些情况下，即使没有真正的威胁，程序的警报也会启动。过分依赖机器检测威胁可能导致错误，触发警报。

(3)精度和范围有限。

(4)电塔或电磁热点的存在有时会对机器造成干扰，甚至在某些情况下会导致机器故障。需要做更多的工作确保雷达不受电干扰。

4.15 图像传感器

图像传感器，或称感光元件，是一种将光学图像信息转换成电信号的设备，它被广泛地应用在数码相机和其他电子光学设备中。完成图像信息光电变换的功能器件称为光电图像传感器。

电荷耦合器件(Charge Coupled Device, CCD)和金属氧化物半导体(Complementary Metal Oxide Semiconductor, CMOS)器件是目前市场上广泛应用的两种图像传感器器件。它们的主要区别在于采用的半导体工艺的差别。CMOS 和 CCD 器件都是基于光电效应原理，不过在光生电荷的收集和读出方式上两者存在着明显的区别。

CCD 图像传感器的读出方式为串行读出，当某个像素位置的行地址和列地址被选中时，该像素点产生的光强信号将被输送到列总线上，而 CMOS 器件的每一个像素单元都具有独立的行地址和列地址。CMOS 图像传感器诞生于 20 世纪 60 年代末期，但当时集成电路设计工艺不完善，严重影响了图像传感器的成像质量。到目前为止，CMOS 图像传感器的结构设计和制造工艺已经十分成熟，但是 CMOS 图像传感器仍然不能避免随机噪声、热噪声等噪声源的影响。

CMOS 图像传感器是一种典型的固体成像传感器,它是一种使用传统半导体工艺将感光器件、信号放大器、模数转换器、存储器、数字信号处理器和数字接口电路等集成在一块芯片上的图像传感器件。根据像素结构的差异，CMOS 器件大致可以分为两种类型，即无源像素传感器(CMOS PPS)和有源像素传感器(CMOS APS)，它们的区别在于其像素结构中是否包含源放大器，有源像素传感器包含放大器，而无源像素传感器没有。采用有源放大器，传感器的读出噪声可以受到有效抑制，进而提高 APS 传感器的信噪比与动态范围。

图像传感器噪声取决于图像传感器的制作工艺、内部结构及内部补偿技术等原因，噪声反应了图像传感器的内部特性。从测试标准所依据的原理上讲，图像传感器参数的测试其实是测量图像传感器内部光电转换和电子转移过程中的噪声。采取适当的噪声测试方法，稳定、合理的测量图像传感器主要噪声，测试出的图像传感器基本参数才更具有说服力。因此无论是对于图像传感器生产、使用，还是对于测试图像传感芯片，噪声测试技术都具有重要的意义。

1.光子传输原理

光子传输(Photon Transfer)原理是图像传感器将光子传输到数字量输出的过程所遵循的最基本原理。光子传输原理给出了光子从入射到半导体光敏面上发生光电转换效应，到光生电荷的积累和传输过程的每一个传输环节中，信号和信号中夹杂的各种噪声的理论模型。光子传输原理，在固体成像器件和系统的设计、控制、标定、优化、规范和实际应用等方面提供了最有价值的理论依据。光子传输的早期研究源自于美国国家航空航天局(National Aeronautics and Space Administration，NASA)所使用的行星探测器研发任务。当时研究人员发现，采集到图像信息中的噪声参数和入射的光子数具有相关关系。经过一系列的研究后，研究人员得出了基本的光子传输模型，并且在线性 CMOS 图像传感器上具有普遍的适用性。

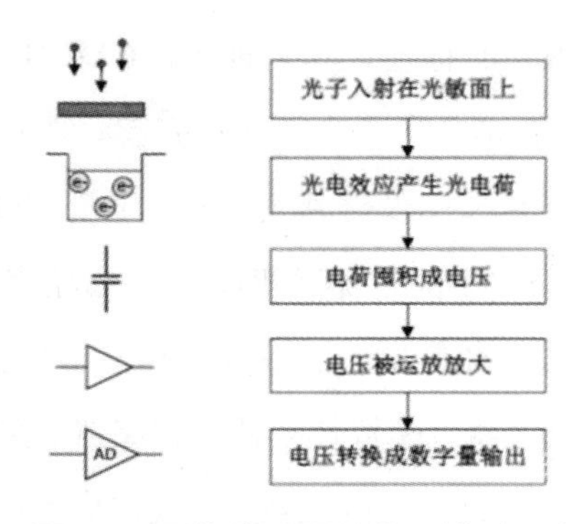

图 4-36 图像传感器的物理模型示意图

CMOS 图像传感器从接收光照到输出数字量为单位的灰度值信号，信号的转化和传输过程如图 4-36 所示。

光子照射在图像传感器上产生光电效应，像素光敏面上的电子被光子激发。在曝光时间内，光敏面上的光生电子在内部电容上不断积累，在电容上积累成电压信号。后续的电路对这个电压信号进行放大和模数转化等处理。最终，图像灰度值信号的以数字信号形式输出，外部电路接收到图像传感器输出的数字信号。上述过程是 CMOS 图像传感器最简化的物理模型。随着 CMOS 图像传感器工艺日渐成熟，在传感器内部信号处理方面加入了其他功能，如行列选择电路、相关双采样电路等。电路越复杂，图像传感器输出信号的过程中引入的噪声源种类越复杂，其噪声分析也需要从更多的角度去考虑。光子传输理论运用模块化思想分析图像传感器的内部参数。

光子传输(Photon Transfer)原理从建模层面描述图像传感器的信号传输过程，将图像传感器光生电子转移过程的各个环节模块化，信号在每个模块中传输都有对应的函数，所有的模块串联起来就得到了图像传感器理论的模型。

图 4-37 为 *Photon Transfer* 书中给出的线性图像传感器简化模块图。EMVA Standard1288 测试标准中所用的线性模型也是遵循了这个思想。

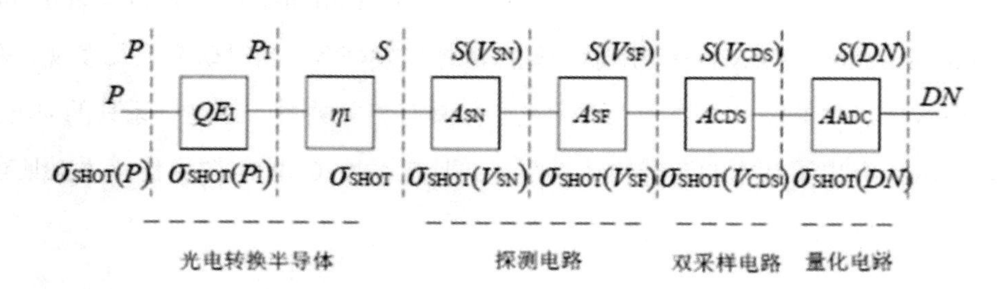

图 4-37 线性图像传感器简化模块原理图

噪声和信号在 CMOS 图像传感器中同时传输。从光入射到光敏面开始，光照的不均匀性引入的噪声，到光电效应引入的随机噪声，再到后续每一级信号传输模块中会引入的其他噪声，上述所有的噪声都会在输出的灰度值信号中体现。各个模块都有相对应的增益常数，增益既对信号传输有所影响，同时也是噪声通过该模块后所增加或减少的倍数。输出的灰度值信号中夹杂着整个图像传感器信号传输过程中的噪声，根据噪声的特性，可以在灰度值中计算出噪声的指标，从而根据公式推导出图像传感器的其他特征参数。

若信号和噪声是独立的，由上述两个表得知，每个模块的模型都简化成线性模型，即：

$$u_{out} = K_{\mu_{in}} \tag{4-18}$$

$$\sigma_{out} = K_{\sigma_{in}} \tag{4-19}$$

式中：K—线性模块的增益

—模块输入信号

—模块输出信号

—模块输入端信号的噪声

—输出端输出信号的噪声

光子传输原理适用于线性图像传感器，即随着入射光强或者曝光时间的线性增加，输出的灰度值呈线性增加，直至图像传感器物理饱和的图像传感器。输出灰度值信号和曝光量曲线呈明显的线性关系，即图像传感器增益 K 是恒定的常数。

2.噪声等效模型

在温度不变时，半导体器件发射的电子数是随时间变化的，它具有白噪声的性质，并且符合泊松分布。因此由图像传感器中每个像元转换的电子数量波动而引起的方差与平均转换电子数是相等的，即：

$$\sigma_e^2 = \mu_e \tag{4-20}$$

这种由电子发射不均匀性引起的噪声被称为散弹噪声，由于所有的真空电子管和半导体器件都有这种性质，所以式(4-20)对所有图像传感器都适用。图 4-38 为 CMOS 图像传感器像素结构的一部分，图中可以看出像素中引入散弹噪声的情况。

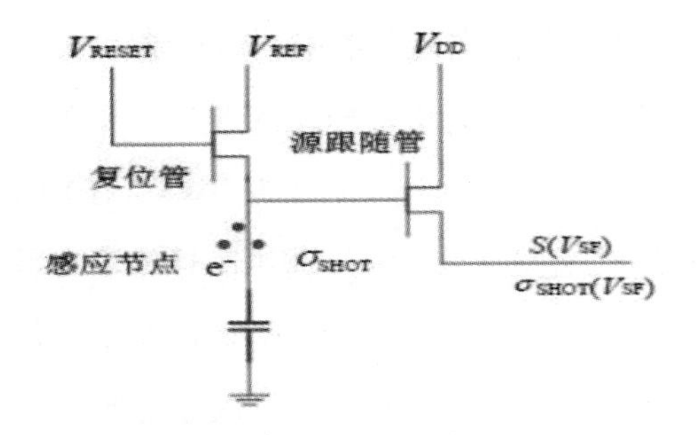

图 4-38 CCD/CMOS 传感器感应节点区域信号和噪声传输图

结合上述式子(4-20)，单独分析图像传感器模块示意图中的任意一个模块，见图 4-39。

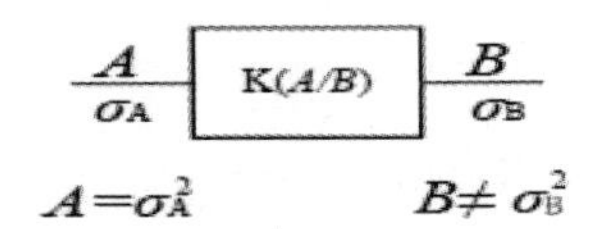

图 4-39 图像传感器单个简化模块原理图

图 4-39 中 A 和 B 分别为模块的输入和输出信号，和分别为输入的散弹噪声和模块输出信号中包含的散弹噪声，*K*(A/B)为模块的增益。线性系统的系统增益和信号强度是独立的，由式子(4-21)、(4-22)可知：

$$B = K(A/B)A \tag{4-21}$$

$$\sigma_B = K(A/B)\sigma_A \tag{4-22}$$

同时，由式子（4-20）可得知

$$A = \sigma_A^2 \tag{4-23}$$

简单换算可以得出：

$$K(A/B) = \frac{B}{\sigma_B^2} \tag{4-24}$$

式(4-24)是光子传输原理和 EMVA 1288 测试标准遵循的最基本式子。多个线性模块级联之后，计算线性图像传感器模块示意图中系统总的增益 *K* 的式子如式(4-25)。

$$K = A_{SN}\ \ A_{SF}\ \ A_{CDS}\ \ A_{ADC} = \frac{\mu_{out}}{{\sigma_{out}}^2} \tag{4-25}$$

式中：*K*—图像传感器的系统总增益

—图像传感器的输出信号值

—图像传感器输出信号中的随机噪声

理论分析结合图像传感器内部情况：所有能够激发电子的噪声都会被图像传

感器内部的放大器线性放大，并转化成数字信号输出，因此可以将这类噪声叠加在一起。所有与图像传感器的放大电路、读出电路相关的噪声源可以用一个概率密度分布符合正态分布的噪声源来描述，而另一个噪声源是模数转换过程中的量化误差，其方差为。其值为。*DN* 是衡量数字量的无量纲单位，即码值。

综上所述，根据光子传输原理，输出的数字信号 y 的暂态方差可由式(4-26)表示：

$$\sigma_y^2 = K^2(\sigma_d^2 + \sigma_e^2) + \sigma_q^2 \tag{4-26}$$

结合式(4-23)和式(4-25)，可以将噪声和数字信号均值联系起来，如式(4-27)所示:

$$\sigma_y^2 = K^2\sigma_d^2 + \sigma_q^2 + K(\mu_y - \mu_{y.dark}) \tag{4-27}$$

在无光照条件下，不会有光子转化成电子，因此图像传感器的暗信号均值只和暗信号方差及量化噪声的方差有关。根据式(4-27)可以得到暗信号方差为:

$$\sigma_{y.dark}^2 = K^2\sigma_d^2 + \sigma_q^2 \tag{4-28}$$

根据式(4-27)和式(4-28)，可以得到图像传感器输出数字量的均值与方差的关系:

$$\sigma_y^2 - \sigma_{y..dark^2} = K(\mu_y - \mu_{y.dark}) \tag{4-29}$$

式(4-29)是图像传感器性能参数测试的核心。μ-μ_{r} 表示除去由暗信号引起的输出灰度值以后，仅由接收到光信号引起的输出数字量。因此图像传感器的总体系统增益 K 可以通过 μ-μ_{r} 与 σ-σ_{r} 的线性拟合而得到。

3.光源

CMOS 图像传感器的曝光饱和输出值、系统增益等参数测试，需要不同曝光量下的图像数据。EMVA 1288 标准提出了三种改变图像传感器曝光量的方法。

第一种是保持光的辐照度 E 不变，改变图像传感器的曝光时间 t_{exp}。这种方法只要控制图像传感器，光源的工作状态不用改变。在大多数的图像传感器参数测试系统中，这种方法最常用同时也是最易于进行设计实现的，能够保证光源类型选择的灵活性。

第二种是图像传感器的曝光时间 t_{exp} 固定，改变光辐照度 E。通常使用 LED 光源配合这种工作方式，因为 LED 改变光功率十分容易。但是此方法很难保证 LED 的功率与输出光强严格成正比，同时也需要驱动 LED，增加系统了繁杂程度。

第三种则是用脉冲式光源辐照法，通过改变光照脉冲的宽度 t 进而改变曝光量。具体做法是，配置图像传感器曝光时间固定，并且保证此曝光时间 t_{exp} 比光源的最大脉冲时间 t_{max} 更大。这样在曝光时间内，通过改变脉冲宽度的方式，从而改变图像传感器在曝光时间内接收的光子数量。这种工作方式要求光源在进行脉冲调制时比较稳定，并且在任何光源脉冲宽度条件下，图像传感器的暗电流都处在 t_{exp} 下的暗电流的水平，在脉冲时间较小的时候，信号中包含的暗电流成分比例更大。

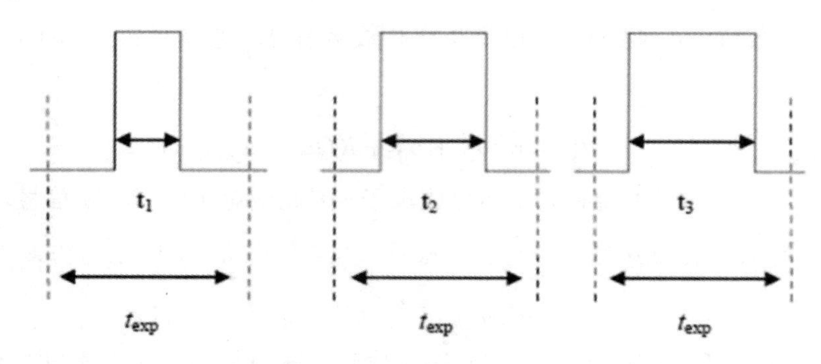

图 4-40 光源脉冲宽度与曝光时间的大小关系示意图

综合考虑测试系统设计的复杂性、稳定性等各方面因素，煤矿用测试系统采用第一种光照和曝光配置方式。

4.16 本章小结

以上所述传感器是煤矿除尘机器人本体和除尘系统所使用到的主要传感器，在机器人具体设计过程中要根据实际需求选取最适合的类型和型号，综合优化后构成煤矿除尘机器人主体，提高煤矿除尘机器人的除尘效率。

第 5 章 煤矿除尘机器人驱动系统设计

机器人的驱动方式主要有气动驱动方式、电机驱动方式、液压驱动方式。

气压驱动具有节能简单，时间短，动作快，柔软，重量轻，产量/质量比高，安装维护方便，安全，成本低，对环境无污染的优点。

液压驱动器使用液体作为介质来传递力，并使用液压泵使液压系统产生的压力驱动执行器运动。液压驱动模式是成熟的驱动模式。气动驱动器使用空气作为工作介质，并使用气源发生器将压缩空气的压力能转换为机械能，以驱动执行器以完成预定的运动定律。

电动机驱动是利用各种电动机产生的力或转矩直接驱动机器人的关节，或者通过诸如减速的机构来驱动机器人的关节，以获得所需的位置，速度，加速度和其他指标。具有环保，整洁，控制方便，运动精度高，维护成本低，驱动效率高的优点。

5.1 气压驱动的特点

一、气动技术的现状和应用

气动技术是指以压缩空气为动力源，实现各种生产控制自动化的一门技术。也可以说气动技术是以压缩空气为工作介质进行能量与信号传递的技术。广义地说，除了空气压缩机、空气净化器、气动缸、气动马达、各类气动控制阀以及辅助装置外，真空发生装置和真空执行元件以及历史悠久的气动工具等，都包括在气动技术的范畴之内。

随着工业机械化和自动化的发展，气动技术越来越广泛地应用于各个领域里。例如汽车制造业、气动机器人、医用研磨机、电子焊接自动化，家用充气筒，喷漆气泵等，特别是成本低廉结构简单的气动自动装置已得到了广泛的普及与应用，在工业企业自动化中位于重要的地位。

气动技术的应用历史已久，早在公元前，埃及就开始利用风箱产生压缩空气用于助燃。18 世纪的产业革命开始，气动技术逐渐被应用于产业中。例如，矿山用的风钻，火车刹车装置等。而气动技术被广泛应用于一般产业中的自动化、省力化则仅是近十几年的事情。

尽管实现自动化和自动控制有各种方式，其中包括气动和电气、电子一体化的气电装置、液压和电气、电子组合的液电装置、机械和电气、电子的机电装置等，但都侧重用它们的各自优点，组成最合适的控制方式。由于气动技术是以空气为介质，它具有防火、防爆、防电磁干扰、不受放射线及噪声的影响，且对振动及冲击也不敏感，结构简单、工作可靠、成本低寿命长等优点，所以近年来气动技术得到迅速的发展及普遍应用。

据调查资料表明，目前气动控制装置在下述几方面有普遍的应用：

（1）汽车制造业：其中包括汽车自动化生产线，车体部件的自动搬运与固定，自动焊接等工阶。

（2）半导体电子及家电行业：例如用于硅片的搬运，元器件的插入及锡焊，家用电器等的组装。

（3）加工制造业：其中包括机械加工生产线上工件的装夹及搬送，冷却、润滑液的控制，铸造生产线上的造型、捣固、合箱等。

（4）介质管道运输送业：可以说，用管道输送介质的自动化流程绝大多数采用气动控制。例如石油加工、气体加工、化工等。

（5）包装业：其中包括各种半自动或全自动包装生产线，例如：聚乙烯、化肥、酒类、油类，煤气罐装、各类食品等的包装。

（6）机器人：例如装配机器人，喷漆机器人，搬运机器人以及爬墙、焊接机器人等。

（7）其他：例如车辆的刹车装置，车门开闭装置，颗粒状物质的筛选，鱼雷、导弹的自动控制装置等。至于各种气动工具等，当然也是气动技术应用领域的一个重要侧面。

二、气动技术的新发

1．无给油化

在以前的气动控制系统中，油雾器是不可缺少的，它主要用于给气动机械提供润滑油，其目的是：

（1）用于气缸及控制阀等机械摩擦部的润滑；

（2）用于管路等各部分的防锈；

（3）洁净或粉尘与油泥的清除。

气动系统的特点之一是无须回程管道而可直接将废气排入大气，在排气过程中，一部分润滑油也随之被排入大气，虽然被排出的油量不多，但是在室内作业也是有害的。此外，由于油中含有各种添加剂还易于造成环境污染。为了克服这缺点，开发了不供给润滑油的气动系统。而无给油系统并不是无润滑系统，它是使用有自润滑性的特殊材料或者利用空气润滑(气体薄膜润滑)，无给油系统具有(1)取消了油雾器；(2)由于不供给润滑油而降低成本；(3)由于无需进行给油量的监护与调整等的管理，简化了系统结构，提高了系统的可靠性；(4)减少了对环境的污染等优点。但由于无给油系统不提供润滑油，因而它还存在下述几个缺点：(1)管路等零部件易锈；(2)空气中水分含量过高时，封人的润滑剂可能产生流动，从而导致润滑效果降低或消失；(3)与给油系统相比，机器寿命短。

由上述优缺点可知，无给油系统的最大特点是减少环境污染，摆脱润滑油管理的烦琐工作，简化了系统结构，相应地提高了系统工作的可靠性。

2. 节能化

过去认为空气是取之不尽用之不竭的，即便有些泄漏也是无关紧要的，又加之与其他非电力系统相比其消耗能量小，所以对节能并不重视。但是近年来节能的呼声越来越高，气动技术当然也不例外,气动技术的节能可分为两方面，即降低气动系统的电力消耗和空气消耗量。

（1）降低电力消耗

作为节能的一个重要方面是开发各种小功率电磁阀，功率为 2W 以下的电磁阀正在普及。近 20 年间，日本的电磁阀消耗功率已从 20W 降低到 1W～0.5W。从电磁阀本身的节能来看，虽然其电功率消耗降低了，但是由于采用先导式，其空气的消耗量增加了，节能效果不易衡量。但从系统的全体看其效果是非常大的,控制电磁阀的继电器、程序控制装置以及电线容量变小,所以购买这些元件与装置的成本以及它们消耗的功率也都变低，同时易于实现计算机控制等。

（2）降低空气消耗量

气动系统中使用的压缩空气是由空气压缩机产生的，减少空气消耗量也就是降低了压缩机的功率消耗，这无疑会增大节能效果。降低空气消耗量的办法是利用活塞面积差实现控制和根据使用目的、条件，将气动系统中流动的空气量控制在最小的限度，以达到降低空气消耗量。

（3）小型化与轻量化

随着机械装置的紧凑化，对气动执行元件、控制元件、辅助元件的小型化与轻量化的要求越来越高。电子技术的进步、实现了用小型元件进行复杂的控制。

气动元件小型化与轻量化可带来许多优点，它可以降低元件的成本，节省功率，从而提高了整个系统的经济性。另外，在复杂的气动系统中，例如气动机器人，使用小型轻量的气动元件可减少运动部分的重量，易于实现控制。

气动元件小型化的发展方向主要有以下两个：

（1）元件的绝对小型化：随着气动元件在半导体电子等行业的普及，气动元件在自动化技术中的应用也从实现人整体、人胳膊动作发展到实现人的手指的动作，因此对小功率元件的需求越来越多。例如，直径 2.5mm，行程几毫米的气缸，有效过流断面积为零点几平方毫米的电磁阀等已被开发并在实际中得到应用。

（2）元件相对小型化：这是保证元件的性能与能力的前提下的小型化，也就是说，在原有的基础上，以极新的观点进行开发与研究，设法提高气动元件的性能和能力。现已开发出采用卡板固定方式代替传统的螺栓固定方式的电磁阀，使其有效断面达到原来同样尺寸阀的两倍。

（3）气动元件的轻量化除了上述尺寸的缩小所带来的效果外，所用材料的轻量化也是一个重要措施。例如，非铁材料的大量应用以及各种塑料材料的部分应用。另外，电磁阀从直动型向先导阀的变化除可降低电力消耗外，也同时带来了小型化与轻量化的效果。

（4）位置控制的高精度化

由于空气的压缩性给气动位置控制系统的控制精度带来很大的影响，因而，如何提高控制精度一直是人们所关心和研究的课题。近年来通过采用计算机闭环伺服控制，大大地提高了其控制精度。

（5）电气一体化

气动元件与电气元件的结合，使气动技术获得大幅度的提高，其应用范围也得到了进一步的扩展。例如电气压力控制阀，内藏位移传感器的测长气缸，电机直接通过丝杠控制活塞运动的电动气缸等。

（6）集成化

这里所说的集成化不是指将数个或十几个电磁阀（或气缸）单纯地安装在同一阀块或阀座上，而是指将不同的气动元件或机构叠加组合而形成新的带有附加功能的集成元件或机构。采用这种具有多功能的集成元件或机构，将会缩短气动装置和自动生产线的设计周期，减少现场装配、调试时间。例如带导轨的气缸，带换向阀的气缸及多自由度执行元件等。

（7）系统省配线化

随着气动系统的复杂化和大型化，气缸和控制阀的使用数量也相应增加，这就给配管和配线带来了困难，加大了误配线的概率。上面提到的带换向阀的气缸可起到省配管的作用，另外还可以采用时间分割多重通信系统，实现省配线的目的。

所谓时间分割多重通信系统是近年来电子技术成功地应用于气动系统中一个非常成功的例子，它的出现大大地促进了气动技术的应用和发展。

三、气动系统的优缺点

液压和气动都是以流体为工作介质，并把流体的能量转换成执行元件的机械运动，它们的控制元件参与方式和实现设备自动化的方法大体相同。又因为元件名称和结构，规格等方面有很多类似之处，所以容易引起用相同的方法处理的错觉。实际上将液压技术原封不动地用到气动技术中是不恰当的。由于介质不同，元件的结构及系统的构成方法都不同。下面通过气动系统优缺点的分析可以进一步看到这一点。

（1）气动系统的工作介质是空气，它是取之不尽用之不竭的。因此只要有压缩机即可比较简单地得到压缩空气。当今的工厂内压缩空气输送管路像电气配线一样比比皆是，压缩空气的使用是十分方便的。

（2）使用快速接头可以非常简单地进行配管，因此系统的组装、维修以及元件的更换比较简单。

（3）可安全、可靠地应用于易燃、易爆场所，因此设置环境和利用元件自由度较大。

（4）由于空气的黏度只有油的万分之一，所以流动阻力小，管道中空气流动的过程压力损失小，有利于介质集中供应和远距离输送。

（5）做完功的空气可以直接排向大气中，不需要设置回程管道，即使系统中稍微泄漏也不会造成环境污染。

（6）动作迅速反应快，可在较短的时间内达到所需的压力和速度。在一定的超载运行下也能保证系统安全工作，并且不易发生过热现象。

（7）气压具有较高的自我保持能力，即使压缩机停止运行，气阀关闭，气动系统仍可维持一个稳定压力。

（8）由于空气是可压缩的，所以气动系统的稳定性较差，给位置控制和速度控制精度带来较大的影响。

（9）工作压力低（一般小于 0.8MPa），因而气动系统输出力小，在相同的输出力的情况下，气动装置比液压装置尺寸大。

（10）噪声大，尤其在超音速排气时，需要加装消声器。

（11）工作介质空气本身没有润滑性，如不是采用无给油气动元件，需另加油雾器等装置进行给油润滑。

5.2 液压驱动的特点

液压驱动是以高压油作为工作介质。驱动可以是闭环的或是开环的，可以是直线的或是旋转的。开环控制能实现点到点的精确控制，但中间不能停留，因为它从一个位置运动碰到一个挡块后才停下来。

液压伺服系统以其响应速度快、负载刚度大、控制功率大等独特的优点在工业控制中得到了广泛的应用。电液伺服系统通过使用电液伺服阀，将小功率的电信号转换为大功率的液压动力，从而实现了一些重型机械设备的伺服控制。

液压伺服系统是由液压动力机构和反馈机构组成的闭环控制系统，分为机械液压伺服系统和电气液压伺服系统（简称电液伺服系统）两类。其中，机械液压伺服系统应用较早，主要用于飞机的舵面控制和机床仿型装置上。随着电液伺服阀的出现，电液伺服系统在自动化领域占有重要位置。很多大功率快速响应的位置控制和力控制都应用电液伺服系统，如飞机、导弹的舵机控制系统，船舶的舵机系统，雷达、大炮的随动系统，轧钢机械的液压压下系统，机械手控制和各种科学试验装置（飞行模拟转台、振动试验台）等。

一、直线液压缸

用电磁阀控制的直线液压缸是最简单和最便宜的开环液压驱动装置。在直线液压缸的操作中，通过受控节流口调节流量，可以在达到运动终点前实现减速，使停止过程得到控制。也有许多设备是用手动阀控制，在这种情况下，操作员就成了闭环系统中的一部分，因而不再是一个开环系统。汽车起重机和铲车就是这种类型。大直径的液压缸很贵，但能在小空间内输出很大的力。工作压力通常达 14MPa,所以 1cm²面积就可输出 1400N 的力。

图 5-1 是用伺服阀控制的液压缸的简化原理图。无论是直线液压缸或旋转液压马达，它们的工作原理都是基于高压对活塞或对叶片的作用。液压油经控制阀

被送到液压缸的一端，在开环系统中，阀是由电磁铁来控制的；在闭环系统中，则是用电液伺服阀或手动阀来控制液压缸。

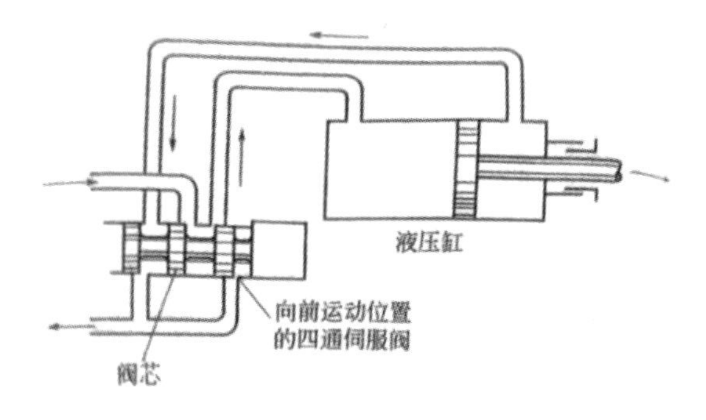

图 5-1 用伺服阀控制的液压缸的简化原理图

二、旋转液压马达

图 5-2 是一种旋转液压马达。它的壳体用铝合金制成，转子是钢制的，密封圈和防尘圈分别防止油的外泄和保护轴承。在电液阀的控制下，液压油经进油孔流入，并作用于固定在转子上的叶片上，使转子转动。固定叶片防止液压油短路。通过一对消隙齿轮带动的电位器和一个解算器给出位置信息。电位器给出粗略值，精确位置由解算器测定。这样，解算器的高精度小量程就由低精度大量程的电位器予以补偿。当然，整体精度不会超过驱动电位器和解算器的齿轮系的精度。

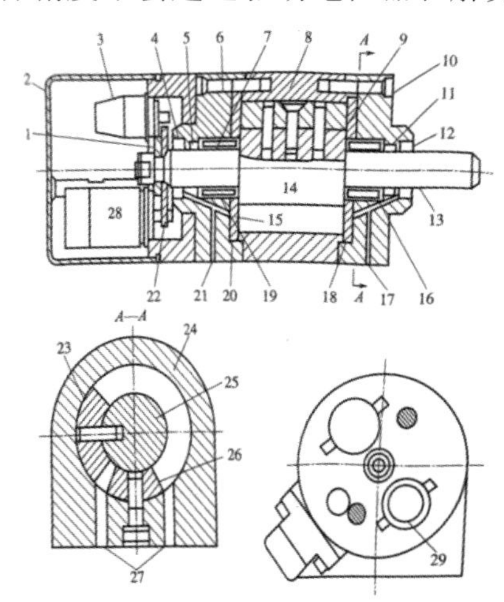

1，22-齿轮；2，2-防尘罩；3，29-电位器；4，12-防尘圈；5，11-密封圈；6，10-端盖；7，13-输出轴；8，24-壳体；9，15-钢盘；10，25-转子；11，19-滚针轴承；12，21-泄油孔；13，20-O 形密封圈；14，23-转动叶片；15，26-固定叶片；16，27-进出油孔；17，28-解算器

图 5-2 旋转液压马达

用于控制液流的电液伺服阀相当昂贵，而且需要经过过滤的高洁净度油，以防止伺服阀堵塞。使用时，电液伺服阀是用一个小功率的电气伺服装置(力矩电动机)驱动的。力矩电动机比较便宜，但并不能弥补伺服阀本身的昂贵，也不能弥补系统污染这一缺陷。由于压力高，总是存在漏油的危险，14MPa 的压力可迅速用油膜覆盖很大面积，所以这是一个必须重视的问题。这样导致，所需管件昂贵，并需要良好的维护，以保证其可靠性。

由于液压缸提供了精确的直线运动，所以在机器人上尽可能使用直线驱动元件。然而液压马达的结构设计也很精良，尽管其价格要高一些，同样功率的液压马达要比电动机尺寸小，如关节式机器人的关节上通常装有液压马达就是该优点的利用。但为此却要把液压油送到回转关节上。目前新设计的电动机尺寸已变得紧凑，质量也减小，这是因为用了新的磁性材料。尽管较贵，但电动机还是更可靠些，而且维护工作量小。

液压驱动超过电动机驱动的根本优点是它的安全性。在像喷漆这样的环境中，安全性的要求非常严格。因为存在着电弧和引爆的可能性，要求在易爆区域中所带电压不超过 9V，液压系统不存在电弧问题，而且在用于易爆气体中时，总是选用液压驱动。如采用电动机，就要密封，但目前电动机的成本和质量对需要这种功率的情况是不允许的。

三、优点和缺点

1．优点

（1）液压驱动所用的压力为 5~320kgf/cm²，能够以较小的驱动器输出较大的驱动力或力矩，即获得较大的功率重量比，适用于大型机器人和大负载。

（2）可以把驱动油缸直接做成关节的一部分，这样结构简单紧凑，系统刚性好，精度高，响应速度快。

（3）液压驱动调速比较简单和平稳，不需要减速齿轮，并且由于液体的不可压缩性，定位精度比气压驱动高，易于在大的速度范围内工作，可以无损停在一个位置，从而实现任意位置的开停。

（4）液压执行机构的动作快，换向迅速。就流量——速度的传递函数而言，基本上是一个固有频率很大的振荡环节，而且随着流量的加大和参数的最佳匹配可以使固有频率增大到和电液伺服阀的固有频率相比。电液伺服阀的固有频率一般在 100Hz 以上，因而液压执行机构的频率响应是很快的，而且易于高速启动、制动和换向。与机电系统执行机构相比，固有频率通常较高。

（5）使用安全阀可简单而有效地防止过载现象发生。

（6）液压驱动具有润滑性能好、寿命长等特点。

（7）液压执行机构的体积和重量远小于相同功率的机电执行机构的体积和重量。因为随着功率的增加液压执行机构（如阀、液压缸或马达）的体积和重量的增加远比机电执行机构增加的慢，这是因为前者主要靠增大液体流量和压力来增加功率，虽然动力机构的体积和重量也会因此增加一些，但却可以采用高强度和轻金属材料来减少体积和重量。

2．缺点

（1）油液容易泄漏。这不仅影响工作的稳定性与定位精度，而且会造成环境污染，不适合在要求洁净的场合使用。

（2）因油液粘度随温度而变化，且在高温与低温条件下很难应用，矿下环境恶劣复杂，应用条件难度大。

（3）因油液中容易混入气泡、水分等，使系统的刚性降低，速度特性及定位精度变坏。

（4）需要泵、储液箱、电机和配备压力源及复杂的管路系统等，有噪声，还要符合安全生产的要求需要经常维护设备，因此成本较高。

（5）液压信号传递速度慢不易进行校正，而电信号则是按光速来传递信息，而且易于综合和校正。但是电液伺服系统由于在功率级以前采用了电信号，因而不存在这一缺点，而且在某种意义讲这种系统具备了电、液两类伺服的优点。

四、适用范围

液压驱动可以获得很大的抓取能力，传动平稳，结构紧凑，防爆性好，动作也较灵敏，但对密封性要求高，不宜在高、低温现场工作，因此液压驱动方式大多用于要求输出力较大而运动速度较低的场合。而在机器人液压驱动系统中，近年来以电液伺服系统驱动和液压伺服系统最具有代表性。

5.3 电气驱动的特点

现在的电气控制手段比较先进，一般都是电气控制和电子控制，而且主要是电子控制。相比之前的机械控制，其具有很多优点，比如体积小、耗电少、成本低、速度快、功能强、可靠性高等。以微处理器为核心的数字控制成为现代电气传动的系统控制器的主要形式。由于计算机除一般的计算功能外，还具有逻辑判定和数值运算功能，因此数字控制与模拟控制相比有两个突出的优点：一是数字模拟可以实现比较复杂的控制策略，二是数字模拟可以进行自我控制。

自动化技术基于电动机和机械模型的控制策略，有矢量控制、磁场控制、直接转矩控、现代理论的控制策略，有滑模变结构技术、模型参考、自适应技术、采用微分几何理论的非线性解鲁棒观测器，在某种指标意义下的最优控制技术和逆奈奎斯特阵列设计方法等；基于智能控制思想的控制策略，有模糊控制神经元网络、专家系统和各种各样的优化自诊断技术等。以高速微处理器 RISC(Reduced Instruction Set Corn-putter)及高速 DSP(Digital Signal Processor)为基础的数字控制模板处理速度大大提高，有足够的能力实现各种控制算法，Windows 操作系统的引人可自由设计，图形编程的控制技术也有很大的发展。

电气传动自动化的发展与其相关技术的发展是分不开的。电气传动自动化技术的发展是将电网、整流器、逆变器、电动机、生产机械和控制系统为一个整体。从系统上进行考虑。例如要求和上位控制的可编程控制器通过串行通信连接，一般都带有串行通讯标准功能 (RS-232、RS-485)，此外还通过专用的开放总线方式运行。

CAD 技术模拟与计算机辅助设计技术(CAD)、电动机模拟器、负载模拟器以及各种 CAD 软件引人对变频器的设计和测试提供了强有力的支持。

缩小装置尺寸,紧凑型变流器要求功率和控制元件具有高的集成度，其中包括智能化的功率模块、紧凑型的光耦合器、高频率的开关电源，以及采用新型电工材料制造的小体积变压器、电抗器和电容器。功率器件冷却方式的改变(如水冷、蒸发冷却和热管)对缩小装置的尺寸也很有效。现在主回路中占发热量 50%～70%的 IGBT 的损耗已大幅度减少，集电极-发射极的饱和电压(Vesta)大为降低，现已开发出了第 4 代 IGB。目前，国外已研制成功高密度 Building Block(系统集成)。

5.4 新型驱动器

一、压电驱动器

压电效应的原理是：如果对压电材料施加压力，它便会产生电位差(称之为正压电效应)；反之，施加电压，则产生机械应力(称为逆压电效应)。

压电驱动器是利用逆压电效应，将电能转变为机械能或机械运动，实现微量位移的执行装置。压电材料具有易于微型化、控制方便、低压驱动、对环境影响小以及无电磁干扰等很多优点。

压电双晶片是在金属片的两面粘贴两个极性相反的压电薄膜或薄片，由于压电体的逆压电效应，当单向电压加在其厚度方向时，压电双晶片中的一片收缩、一片伸长，从而引起压电双晶片的定向弯曲而产生微位移。

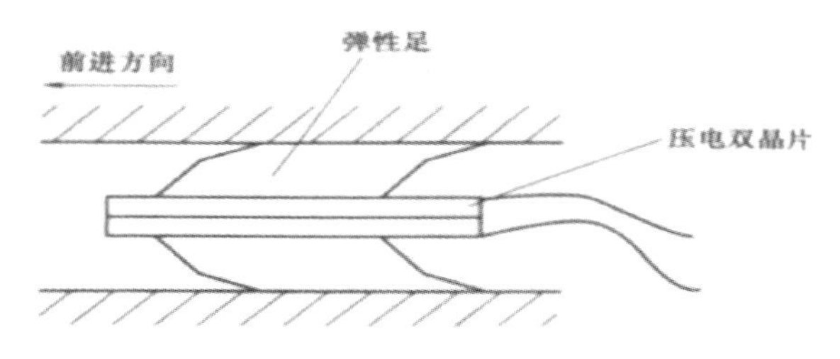

图 5-3 足式压电微执行器

图 5-3 所示是一种典型的应用于微型管道机器人的足式压电微执行器。它由一个压电双晶薄片及其上两侧分别贴置的两片类鳍型弹性体足构成。压电双晶片在电压信号作用下产生周期性的定向弯曲，将使弹性体与管道两侧接触处的动态摩擦力不同，从而推动执行器向前运动。

压电双晶片驱动器的优点是位移量比叠层式的驱动器位移量大。因此机器人的运动速度比较快，但受到双晶片尺寸的限制，直径一般在 20mm 以上，所以不适合在直径特别小的管道中运动。

二、形状记忆合金驱动器

形状记忆合金的定义及特点形状记忆合金是一种特殊的合金，一旦使它记忆了任何形状，即使产生变形，只要加热到某一适当温度，它就能恢复到变形前的形状。利用这种合金制造驱动器的技术即为形状记忆合金驱动技术。形状记忆合金有以下 3 个特点：

（1）变形量大。

（2）变位方向自由度大。

（3）变位可急剧发生。

因此，它具有位移较大、功率/重量比大、变位迅速、方向自由的特点；特别适用于小负载高速度、高精度的机器人装配作业、显微镜内样品移动装置、反应堆驱动装置、医用内窥镜、人工心脏、探测器、保护器等产品上。

形状记忆合金驱动器的特点：形状记忆合金驱动器除具有高的功率/重量比这一特点外，它还具有结构简单、无污染、无噪声、具有传感功能、便于控制等特点。

形状记忆合金驱动器的优点：

由于形状记忆合金是利用合金的相变(热弹性马氏体相变)来进行能量转换的，它可直接实现各种直线运动或曲线运动轨迹，而不需任何机械传动装置，因此，形状记忆合金驱动器可做成非常简单的形式。这对微型化来说无疑是非常有利的。另外，结构简单也有利于降低成本，提高系统的可靠性。

形状记忆合金驱动器在工作时不存在外摩擦，因此工作时无任何噪声，不会产生磨粒，没有任何污染。这对微型化也是非常有利的，因为在微观领域，一个小尘埃的作用可能会相当于宏观领域中的一块石头。

形状记忆合金驱动器一般采用电流来进行驱动，而导线可采用非常细的丝材，这种丝材不会妨碍微机器人的运动。因此，用形状记忆合金制作的驱动器便于实现独立控制。

形状记忆合金的电阻与其相变过程之间存在一定的对应关系，因此形状记忆合金的电阻值可用来确定驱动器的位移量及作用在驱动器上的力。也就是说，它具有传感功能。这一特点也使形状记忆合金驱动器的控制系统变得非常简单。

最适于制造微机器人驱动器的形状记忆合金是 TiNi 合金，TiNi 合金的电导率与 NiCr 合金几乎一样。因此，给形状记忆合金加热时所需的电源电压要比使用压电元件等所需的电源电压低得多，一般可以使用 5V 或 12V 这样的常用电源电压。这样就可使形状记忆合金加热用的电源与控制电路用的电源一致起来，以简化系统。

形状记忆合金驱动器的缺点：形状记忆合金驱动器在使用中主要存在两个问题，即效率较低、疲劳寿命较短。

形状记忆合金驱动器的效率从理论上来说，不能超过 10%。实际形状记忆合金驱动器的效率常低于 1%，但由于微机器人总的能量消耗很少，因此效率高低对微驱动器来说并无太大的影响。

形状记忆合金驱动器的疲劳寿命一般较短。其疲劳寿命除和所用材质有关外，还和工作应力范围有很大的关系。工作应力范围越大，疲劳寿命越短。例如，如果希望疲劳寿命大于 10 次，则工作应力范围必须小于 1%。

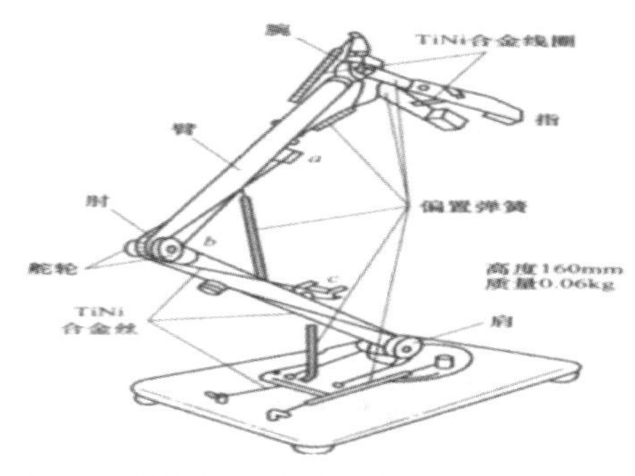

图 5-4 利用记忆合金制作的微型机械手

图 5-4 为具有相当于肩、肘、臂、腕、指 5 个自由度的微型机器人的结构示意图。手指和手腕靠 SMA(NiTi 合金)线圈的伸缩，肘和肩靠直线状 SMA 丝的伸缩，分别实现开闭和屈伸动作。每个元件由微型计算机控制，通过由脉冲宽度控制的电流调节位置和动作速度。由于 SMA 丝很细(0.2mm)，因而动作很快。

记忆合金在机器人上的另一应用是行走。它由两根记忆合金丝和相应的偏置弹簧组成，利用记忆合金的伸长与收缩而达到行走的目的。加热时，记忆合金伸长，使前爪向前伸出(后爪不能后退)，与此同时，重心移到前爪上；冷却时，记忆合金收缩，将后爪向前移动一步。这种装置像昆虫那样有 6 条腿，步行中能够 4 条腿着地，增加了稳定性。将合金的受热和冷却与计算机结合起来，可以精确地控制行走的步幅。

形状记忆合金的功能和生物手脚的筋的功能很相似。生物筋是含蛋白质的生物高分子纤维，它靠机械、化学反应来动作，通过体液的 pH 值进行收缩、膨胀来活动手脚。与此类似，形状记忆合金可以通过热机械反应作为人工筋应用。日本日立公司用形状记忆合金制作的机械手有 12 个自由度，动作形如人手，能仿真的取出一个鸡蛋。

现正在研制像尺蠖虫那样大小的机械昆虫和像人手一样灵巧的微型机械手，可做复杂的动作，因而可在医学上应用。

三、磁致伸缩驱动

铁磁材料和亚铁磁材料由于磁化状态的改变，其长度和体积都要发生微小的变化，这种现象称为磁致伸缩。研究发现，$TbFe_2$、$SmFe_2$、$DyFe_2$、$HoFe_2$、$TbDyFe_2$(铽铁、衫铁、镝铁、铁铁、铽镝铁)等稀土—铁系化合物不仅磁致伸缩值高，而且居里点高于室温，室温磁致伸缩值为 是传统磁致伸缩材料如铁、镍等的 10~100 倍，这类材料被称为稀土超磁致伸缩材料(Rear Earth Giant

Magnetostrictive Materials,缩写为 RE-GMSM)。这一研究结果已被用于制造具有微英寸量级位移能力的直线电机。为使这种驱动器工作，要将被磁性线圈覆盖的磁致伸缩小棒的两端固定在两个架子上。当磁场改变时，会导致小棒收缩或伸展，这样其中一个架子就会相对于另一个架子产生运动。图 5-5 为超磁致伸缩驱动器的结构简图。

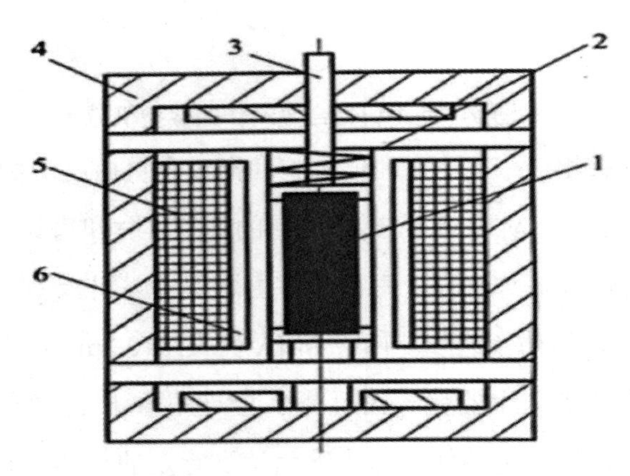

图 5-5 超磁致伸绪驱动器结构简图

1—超磁致伸缩材料出 2—预压弹簧:3—输出杆 4—压盖,5—激励线圈 6—铜管

四、超声波电动机

超声波电动机的定义和特点超声波电动机(Ultrasonic Motor, USM)是 20 世纪 80 年代中期发展起来的一种全新概念的新型驱动装置，它利用压电材料的逆压电效应，将电能转换为弹性体的超声振动，并将摩擦传动转换成运动体的回转或直线运动。该种电动机具有转速低、转矩大、结构紧凑、体积小、噪声小等优点，它与传统电磁式电动机最显著的差别是无磁且不受磁场的影响。

与传统电磁式电动机相比，超声波电动机具有以下特点：

（1）转矩/重量比大，结构简单、紧凑。

（2）低速大转矩，无需齿轮减速机构，可实现直接驱动。

（3）动作响应快(毫秒级)，控制性能好。

（4）断电自锁。

（5）不产生磁场，也不受外界磁场干扰。

（6）运行噪声小。

（7）摩擦损耗大,效率低,只有 10%~40%。

（8）输出功率小，目前实际应用的只有 10W 左右。

（9）寿命短,只有 1000~5000h,不适合连续工作。

超声波电动机的分类

（1）按自身形状和结构可分为圆盘或环形、棒状或杆状和平板形.

（2）按功能分可分为旋转型、直线移动型和球形。

（3）按动作方式分为行波型和驻波型。

图 5-6、图 5-7、图 5-8 分别为环形行波型 USM 的定子和转子图、环形 USM 装配图和行波型超声波电动机驱动电路框图。

超声波电动机通常由定子(振动体)和转子(移动体)两部分组成。但电动机中既没有线圈，也没有永磁体。其定子由弹性体和压电陶瓷构成，转子为一个金属板。定子和转子在压力作用下紧密接触，为了减少定子和转子之间相对运动产生的磨损，一般在两者之间(转子上面)加一层摩擦材料。

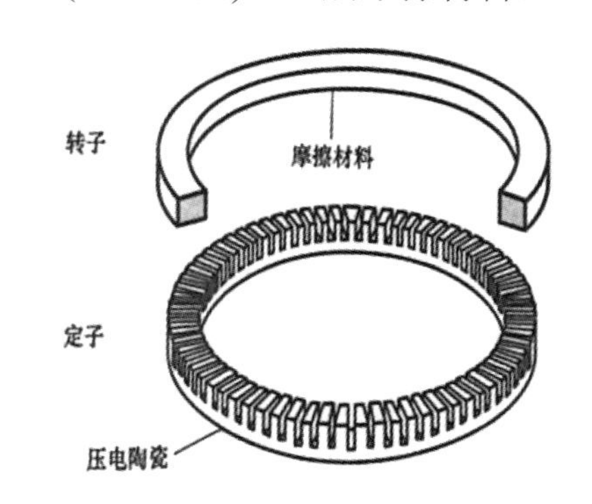

图 5-6 环形行波型 USM 的定子和转子

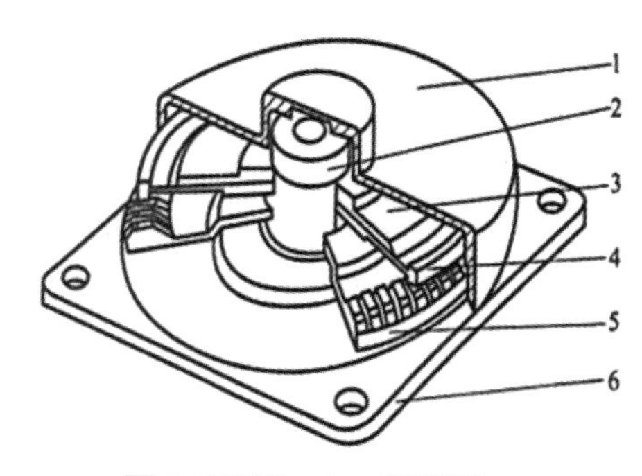

图 5-7 环形 USM 装配图

1-上盖:2-轴承:3-碟簧;4-转子:5-定子:6-下端盖

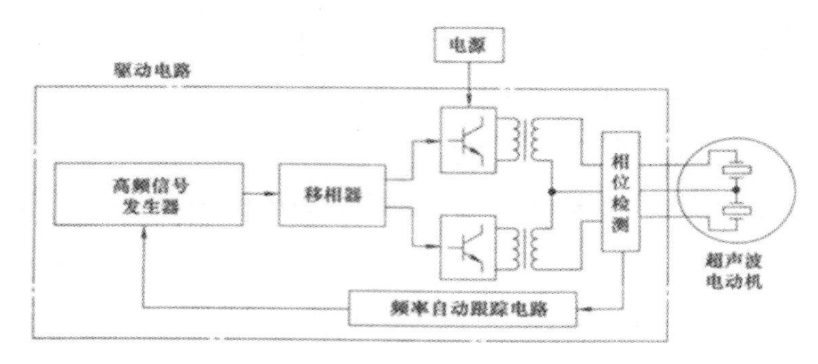

图 5-8 行波型超声波电机驱动电路框图

超声波电动机的基本原理：超声波驱动器即超声波电机是通过超声波使压电体振动，在定子表面产生行波，驱动与它接触的转子转动，从而得到力矩的电机。这种电机不需要减速机构就能够得到大的转矩，在电源关断的状态下也有保持力，响应速度快，能够进行高精度的速度控制和位置控制，无噪声，无磁场产生，体积小，重量轻。

对极化后的压电陶瓷元件施加一定的高频交变电压，压电陶瓷随着高频电压的幅值变化而膨胀或收缩，从而在定子弹性体内激发出超声波振动，这种振动传递给与定子紧密接触的摩擦材料，从而驱动转子旋转。

如图 5-9 所示，超声波电机是由与压电体连接的定子和与定子表面加压接触的转子构成的。如图 5-10 所示，施加与压电体相位不同的频率大于 20KHz 的交流电压，产生超声波的振动；与压电体连接的金属是弹性体，它随着超声波的振动而变形。这种变形是弹性体表面的起伏向一个方向连续地行进，使弹性体的表面形成行波。在弹性体表面形成的行波的各顶点与转子接触的同时按椭圆曲线运动。转子随着椭圆形的运动，向与定子表面产生的行波的反方向转动。

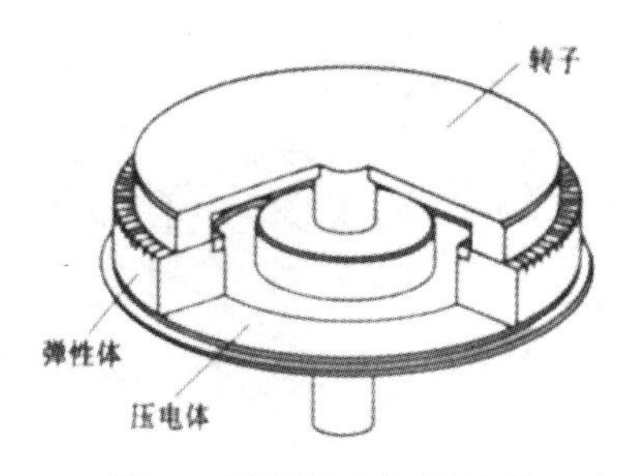

图 5-9 超声波电机的结构示意

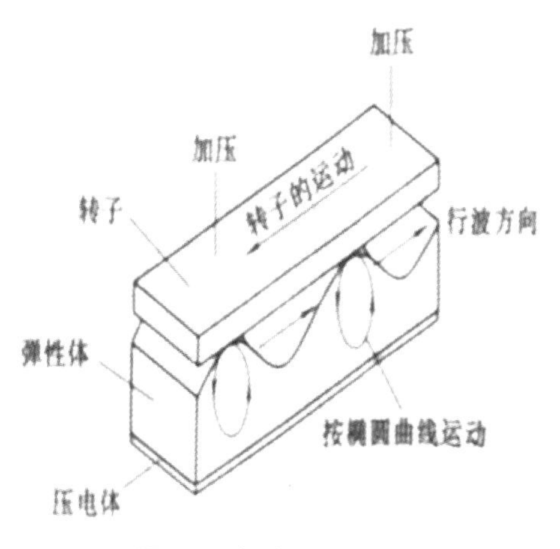

图 5-10 超声波电机的原理

五、静电驱动器

这种驱动器因为移动子中没有电极，所以不必确定与定子的相对位置，定子电极的间距可以非常小；因为驱动时会产生浮力，所以摩擦力小，在停止时由于存在着吸引力和摩擦力，因此可以获得比较大的保持力；因为构造简单，可以实现以薄膜为基础的大面积多层化结构，所以把这种驱动器作为实现模拟人工筋肉的一种方法，受到了人们的关注。

静电液压驱动技术是近几年兴起的一种基于静电液压原理的软体机器人驱动技术。其中最具代表意义的 HASEL 系列驱动器被证明具有动物肌肉般的特性，且具有高应变率（≈118%）、高应变速率（≈7500%/s）和高峰值功率密度（≈156 W/kg）。静电液压驱动器的主体部分通常是一个方/圆形柔性储液袋，一般由硅胶、聚乙烯（Polyethylene, PE）或双向拉伸聚丙烯（Biaxially Oriented Polypropylene, BOPP）等材料制成，内部注射装填了适量的植/矿物绝缘油并排出多余空气，外部两侧通常对称粘贴或印刷了形状相同的柔性电极。采用直流电源、高压模块和辅助控制电路生成数千至上万伏的高压波形为柔性电极输入电压。当通入高压电时，静电液压驱动器两侧的柔性电极之间会产生麦克斯韦力，从而吸引它们相互靠近并对内部的液体介质进行挤压，两侧的柔性电极之间的液体介质会朝着非电极覆盖区域流动，使得静电液压驱动器发生形变，以达到要求的驱动效果。利用这一特性，多种静电液压驱动器被开发出来并用于各种软体机器人领域。

2018 年，科罗拉多大学博尔德分校的 Acome 等首次提出了 HASEL 驱动器，选用聚二甲基硅氧烷（Polydimethylsiloxane, PDMS）硅胶作为储液袋材料，以植物变压器油作为液体介质，以离子导电聚丙烯酰胺（Polyacrylamide, PAM）水凝胶作为柔性电极。如图 5-11 所示为该 HASEL 驱动器原理。HASEL 驱动器内部填充的液体介质会在发生介质击穿后重新分布并返回绝缘状态，因此该驱动器具有击穿自愈合能力。HASEL 驱动器具有良好的应变率（＞50%），并可以通过叠加来增大变形幅度。基于此，一款用于抓取易碎物品的软体抓手被设计出来。该软体抓手被证明可以用于抓取、移动和放置易碎物品（如树莓、生鸡蛋等）。HASEL 驱动器类似于平板电容器的结构使其具有自感知能力，当 HASEL 驱动器发生变形时，内部的电容总量会发生变化。此 外，HASEL 驱动器具有明显高于 DEA 的面积应变率（46%），因而更加适合作为人工肌肉使用。基于此，一款具有自我感知能力的人工肌肉驱动机械手臂被设计出来。

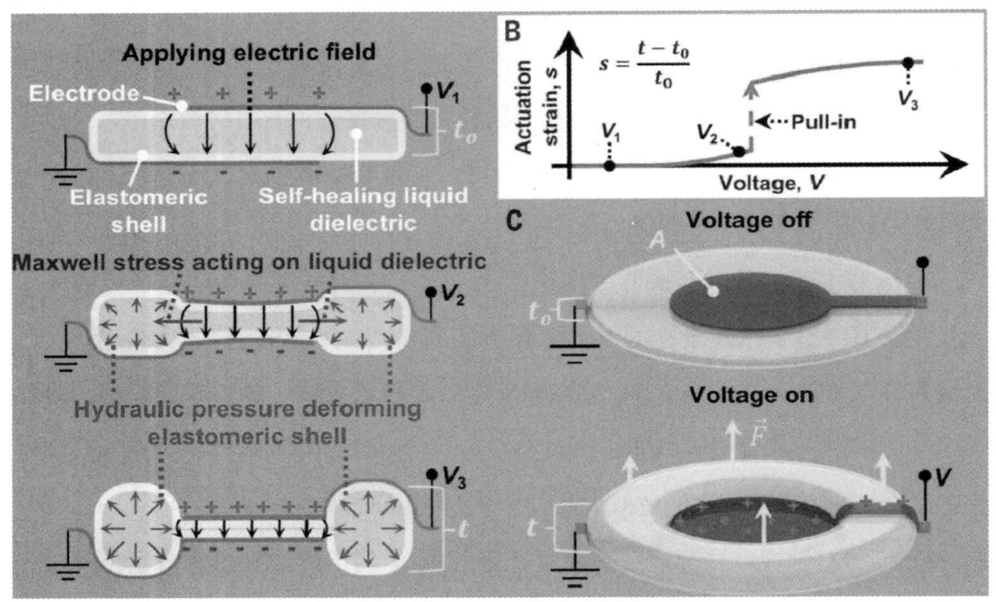

图 1.15 HASEL 驱动器原理

第 6 章 机器人本体控制技术

机器人底盘采取行星轮履带式，行星轮履带底盘主要由基架和主、从动系统等组成。履带轮的材料可以选用铝合金材料，这样可以减轻机器人自重，行星轮结构可有效完成攀爬和越障等各项任务。

6.1 机器人系统的运动机构

机器人的运动机构采取履带式行星轮机构，其承载能力大，垂直越障稳定性高，尤其适合在结构复杂的矿井中，履带式行星轮机构三维模型如图 6-1。

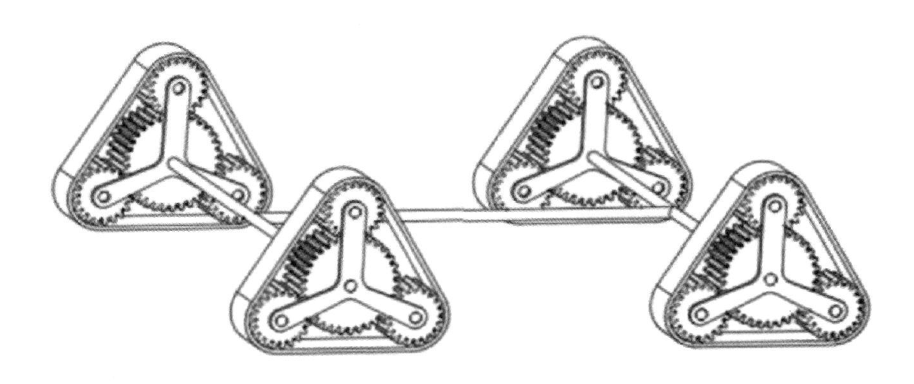

图 6-1 履带式行星轮机构三维模型

机械结构设计过程中，运动机构需充分利用结构的对称性和重复性原则，由于机器人 4 个轮子的结构尺寸相同，所以只需对煤矿救援机器人一侧的车轮进行分析即可，结合机器人在井下遇到台阶、陡坡等常见的障碍物，针对垂直高度为 550 mm 的障碍物，对其中一侧车轮进行运动理论分析。

行星轮机构中行星轮的圆心为 O_2、O_3、O_4，太阳轮的圆心为 O_1。煤矿救援机器人车轮重心到地面的距离 h 为：

$$h=(r1+r2)\cos(\theta/2)+r2 \quad (6\text{-}1)$$

式中：r_1为太阳轮的半径；r_2为行星轮的半径；θ 为行星架的夹角。

在越障过程中，机器人底盘的长度l为：

$$l=m^2\sqrt{m^2+n^2} \quad (6\text{-}2)$$

式中：m 为煤矿救援机器人前后太阳轮圆心的垂直距离，n 为煤矿救援机器人前后太阳轮圆心的水平距离。

煤矿救援机器人被动越障时，垂直障碍物与 O_3O_4 平行，在机器人越障时，需前轮 O_1 离地高度大于障碍物高度 H，即：

$$(r1+r2)\sin(\theta/2)+r2\geq H \tag{6-3}$$

为了防止煤矿救援机器人越障时前后轮发生碰撞，设计时应满足：

$$l\geq 2(r1+2r1) \tag{6-4}$$

当机器人越障时，前轮 O_1 离地高度 q 为：

$$q=(r1+r2)\sin(\theta/2)+r2 \tag{6-5}$$

煤矿救援机器人的长度 a 为：

$$a=1+2[r2+(r1+r2)\sin(\theta/2)] \tag{6-6}$$

根据煤矿救援机器人在井下的实际运行情况，宽度 b 为：

$$b=3a/4 \tag{6-7}$$

煤矿救援机器人的高度 c 为：

$$c=(r1+r2)\cos(\theta/2)+3r2+r1 \tag{6-8}$$

其中：r1=250 mm，θ = 120°，障碍物高度 H = 550mm，可得 r2 = 184 mm，当 m = H 时，由式（6-2）得 l = 1189mm，又根据式（6-4），故取 l = 1300mm，a = 2416mm，b = 1812mm，c=1019mm。

垂直越障原理简图如图 6-2。

机器人越障过程如下：煤矿救援机器人以图 6-2（a）状态在路面上运动并靠近障碍物，4 个车轮同时旋转且速度相同；煤矿救援机器人前轮碰到障碍物时（图 6-2（b）），行星轮以 O_4 为旋转中心逆时针旋转，准备被动越障；煤矿救援机器人前轮在越障过渡阶段，以前轮与障碍物的接触点为旋转中心（图 6-2（c））；煤矿救援机器人的前轮通过垂直障碍物（图 6-2（d））；煤矿救援机器人后轮垂直越障的初始阶段（图 6-2（e））；煤矿救援机器人后轮碰到障碍物，准备被动越障（图 6-2（f））；煤矿救援机器人后轮在越障过渡阶段（图 6-2（g））；煤矿救援机器人完成垂直越障（图 6-2（h））。在越障过程中，加大了履带与地面的接触面积，增强了煤矿救援机器人的稳定性，同时也使机器人具有较好的越障性能。

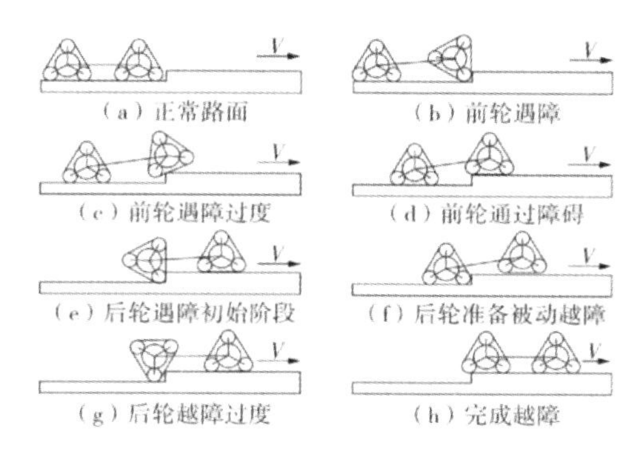

图 6-2 垂直越障原理简图

6.2 机器人控制系统

1.主控制系统

控制系统框架如图 6-3，主控制系统采用模块化多层次控制结构，主要由主控制子系统、检测装置控制子系统、驱动控制子系统、摄像头捕捉子系统等构成。当主控制系统发出控制信号后，子系统接收信号并独立对模块进行控制，子系统也将检测装置检测得到的信息和系统自身的信息传回主控系统，主控制系统与各子控制系统之间可以采用 5G 网络进行通信。

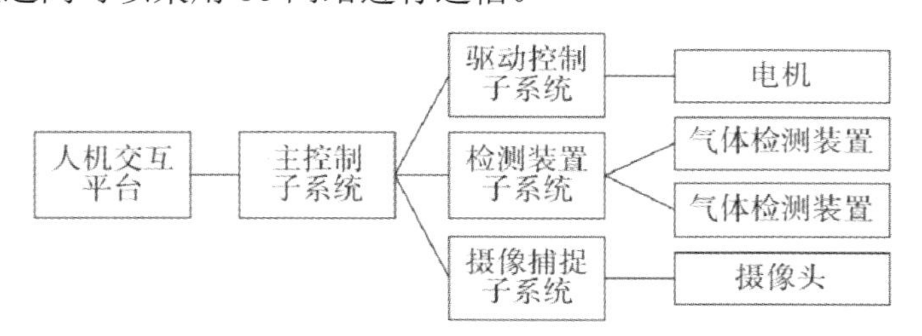

图 6-3 控制系统框架

2.机器人通信系统

基于 5G 技术控制的煤矿救援机器人的远程方案架构如图 6-4，包括机器人、5G 基站、边缘计算服务器、5G 通信终端、操控中心等相关控制设备。利用 5G 网络的大带宽、低时延特点，可将实时视频流和检测信息及时回传至操控中心，同时操控中心通过 5G 网络可向机器人控制系统发送控制指令，大大提高了机器人与控制中心之间的传输速率，实时监控井下环境，为救援人员提供准确的救援信息，提高救援效率。控制信号传输原理：根据机器人在现场采集并回传视频，救援人员在操控中心远程遥控，通过 5G 网络将控制信号发送给远端井下的机器人。

机器人上装有5G通信模块，通过5G网络接收远端操控中心的控制信号，再通过MU动作执行单元，将IP信号转换为机器人的现场总线信号，通过机器人现场总线控制机器人进行一系列动作。同时，传感器检测的信息将通过5G网络传输远端操控中心，操控中心收到井下信息后在大屏幕上进行显示，通过人机交互使救援行动更加快速、高效。

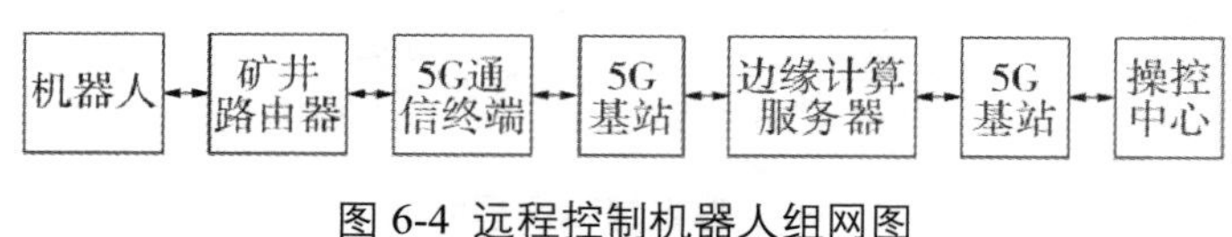

图6-4 远程控制机器人组网图

3. 5G 通信网络

控制系统需要建设2套NSA5G基站，机器人和远端控制中心的通信方式采用5G网络。为了降低通信信号传输的时间延迟，控制系统采用移动边缘计算MEC服务器，将核心网用户面（GW-U）下沉，机器人的通信信号将不用绕行至核心机房，直接在MEC进行发送，进而降低了传输过程中的时间延迟。无线网建设方案：在井下和远程操控中心各建设1套5G 基站，采用NSA组网和对接核心网；采用FDD1800锚点，锚点频率为1835~1840，5G采用3.5 GHz，BBU采用4G/5G共框模式，配置4G和5G射频模块，其中5G为天线和射频一体化模块AAU5613；4G采用1800MHz RRU5909，配套建设1副天线。

对于运动受限机器人来说，其控制问题要复杂的多。由于机器人与环境接触，这时不仅要控制机器人手端位置，还要控制手端作用于环境的力。也就是说，不仅要使机器人手端位置要达到期望值，还要使其作用于环境的力达到期望值。更广泛意义下的运动受限机器人还应包括多种机器人协同工作的情况。这时的控制还应该包括各机器人间的协调，负荷的分配以及所共同夹持的负载所受内力的控制等等复杂问题。

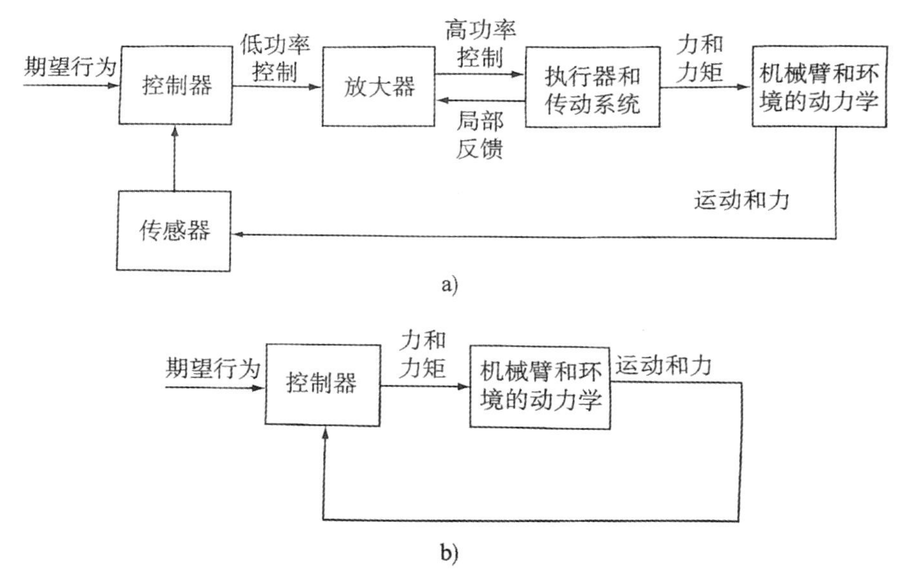

图 6-5 两种机器人控制系统

典型的机器人控制系统。内部控制回路用于帮助放大器和执行器实现所需的力或扭矩。例如，处于转矩控制模式的直流电机放大器，可以测量通过电机的实际电流，并且使用局部控制器将其与期望电流更好地匹配，这是因为电流与电机产生的转矩成正比，或者，电机控制器可以通过安装在电机减速箱输出端的应变仪来直接测量力矩，并通过反馈来实现局部力矩的闭环控制。图（6-5b)带有理想传感器和控制器模块的简化模型，该控制器可直接生成力和扭矩。该处假定图6-5a)部分中的放大器和执行器模块能够实现理想行为，图中未标出可在动力学模块之前注入的干扰力，或是动力学模块之后注入的干扰力或运动。

机器人的控制方法，根据控制量、控制算法的不同分为多种类型，下面分别针对不同的类型，介绍常用的机器人控制方法。

6.2.1 根据控制量分类

按照控制量所处空间的不同，机器人控制可以分为关节空间的控制和笛卡尔空间的控制。对于串联式多关节机器人，关节空间的控制是针对机器人各个关节的变量进行控制，笛卡尔空间控制是针对机器人末端的变量进行的控制。按照控制量的不同，机器人控制可以分为：位置控制、速度控制、加速度控制、力控制、力位混合控制等。这些控制可以是关节空间的控制，也可以是末端笛卡尔空间的控制。下面对关节空间和笛卡尔空间进行解释。

关节空间：对于一个具有 n 个自由度的操作臂来说，他的所有连杆位置可由一组 n 个关节变量来确定。这样的一组变量通常被称为n×1 的关节矢量。所有的关节矢量组成的空间称为关节空间。

笛卡尔空间：当位置实在空间相互正交的轴上的测量，且姿态是按照空间描述中任意一种规定测量的时候，称这个空间为笛卡尔空间，有时也称为任务空间或者操作空间，简单地理解成在空间直角坐标系。

根据控制量机器人控制可分为位置控制、速度控制、加速度控制、力控制、力位混合控制等。

移动机器人运动控制主要是指对机器人移动位置的控制，其运动控制结构图 6-6 如下所示：

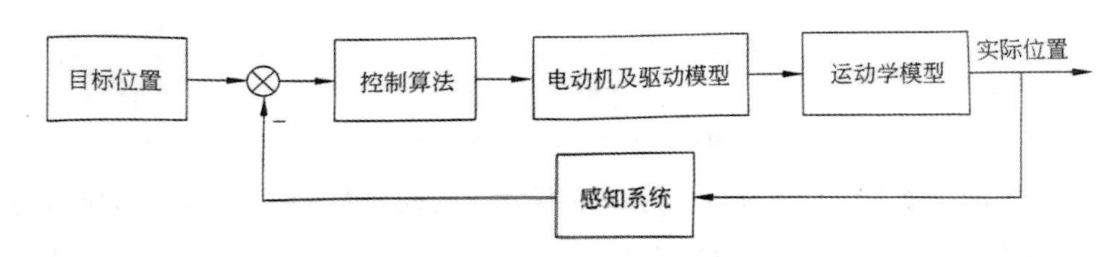

图 6-6 移动机器人运动控制结构图

移动机器人的运动控制策略可分为开环控制策略和闭环控制策略。开环控制策略是指用一个有界控制输入序列，让机器人从初始位姿到任意期望位姿。这种控制策略通常和机器人的运动规划紧密联系。但开环控制系统无检测装置，结构较为简单，控制精度相对低一些，无法准确控制系统的输出量；闭环控制策略则是反馈控制，相比于开环控制，闭环控制系统由于有检测装置，可对输出与期望输出的偏差进行估计，从而进行自动纠正，准确控制系统的输出量，控制精度高。在实际应用中，移动机器人的闭环控制系统更常用。

1.单关节的运动控制

（1） 前馈控制

给定期望的关节轨迹 $\theta_d(t)$，最简单的控制类型是选取指令速度$\dot{\theta}(t)$，使得

$$\dot{\theta}(t)=\dot{\theta}_d(t) \tag{6-9}$$

式中，来自期望轨迹。这称为前馈(feedforward)或开环控制器(open-loop controller)，这是因为不需要使用反馈（传感器数据）来实现它。

（2） 反馈控制

在实践中，根据前馈控制律，位置误差会随着时间而累积，另一种策略是：

连续测量每个关节的实际位置，并以反馈控制器(feedback controller)的形式来实现。

1)P 控制和一阶误差动力学

最简单的反馈控制器是

$$\dot{\theta}(\mathrm{t}) = K_p\big(\theta_d(t) - \theta(t)\big) = K_p\theta_e(t) \tag{6-10}$$

其中 K_p>0，该控制器称为比例控制器或 P 型控制器,因为它会产生一个与位置误差 $\theta_e(t) = \theta_d(t) - \theta(t)$ 成正比的校正控制。换言之，恒定的控制增益(control gain) K_p 的作用有点类似于一个虚拟弹簧，它试图将实际的关节位置拉到期望的关节位置处。

P 型控制器是线性控制器的一个例子，因为它产生的控制信号是误差 $\theta_e(t)$ 与时间导数和时间积分的线性组合。

对于 $\theta_d(t)$ 恒定的情况，即$\dot{\theta}_d(t)$=0，被称为设定点控制(setpoint control)。在设定点控制中，误差动力学为

$$\dot{\theta}_e(t) = \dot{\theta}_d(t) - \dot{\theta}(t) \tag{6-11}$$

在代入 P 型控制器$\dot{\theta}(t) = K_p\theta_e(t)$之后，误差动力学可以写为下列形式

$$\dot{\theta}_e(t) = -K_p\theta_e(t) \rightarrow \theta_e(t) + K_p\theta_e(t) = 0 \tag{6-12}$$

这是一个一阶误差动力学方程，其时间常数为 t=1/K_p。衰减的指数函数的误差响应如图所示；其稳态误差为零，没有超调，2%调节时间为 4/K_p； K_p越大意味着响应越快。

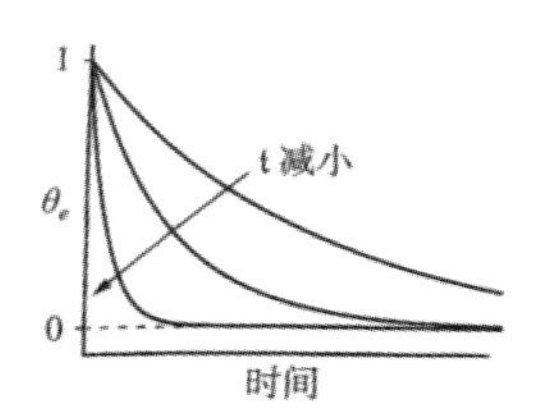

图 6-7 3 种不同时间常数下的一阶误差响应

现在考虑$\theta_d(t)$不是常数，但其导数$\dot{\theta}_d(t)$为常数这一情况，即$\dot{\theta}_d(t)$=c，那么在 P 型控制器作用下，误差动力学可以写为

$$\dot{\theta}(\mathrm{t}) = \dot{\theta}_d(t) - \dot{\theta}(t) = c - K_p\theta_e(t) \tag{6-13}$$

可将上式重写为

$$\dot{\theta}_e(t) = K_p\theta_e(t) = c \tag{6-14}$$

这是个一阶非齐次线性微分方程，其解为

$$\theta_e(t) = \frac{c}{K_p} + (\theta_c(0) - \frac{c}{K_p})e^{-K_p t} \tag{6-15}$$

当时间趋于无穷大时，该解会收敛到非零值 c/K_P

与设定点控制的情形不同，此时稳态误差 e_{ss} 非零；关节位置总是落后于运动参考。通过选择大的控制增益 K_P 可以使稳态误差 K_P 变小，但是 K_P 的大小却受到实际限制，一方面，真实的关节会有速度限制，这可能妨碍利用大的 K_P 值来实现较大的速度指令；另一方面，当通过离散时间基字控制器进行实现时，大的 K_P 值可能导致单个伺服周期内 Q 发生大的变化，这意味着伺服周期后期的控制动作对不再相关的传感数据仍有响应。

2）PI 控制和二阶误差动力学

对使用大增益 K_P 的一个替代方案是在控制律中引入另一术语，比例-积分控制器或 PI 控制器，其中添加一个与误差的时间积分成正比的项

$$\dot{\theta}(t) = K_p\theta_e(t) + K_i\int_0^t \theta_e(t)\mathrm{d}t \tag{6-16}$$

PI 控制器的框图如图 6-8 所示。

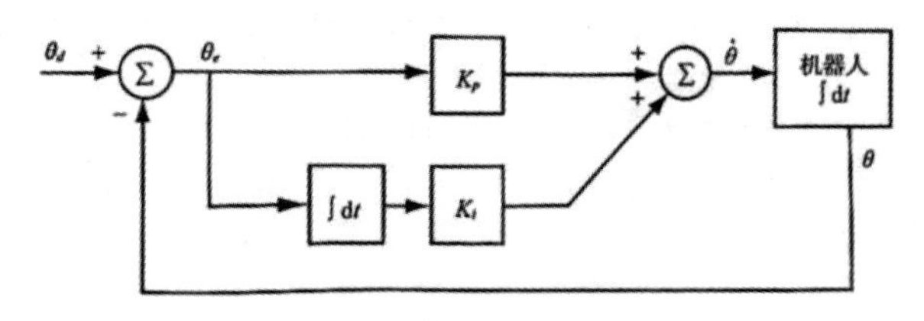

图 6-8 PI 控制器的框图

使用该控制器，恒定 $\dot{\theta}_d(t)$对应的误差动力学变为

$$\dot{\theta}_e(t) + K_p\theta_c(t) + K_i\int_0^t \theta_e(t)dt = c \tag{6-17}$$

将该动力学相对于时间取微分，得到

$$\ddot{\theta}_e(t) + K_p\dot{\theta}_e(t) + K_i\theta_e(t) = 0 \tag{6-18}$$

可以用标准的二阶形式来重写这个方程，其中，固有频率为 $\omega = \sqrt{K_i}$ ，阻尼为 $\zeta = K_P / 2\sqrt{K_i}$ 。

将方程中的 PI 控制器与如图 6-9 的质量-弹簧-阻尼相关联，增益 K_P 在质量-弹簧-阻尼系统中的作用相当于 b/m（较大的 K_P 意味着较大的阻尼常数 b，而增益 K_i 的作用相当于 k/m（较大的 K_i 表示较大的弹簧常数 k）。

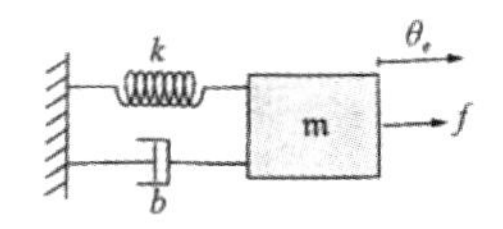

图 6-9 一个线性的质量-弹簧-阻尼系统

当且仅当 K_i>0 且 K_P>0 时，PI 控制的误差动力学方程是稳定的，特征根方程为

$$s_{1,2}=-\frac{K_p}{2}\pm\sqrt{\frac{K_p^2}{4}-K_i} \tag{6-19}$$

令 K_P=20，并 K_i 从零增长时在复平面中绘制这些根，如图 6-10 所示，该图或任何一个参数变化时根的分布图，称为根轨迹图（root locus）。

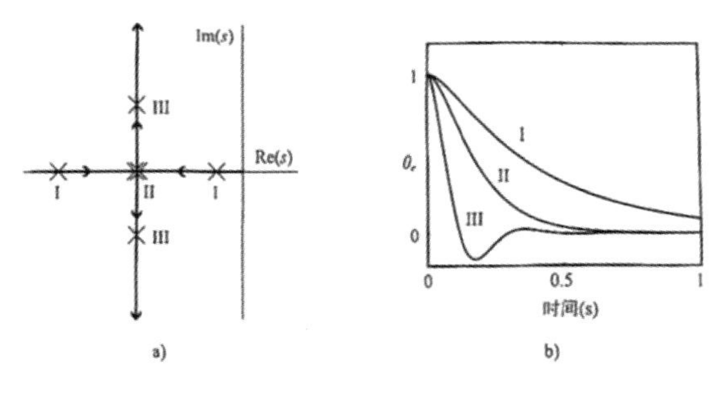

图 6-10 根轨迹图

a） PI 速度控制下关节误差动力学特征方程的复根，其中 K_P=20 保持固定不变，而 K_i 从零开始增大；该图称为根轨迹图；b）初始状态为 θ_e=1, θ_e=0 的误差响应，其中情况 I 为过阻尼（ζ=1.5, K_i=44.4）,情况 II 为临界阻尼（ζ=1, K_i=100）,情况 III 为欠阻尼 ζ=0.5, K_i=400）

对于 K_i=0 特征方程 $s^2+K_p s+K_i=s^2+20s=s(s+20)=0$ 所对应的特征根分别为 $s_1=0$ 和 $s_2=0$

当 K_i 增大时，根在 s 平面的实轴上相互靠近，如图 6.10 a)所示。由于这两个根是实数且不相等，误差动力学方程是过阻尼的（$\zeta=K_p/2\sqrt{K_i}>1$,情况 I）,并且由于指数响应的时间常数 t=-1/s_1 对应于“慢”根而使得误差响应缓慢。当 K_i 增加时，阻尼比减小，“慢”根向左移动（而“快”根向右移动），响应变快。当 K_i 增大到 100 时，两个根在 $s_{1,2}=-10=-\omega_n=K_p/2$ 处变为共轭负根（情况 II），误差响

应具有较短的 2%调节时间,为$4t=4/(\zeta\omega_n)=0.4s$,并且响应过程中不存在超调或振荡。随着$K_i$继续增长，阻尼比$\zeta$降到 1 以下，根从垂直方向离开实轴，在$s_{1,2}=-10\pm j\sqrt{K_i-100}$处变为共轭复根（情况$III$）。误差动力学是欠阻尼的，随着$K_i$的增加，响应开始出现超调和振荡。由于时间常数$t=1/(\zeta\omega_n)$保持不变，因此调节时间不受影响。

根据 PI 控制器的简单模型，总可以为临界阻尼$K_i=K_p^2/4$选择K_P和K_i并不受限制地增大K_P和K_i,从而生成任意快速的误差响应，然而，如上所述，在实际中存在限制，在这些实际限制范围内，应选择K_P和K_i用以产生临界阻尼。

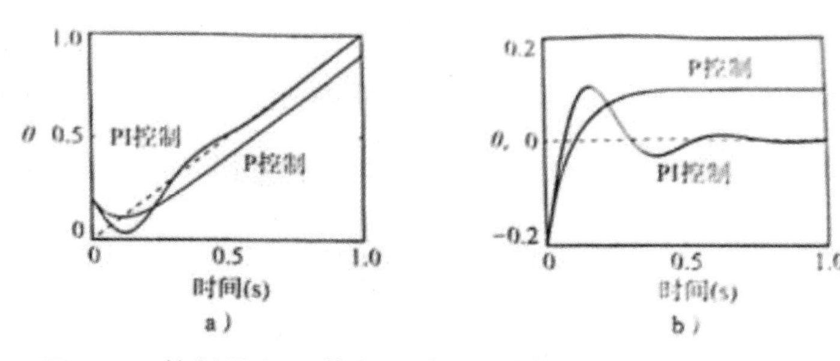

图 6-11 P 控制器和 PI 控制器试图跟踪恒速轨迹时的性能对比

图中给出了 P 控制器和 PI 控制器试图跟踪恒速轨迹时的性能对比。两种情况下，比例增益K_P相同，P 控制器的K_i=0。从响应形状来看，PI 控制器中的K_i似乎选的有点过大，使得系统处于欠阻尼状态。同样可以看出，PI 控制器的e_{ss}=0，但 P 控制器的$e_{ss}\neq 0$，这与上面的分析一致。

如果期望速度不是常数，则不能期望 PI 控制器能够完全消除稳态误差，然而，如果它变化缓慢，那么设计良好的 PI 控制器可以提供比 P 控制器更好的跟踪性能。

2.前馈加反馈控制

反馈控制的一个缺点是：在关节开始移动之前需要存在误差。在任何误差开始累积，之前，最好使用对期望轨迹$\theta_d(t)$的了解来开启运动，可以将前馈控制的优点（即使没有误差时也可以控制运动）和反馈控制的优点（可以限制误差的累积）结合起来，如下所示：

$$\dot{\theta}(t)=\dot{\theta}_d(t)+K_p\theta_e(t)+K_i\int_0^t\theta_e(t)dt \tag{6-20}$$

如图 6-12 所示，这个前馈-反馈控制器是优先选择的控制律，用于产生输送到关节的指令速度。

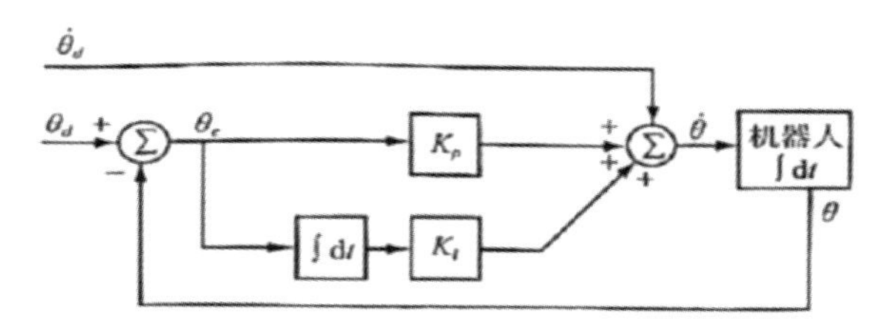

图 6-12 前馈加 PI 反馈控制的系统框图

6.2.2 根据控制算法分类

在这里主要列举两种控制算法：阻抗控制算法和导纳控制算法。

1.阻抗控制算法

在阻抗控制算法中，编码器、转速计、甚至可能包括加速度计，被用于估计关节和端点的位置、速度、甚至加速度，通常阻抗控制下的机器人并不在腕部配备力-力矩传感器，而是依靠它们精确控制关节扭矩的能力来呈现适当的末端行器力 $-f_{ext}$，一个好的控制律如：

$$\tau = J^{\mathrm{T}}(\theta)(\underbrace{\tilde{\Lambda}(\theta)\ddot{x} + \tilde{\eta}(\theta,\dot{x})}_{\text{机械臂动力学补偿}} - \underbrace{(M\ddot{x} + B\dot{x} + Kx)}_{f_{\text{ext}}}) \tag{6-21}$$

其中，使用坐标 x 来描述任务空间中的动力学模型，在末端执行器处添加力-力矩传感器的话，可以允许使用反馈项来更紧密地实现期望的相互作用 $-f_{ext}$。

在上述控制律中，假设可以直接测和 x ，对加速度的测量可能有噪声，并且有在感测到加速度后试图补偿机器人质量的问题。因此，消除质量补偿项并设定 $M=0$ 并不罕见，机械臂的质量对于使用者来说是显而易见的，但是阻抗控制下的机械臂通常被设计成是轻质的，假设较小的速度并用更简单的重力补偿模型来代替非线性动力学补偿也并不罕见。

当用该控制律来模拟刚性环境(大 K 情况)时会出现问题，一方面，通过编码器测量的位置的微小变化会导致电机转矩发生大的变化，这种有效的高增益，加上延迟、传感器量化和传感器误差，可能会产生振荡行为或不稳定，另一方面，在模拟低阻抗环境时，有效增益也较低，轻巧的可反向驱动的机械手擅长模拟这样的环境。

2.导纳控制算法

在导纳控制算法中，由腕部测力传感器来测量用户施加的力 f_{ext}，同时机器人以满足任务空间行为的末端执行器加速度进行响应。一种简单方法是根据下式来计算所需的末端执行器加速度$\ddot{x}_d$，即

$$M\ddot{x}_d + B\dot{x} + Kx = f_{ext} \tag{6-22}$$

其中$(x, \dot{x})$是当前状态。通过求解，得到

$$\ddot{x}_d = M^{-1}(f_{ext} - B\dot{x} - Kx) \tag{6-23}$$

对于由$\dot{x} = J(\theta)\dot{\theta}$定义的雅可比矩阵$J(\theta)$，所需的关节加速度 $\ddot{\theta}_d$可通过下式求解：

$$\ddot{\theta}_d = J(\theta)(\ddot{x}_d - \dot{J}(\theta)\dot{\theta}) \tag{6-24}$$

使用逆动力学计算关节力和力矩指令τ。当目标是仅模拟弹簧或阻尼时，可得到该控制律的简化版本，为了在面对嘈杂的力测量时使响应更平滑，可以对力读数进行低通滤波。

对于导纳控制的机器人来说，模拟小质量环境是一项挑战，这是因为此时小力会产生很大的加速度，大的有效增益会产生不稳定性，然而，具有高减速比的机器人在导纳控制下，在模拟刚性环境方面可以有出色的表现。

6.3 机器人位置控制

许多机器人的作业是控制机械手末端工具的位置和姿态，以实现点到点的控制(PTP 控制，如搬运、点焊机器人)或连续路径的控制(CP 控制，如弧焊、喷漆机器人)，因此实现机器人的位置控制是机器人的最基本的控制任务。

机器人位置控制有时也称位姿控制或轨迹控制。

6.3.1 基于直流伺服电动机的单关节控制器

随着现代科学技术的发展，PLC 已广泛地应用于工业控制微型计算机中。

目前，工业机器人关节主要是采用交流伺服系统进行控制，将技术成熟、编程方便、可靠性高、体积小的 SIEMENS S-200 可编程控制器，应用于可控环流可逆调系统，研制出机器人关节直流伺服系统，用以对工业机器人关节进行伺服控制。

1.工业机器人关节直流伺服系统

工业机器人关节是由直流伺服电机驱动，通过环流可逆调速系统控制电机的

正反转来达到对工业机器人关节的伺服控制的目的。

（1） 控制系统结构

系统采用 SIEMEN S7-200 型 PLC，外加 D / A 数模转换模块，将 PLC 数字信号变成模拟信号，通过 BT—I 变流调速系统(主要由转速调节器 ASR、电流调节器 ACR、环流调节器 ARR、正组触发器 GTD、反组触发器 GTS、电流反馈器 TCV 组成)驱动直流电机运转，驱动机器人关节按控制要求进行动作。系统结构如图 6-13 所示。

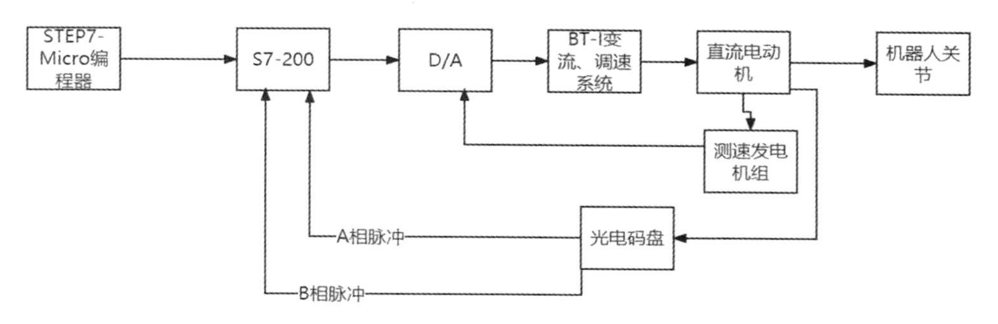

图 6-13 机器人关节直流伺服系统结构示意图

（2） 系统工作原理

系统原理如图 6-14 所示，可控环流可逆调速系统的主电路采用交叉联接方式，整流变压器的一个副边绕组接成 Y 型，另一个接成△型，2 个交流电源的相位错开 30°，其环流电压的频率为 12 倍工频，为了抑制交流环流，在 2 组可控整流桥之间接放了 2 只均衡电抗器，电枢回路中仍保留一只平波电抗器。

控制电路主要由转速调节器 ASR、电流调节器 ACR、环流调节器 ARR，正组触发器 GTD、反组触发器 GTS、电流反馈器 TCV 组成，其中 2 组触发器的同步信号分别取自与整流变压器相对应的同步变压器。

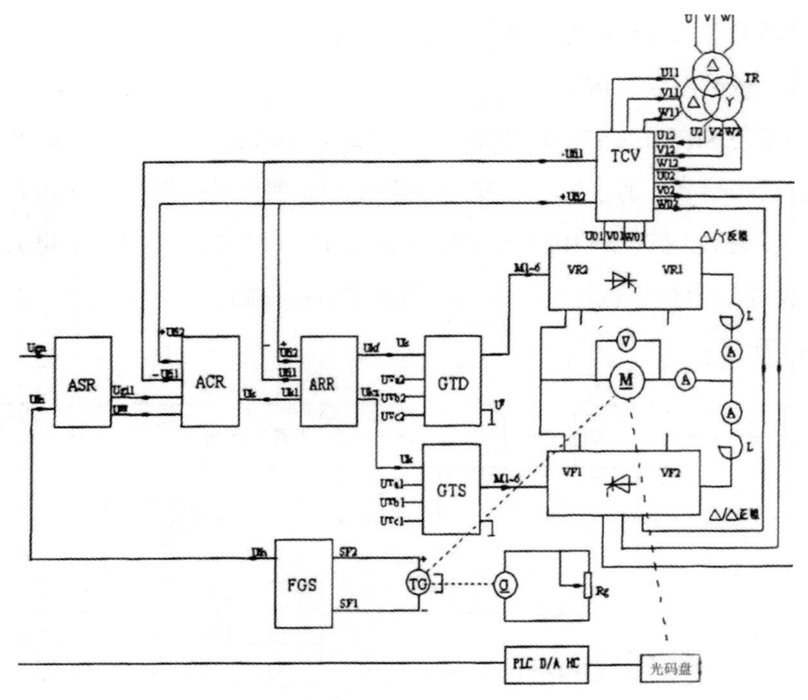

图 6-14 工业机器人关节直流伺服系统原理图

系统给定为零时，转速调节器 ASR、电流调节器 ACR 被零速封锁信号锁零，此时，系统主要由环流调节器 ARR 组成交叉反馈的恒流系统，由于环流给定的影响，2 组可控硅均处于整流状态，输出的电压大小相等、极性相反，直流电机电枢电压为零，电机停转，输出的电流流经 2 组可控硅形成环流，环流不宜过大，一般限制在电机额定电流的 5%左右，正向启动时，随着转速信号 U_{gn} 的增大，封锁信号解除，转速调节器 ASR 输正，电机正向运行。此时，正组电流反馈电压+U_{fi2} 反映电机电枢电流与环流电流之和；反组电流反馈电压-U_{ril} 反映了电枢电流，因此可以对主电流进行调节，而正组环流调节器输入端所加的环流给定信号-U_{gih} 和交叉电流反馈信号-U_{fil} 对这个调节过程影响极小，反组环流调节器的输入电压为$(+U_k)+(-U_{gih})+(U_{fi2})$，随着电枢电流的不断增大，当达到一定程度时，环流自动消失，反组可控硅进入待逆变状态，反向启动时情况相反。另外，可控环流可逆调速系统制动时仍然具有本桥逆变，反接制动和反馈制动等过程，由于启动过程也是环流逐渐减小的过程，因此，电机停转时，系统的环流达最大值，环流有助于系统越过切换死区，改善过渡特性。

（3）系统程序设计

程序设计方案为手动输入一个角度值，让电机转动，通过与电动机相联的光电码盘来检测电动机转的角度，将转动角度变成脉冲信号。由于电动机的转速非常快，所以只能把脉冲信号送往 PLC 的高速计数器，然后将计数器的脉冲记录与手输入的进行比较，如果两者相等说明电动机已经到达指定角度位置，否则继续进行修正，值得注意的是，由于电动机从转动突变到停止会有一定的惯性，因此在进行信号比较时应允许有一定的误差，不然电动机就会始终处在修正位置状态，系统程序框图如图 6-15 所示。

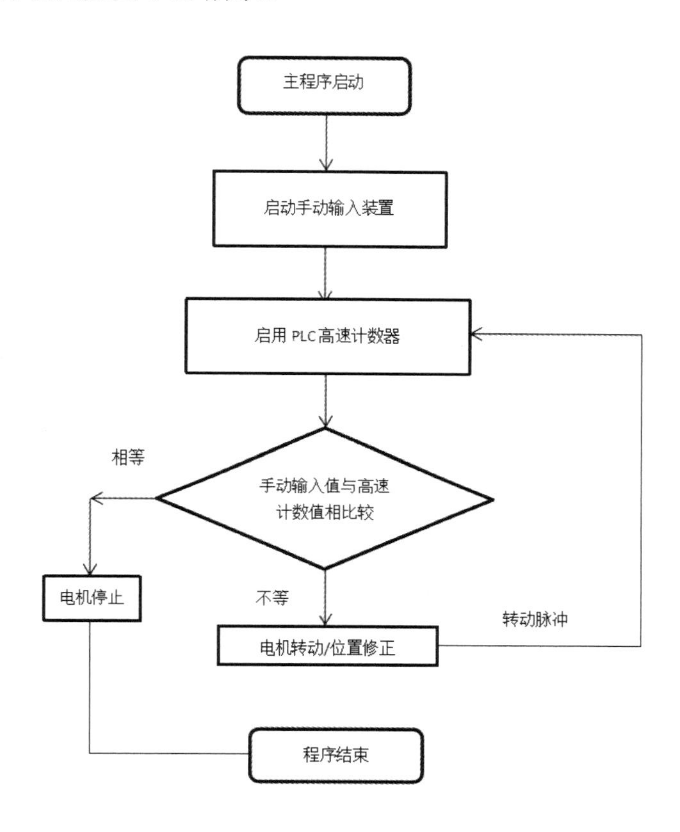

图 6-15 系统程序框图

基于 PLC 研制的直流伺服系统，利用 PLC 扩展能力强的特点，添装手动输放装置，实现工业机器人关节直流伺服系统的可视操作。其优点是：(1)无需改变电路结构，即可通过程序实现电机正反转的控制；(2)能够使电机不等待停止转动即可立刻反方向转动；(3)可令电机急停，避免电机惯性转动；(4)编程、维护方便。

6.3.2 基于交流伺服电动机的多关节控制器

经过几十年的发展，交流伺服技术日臻成熟，性能不断提升，已成为工业自动化领域的支撑性技术之一，广泛应用在数控机床、纺织机械、自动化流水线等领域。在这些领域中，通过控制伺服电机旋转来带动工作台移动的应用较为常见，本节介绍一种符合工业应用要求的单轴控制系统，系统主要由触摸屏、可编程控制器、伺服电机和配套伺服驱动器组成，其中触摸屏作为人机界面，可实现对系统的实时监控，操作方便。为保证主从 PLC 间的数据通信，系统加入了 Profibus-DP 协议，文中对系统的硬件选型、接口和程序设计做了较为详细的阐述，实验证明该系统符合设计要求，有较好的工程应用价值。

1.系统设计要求与硬件选型

在该系统中，滚珠丝杠、导轨和伺服电机组成传动装置，工作台由导轨支撑，安装在滚珠丝杠上，丝杠经联轴器与伺服电机转子相连接，实现将电机的旋转运动转为工作台的直线运动。系统工作过程中设有如下要求：设计工作台具有自动和点动两种工作模式，自动模式下，能通过触摸屏参数输入窗口设置工作台移动值，要求每单位输入对应工作台移动 1mm；点动模式下，可通过触摸屏或现场左右点动控制按钮，手动控制工作台移动。两种模式运行时，触摸屏端相应工作模式指示灯点亮，系统应设有紧急停止功能，以保证系统运行安全。

系统硬件部分选型如下：普通 PC；西门子 S7-300(CPU315-2DP)和 S7-200(CPU224 晶体管)PLC；西门子 TP177BcolorPN／DP5.7 英寸彩色液晶触摸屏；珠海运控 60BL3A20—30H 交流伺服电机；电机额定输出功率 200W；额定线电流 1.3A；额定线电压 119.8V；额定转矩 0.637Nm；额定转速 3000r/m，额定电压 220V，配 2500 线光学编码器，所带编码器直接安装在电机转子上；驱动器选用与伺服电机配套的珠海运控 PSDA0233A8 全数字交流伺服驱动器，该驱动器具有位置、速度、模拟调速等八种工作模式，驱动器内置电机专用数字处理器，以软件方式实现了电流环、速度环、位置环的闭环伺服控制，具备良好的鲁棒性和自适应能力，适应于各种需要快速响应的精密转速控制与定位控制的应用系统，同时，该驱动器具有电机过流、过压、欠压、过负载、编码器故障等完善的保护机制。

2 伺服控制部分硬件设计

在该系统中，S7-200PLC、伺服驱动器和伺服电机组成伺服控制部分，该节重点介绍 S7-200PLC 与驱动器的接线和驱动器参数设置。

（1）PLC 驱动器接线

PLC 和驱动器接口配线中，驱动器端用到了 JP1 和 JP2 两个端口。其中，JPI 端口用于连接编码器，通过此端口，编码器由双绞屏蔽线向驱动器发送脉冲反馈；JP2 是位置指令输入输出端口，该端口为 50PIN 高密接口，用于实现与 57-200PLC 的数据交换。57-200PLC 作为运动控制从站，其部分输入/输出口定义和与驱动器的连接管脚如表 6-1 所示，接口接收来自外部相应动作指令输入。由于 PLC 输出为 f24V 信号，因此脉冲和方向接线端子输出采用共阴极接法，系统以 Q0.2 作为方向控制信号接线端子，当置 0 时工作台前行(远离伺服电机)，置 1 时后退。

表 6-1 部分 57-200 接口定义和管脚连接

	功能定义		功能定义	接脚
I0.1	回参考点	Q0.0	脉冲信号	JP2_30 脚
I0.2	模式选择	Q0.2	方向信号	JP2_32 脚
I0.3	自动启动	Q0.3	伺服使能	JP2_36 脚
I0.4	停止	Q0.4	模式切换	JP2_34 脚
I0.5	手动左移	Q0.5	报警清除	JP2_37 脚
I0.6	手动右移	Q0.6	点动右行	JP2_7 脚
I0.7	报警清除	Q0.7	点动左行	JP2_8 脚

（2）驱动器参数设置

接线完成后需进行驱动器参数设置。按照设计要求，对应于系统所要求的两种工作模式和复位功能，驱动器应进行不同设置。其中，自动模式运行时，驱动器工作在位置模式下，电机据输入脉冲指令运转，带动丝杠工作；点动模式和回原点操作时，驱动器工作在速度模式下，电机据外部 IO 选择内部速度运转。为此，将伺服驱动器设定为混合控制控制模式，两种方式的切换由 PLC 输出口 Q0.4 决定(置 0 时位置模式，置 1 时速度模)。驱动器两种模式下，也需要进行相应的参数设置，以混合模式下的位控参数设置为例，驱动器输入脉冲指令类型选为脉冲+方向模；电机方向指令取反控制采用出厂值设置；速度与位置增益用于调整负载功率变化时伺服电机运行效果，在功率选型合理情况下，增益参数在出厂前已被调整至较合理值，这里暂不做更改。该例的参数设置如表 6-2 所示。

表 6-2 驱动器自动运行模式参数设置

参数号	设置值	功能定义
Pr51	3	混合控制模式
Pr5E	0	脉冲+方向指令类型
Pr5B	0	电机方向指令正常
Pr86	1	Y0 定位完成输出
Pr87	0	Y1 报警输出
Pr3A	0	定位完成脉冲宽度设定

3.人机界面设计

系统以西门子 TP177B 触摸屏作为人机界面，该触摸屏基于 Windows CE 操作系统，具有 2M 用户存储器，内部集成有 RS4221485，USB 和 PROFINET l 以太网接口，组态后，能方便灵活地设定控制参数，实现对运行状态的实时监控。

为实现触摸屏与主站 PLC 的数据通信，需要对触摸屏进行组态设计。系统利用 WinccFlexible2005 对触摸屏进行组态，触摸屏通过变量访问主站 PLC 相应的存储单元，MPI 网路适用于小范围、通讯数据量不大的应用场合，并且 57-300CPU 中带有 MPI 接口，因此本系统使用该通讯方式作为人机界面与主站 57-300 之间的通讯。

6.3.3 运动控制设计

系统工作中，不同控制模式的切换应在电机停止状态下进行，为保证系统运行安全，在自动与点动、电机正反转等动作间应加入互锁功能，运动控制程序在 57-200PLC 中编写，编程时对不同动作，如自动模式、点动模式和回参考点(复位)等动作，分别编写了相应子程序，由主程序 OB1 调用，子程序的启动由 57-200PLC 输入点或触摸屏辅助继电器信号进行选择。

1.自动模式

系统硬件连接中，编码器反馈脉冲接到驱动器，构成一个半闭环定位控制系统，当偏差滞留脉冲(PLC 输出脉冲与编码器反馈脉冲差值)小于参数设定值时，驱动器向 PLC 输出脉冲定位完成信号，同时 PLC 中定位完成标志 V18.2 置 1。自动程序设计中，首先要将触摸屏端的运行参数转为相应脉冲数，然后由 PLC 输出该数目的脉冲到伺服驱动器，S7-200PLC 集成有两路 20kHz 高速轴出口，自动模式下，系统利用 PLS 指令，从 Q0.0 口输出 PTO 脉冲。PTO 输出模式下对应控制字节单元为 SMB67，程序中向该寄存器中写入 16#85，对应功能为:选择 PTO 模式:允许脉冲输出；单段操作；微秒时段；发脉冲周期与个数异步更新。为避免扫描周期对脉冲发送过程产生影响，每次脉冲发送完后，系统产生一次中断，当需要系统紧急停止时，可通过向 SMB67 中写入控制字 16#CB 来停止脉冲输入，考虑到 S7-200 的脉冲发送频率限制，设计电机以 800r/m 速度运行，在驱动器电子齿轮比设置中，将输入脉冲倍频数设为 10，分频数设为 1，对应参数号分别为 Pr34 和 Pr35，伺服电机自带编码器经 4 倍频后，分辨率可达 10000P/R,电子齿轮比设置后，可实现驱动器每接收 1000 个脉冲电机旋转一周，PLC 脉冲发送频率低于最高值。

2.点动模式

点动模式下，系统选择驱动器工作在速度模式，电机按驱动器内部设定速度运行，运行点动模式时，为避免自动、点动间的信号影响，首先要通过驱动器 X3 输入点，进行驱动器混合模式切换，系统中只使用一个内部速度，即点动模式下，控制电机以单一速度运行，设计电机以 2000r/m 的速度运行，加减速时间设为 500ms，由参数号 Pr24 设置得到。

3.回参考点

伺服控制系统中，复位功能可一定程度上减小由系统惯性、脉冲丢失、丝杠与机械构件间的连接空隙等因素带来的运动控制偏差，本系统中，参考点设置在丝杠中间位置，复位功能由系统编程实现。参考点处设有接近开关，其两端分别设置机械传感器，位置反馈信号接到 S7-200 端，系统复位过程描述如下：当参考点两侧的机械传感器检测到工作台经过时，反馈信号由高电平跳变为低电平，PLC 内部置位，复位指令下达后，根据机械传感器信号，在 PLC 端进行电机转向判断，电机以回原点第一速度运行；碰到机械传感器下降沿时，电机改为第二速度慢速靠近参考点，碰到参考点接近开关时，电机停止，系统复位结束。

交流伺服系统以适应工业控制需求为出发点，融入了 PLC、触摸屏和总线通讯，有较好的工程使用价值。系统通过触摸屏进行调节控制，使操作简单；利用 PLC 直接对伺服电机进行位置和速度控制，省略了定位模块，节约了成本，搭建的系统满足设计要求，运行可靠，取得了满意的效果。

6.4 机器人的运动轨迹规划

对于生物来说，从一个地方移动到另一个地方是一件轻而易举的事情。然而，这样一个基本且简单的事情却是移动机器人面对的一个难题。路径规划是移动机器人的核心问题，它研究如何让移动机器人从起始位置无碰撞、安全地移动到目标位置。安全有效的移动机器人导航需要一种高效的路径规划算法，因为生成的路径质量对机器人的应用影响很大。

6.4.1 路径和轨迹

路径和轨迹在机器人学中是有区别的，路径：纯几何描述，就是必须跟随的点，轨迹：几何+时间，即必须跟随的点和在每一点的速度和加速度。

轨迹规划算法的输入是：路径描述，路径约束和动力学约束；输出是末端执行器的位置，速度和加速度的时间序列。

对机械手的控制行为是在关节空间完成，通过坐标变化到操作空间，所以规划要落地到关节空间。

简单来说，移动机器人导航需要解决如下三个问题：我在哪？我要去哪？我怎么去那？这三个问题分别对应移动机器人导航中的定位、构图和路径规划功能。定位用于确定移动机器人在环境中的位置，移动机器人在移动时需要一张环境的地图，用以确定移动机器人在目前运动环境中的方向和位置，地图可以是提前人为给定的，也可以是移动机器人在移动过程中自己逐步建立的，而路径规划就是在移动机器人事先知道目标相对位置的情况下，为机器人找到一条从起点移动到终点的合适路径，它在移动的同时还要避开环境中分散的障碍物，尽量减少路径长度。

在路径规划中主要有三个需要考虑的问题：效率、准确性和安全性。移动机器人应该在尽可能短的时间内消耗最少的能量，安全地避开障碍物找到目标，如图 6-16 所示，机器人可通过传感器感知自身和环境的信息，确定自身在地图中的当前位置及周围局部范围内的障碍物分布情况，在目标位置已知的情况下躲避障碍物，行进至目标位置。

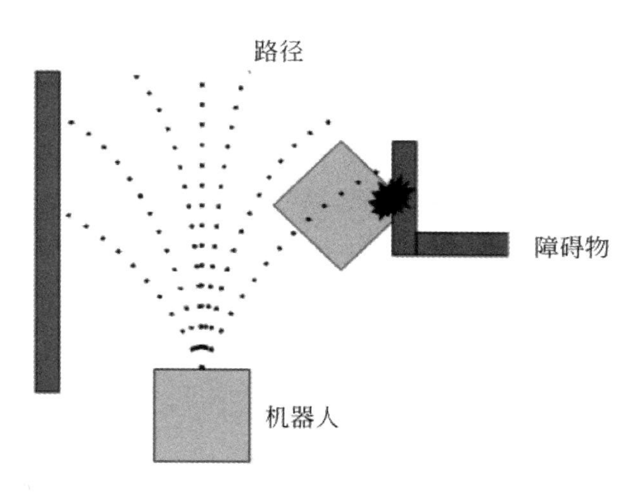

图 6-16 路径规划与运动示意图

根据移动机器人对环境的了解情况、环境性质以及使用的算法，可将路径规划分为基于环境的路径规划算法、基于地图知识的路径规划算法和基于完备性的路径规划算法，如图 6-17 所示。

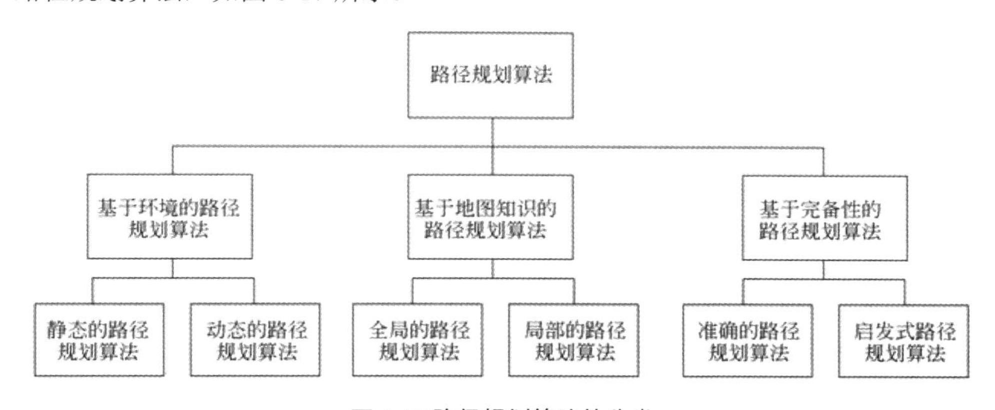

图 6-17 路径规划算法的分类

环境情况：移动机器人的环境可以分为静态环境和动态环境。在静态环境中，起点和目标位置是固定的，障碍物也不会随时间改变位置，在动态环境中，障碍物和目标的位置在搜索过程中可能会发生变化。通常，由于环境的不确定性，动态环境中的路径规划比静态环境中的路径规划更复杂，实际环境通常是未知变化的，路径规划算法需要适应环境未知的变化，例如突然出现的障碍物或者是目标在持续移动时，当障碍物和目标都在变化时，由于算法必须对目标和障碍物的移动实时做出响应，路径规划就更加困难了。

完备性：根据完备性，可将路径规划算法分为精确的算法和启发式算法。如果最优解存在或者证明不存在可行解，那么精确的算法可以找到一个最优的解决方案。而启发式算法能在较短的时间内寻找高质量的解决方案。

地图知识：移动机器人路径规划基本上是依靠现有的地图作为参考，确定初始位置和目标位置以及它们之间的联系，地图的信息量对路径规划算法的设计起着重要的作用，根据对环境的了解情况，路径规划可以分为全局路径规划和局部路径规划，其中全局路径规划需要知道关于环境的所有信息，根据环境地图进行全局的路径规划，并产生一系列关键点作为子目标点下达给局部路径规划系统。在局部路径规划中，移动机器人缺乏环境的先验知识，在搜索过程中，必须实时感知障碍物的位置，构建局部环境的估计地图，并获得通往目标位置的合适路径。全局路径规划与局部路径规划的区别见表 6-3。

表 6-3 全局路径规划与局部路径规划的区别

全局路径规划	局部路径规划
基于地图的	基于传感器的
协商式导航	交互式导航
反应相对较慢	反应迅速
工作环境已知	工作环境未知
在移动到目标位置之前已有可行路径	向目标移动过程中生成可行路径
离线完成	在线实时完成

移动机器人导航通过路径规划使其可以到达目标点，导航规划层可以分为全局路径规划层、局部路径规划层、行为执行层等。

（1）全局路径规划层：依据给定的目标，接受权值地图信息生成全局权值地图，规划出从起点到目标位置的全局路径，作为局部路径规划的参考。

（2）局部路径规划层：作为导航系统的局部规划部分，接受权值地图生成的局部权值地图信息，依据附近的障碍物信息进行局部路径规划。

（3）行为执行层。结合上层发送的指令以及路径规划，给出移动机器人的当前行为。

作为移动机器人研究的一个重点领域，移动机器人路径规划算法的优劣很大程度上决定了机器人的工作效率，随着机器人路径规划研究的不断深入，路径规划算法也越来越成熟，并且朝着下面的趋势不断发展：

（1） 从单一机器人移动路径规划算法向多种算法相结合的方向发展。目前的路径规划方法每一种都有其优缺点，研究新算法的同时可以考虑将两种或两种以上算法结合起来，取长补短，克服缺点，使优势更加明显，效率更高。

（2） 从单机器人路径规划到多机器人协调路径规划发展。随着机器人（特别是移动机器人）越来越多地投入到各个行业中，路径规划不再仅局限于一台移动机器人，而是多个移动机器人的协调运作。多个机器人信息资源共享，对于路径规划方面是一大进步。如何更好地处理多个移动机器人的路径规划问题需要研究者重点研究。

1.**全局路径规划**

全局路径规划是指机器人在障碍环境下按照一种或多种性能指标（如最短路径等），寻找一条起点到终点的最优无碰撞路径。全局规划首先要建立环境模型，在环境模型里进行路径规划。环境建模是指对机器人实际的工作环境进行抽象转换，换成算法可识别的空间，如可根据构型空间理论，考虑安全阈值后，取机器人能自由活动的最小矩形空间作为栅格单元，将机器人的工作空间划分为栅格。如此，便可根据机器人及实验场地大小选择合适的栅格尺寸。栅格法是移动机器人全局路径规划中公认最成熟、安全系数最高的算法，但此方法受限于传感器，且需要大量运算资源。除栅格法外，还有构型空间法、拓扑法、Dijkstra 算法、A*算法等。下面着重介绍 Dijkstra 算法。

（1）Dijkstra 算法

Dijkstra 算法由荷兰计算机科学家 E.W.Dijkstra 于 1956 年提出。Dijkstra 算法使用宽度优先搜索解决带权有向图的最短路径问题。它是非常典型的最短路径算法，因此可用于求移动机器人行进路线中的一个节点到其他所有节点的最短路径。Dijkstra 算法会以起始点为中心向外扩展，扩展到最终目标点为止，通过节点和权值边的关系构成整个路径网络图。该算法存在很多变体，最原始的 Dijkstra 算法是用于找到两个顶点之间的最短路径，但现在多用于固定一个起始顶点之后，找到该源节点到图中其他所有节点的最短路径，产生一个最短路径树。除移动机器人路径规划外，该算法还常用于路由算法或者其他图搜索算法的一个子模块。

（2）轨迹

轨迹规划（Trajectory Planning）包括两个方面：对于移动机器人（mobile robot）偏向于指移动的路径轨迹规划（path planning），如机器人是在有地图条件或是没有地图的条件下，按什么样的路径轨迹来行走；对于工业机器人/操作臂（Manipulator）则意指两个方向：机械臂末端行走的曲线轨迹，或是操作臂在运动过程中的位移、速度和加速度的曲线轮廓。

操作臂最常用的轨迹规划方法有两种：第一种是要求对于选定的轨迹结点（插值点）上的位姿、速度和加速度给出一组显式约束（例如连续性和光滑程度等），轨迹规划器从一类函数（例如 n 次多项式）选取参数化轨迹，对结点进行插值，并满足约束条件。第二种方法要求给出运动路径的解析式。

一般来讲，移动机器人有三个自由度（X，Y，θ），机械臂有 6 个自由度（3 个位置自由度和 3 个姿态自由度）。

运动规划（Motion Planning）由路径规划和轨迹规划组成，连接起点位置和终点位置的序列点或曲线称之为路径，构成路径的策略称之为路径规划。路径是机器人位姿的一定序列，而不考虑机器人位姿参数随时间变化的因素。路径规划（一般指位置规划）是找到一系列要经过的路径点，路径点是空间中的位置或关节角度，而轨迹规划是赋予路径时间信息，对机器人执行任务时的速度与加速度进行规划，以满足光滑性和速度可控性等要求。

运动规划是在给定的路径端点之间插入用于控制的中间点序列从而实现沿给定轨迹的平稳运动。运动控制则是主要解决如何控制目标系统准确跟踪指令轨迹的问题。即对于给定的指令轨迹，选择适合的控制算法和参数，产生输出，控制目标实时、准确地跟踪给定的指令轨迹。

6.4.2 轨迹规划及控制过程

机械手操作臂在工作过程中位移、速度和加速度等参数被称之为做轨迹。通常将一种问题求解技术称为规划，具体方法为将某个特定问题的初始状态作为出发点，经过一系列步骤(或算子)来解决问题。

轨迹规划是机械手设计研发的至关重要的一环。它是机械手系统工作的依据，对系统的工作方式和工作效率起决定性的作用。机械手要在运动范围完成预设的任务，需要通过给定的起始位置和终点位置，运用运动学原理求解出各关节相应的旋转角，并控制伺服电机驱动各关节进行旋转和运动，使其末端执行器到达终点位置完成操作者需要执行的动作。

轨迹规划要求机械手接收简单的任务指令，沿着详细的运动轨迹完成动作描述。具体的规划过程如图 6-18 中所示。

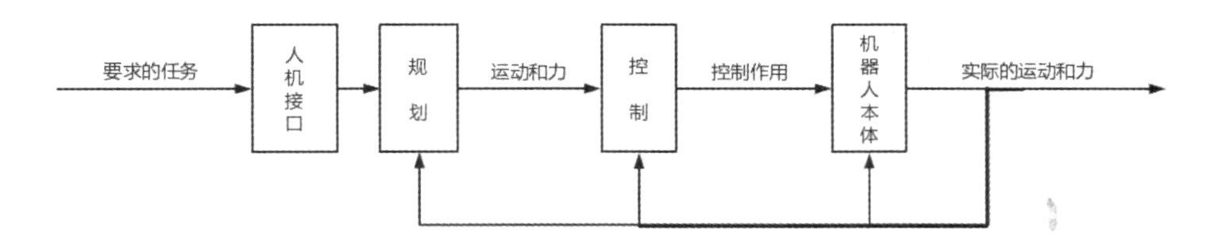

图 6-18 机械手的工作原理

机械手运动学以及动力学是研究轨迹规划问题的基础。一般以工具坐标系{T}相对于工作坐标系{S}的运动来讨论机械手的运动。此时，随着时间的变换，工作坐标系{S}的位姿随之改变。这种情况通常适用于移动工作台及不同的机械手，同时也适用于同机械手上安装的不同执行器。

轨迹规划可以分别在在关节空间与笛卡尔空间中进行。轨迹函数都必须保证机械手在运动过程中连续、平滑，使关节运动稳定并且不能超出关节预设的工作范围之外。如果关节运行不平稳将导致机械部件的磨损加剧，并产生震动和冲击，对机械零件造成损伤且不能保证位置精度。因此描述机械手运动轨迹函数表达式必须连续，并保证该函数的一阶求导函数(速度)甚至二阶求导函数(加速度)也连续，不允许出现位置突变。

1.轨迹规划方式

（1）关节空间轨迹规划

关节空间中进行轨迹规划采用的方法是对机械手预设路径通过矢量函数及其一阶、二阶导数进行描述，该矢量函数为时间表示的机械手关节变量。在规划过程中，首先利用变换方程依次求解出机械手所有的结点$P_0, P_1, P_2, ..., P_n$对应的变换矩阵，并通过运动学逆解求出相应的关节矢量$q_0, q_1, q_2, ..., q_n$，然后进行插值计算得出在关节变量不同路径段的失函数序列$\{q(t), g(t), q(t)\}$。

在关节空间规划有三个优点：

1)可直接用运动时的受控变量规划轨迹；

2)规划方式实时性较强；

3)关节轨迹相对比较容易规划。

缺点:不能对运动中机械手构件进行定位。

（2）笛卡尔坐标空间轨迹规划

在笛卡尔坐标空间中轨迹规划时，首先用位置矢量和旋转矩阵表示所有相应的机械手结点:$P_0, P_1, P_2, ..., P_n$和$R_0, R_1, R_2, ..., R_n$，其次在所有路径段插值计算想对的位置矢量和旋转矩，依次得出笛卡尔坐标空间中的轨迹序列{x(t),x(t),x(t)}，通过求解运动学逆问题得到相应关节位置参数。

笛卡尔坐标空间规划的优点：

1)在笛卡尔坐标空间规划的轨迹比较直观，实际运动路径准确度高；

2)某些工作任务本身对在笛卡尔坐标空间中的轨迹有要求，必须首先在笛卡尔坐标空间规划。

笛卡尔坐标空间规划的缺点：

1)计算量远远大于关节空间法，控制时间间隔较长；

2)不能保证除预定的路径点外轨迹上其他的点都在机械手的运动空间，而关节空间轨迹规划可以；

3)轨迹路径有可能接近或通过操作空间的盲点。

6.4.3 机器人轨迹插值计算

1.线性插值（一阶，恒定速度）

线性插值，顾名思义，就是使用线性的方法来进行插值。即将给定的数据点依次用线段连起来，点与点之间运动的速度是恒定值。假设用q(t)来表示插值以后的曲线，则用数学的方式来表示线性插值就是：

$$q(t)=a_0+a_1(t-t_0) \tag{6-25}$$

其中，a_0,a_1 是待确定的常量参。t_0 表示初始时刻，a_0 表示初始时刻的位置，a_1 表示斜率，也就是速度，这里为常量。因此，给定下一个时刻 t_1 处的位置 $q(t_1)$，就有：

$$q(t_0)=q_0=a_0$$

$$q(t_1)=q_1=a_0+a_1(t_1-t_0) \tag{6-26}$$

可以计算得到两个常量参数：

$$a_0=q_0$$

$$a_1=(q_1-q_0)/(t_1-t_0) \tag{6-27}$$

曲线的速度为：

$$\dot{q}(t)=a_1 \tag{6-28}$$

线性插值的实验结果为：

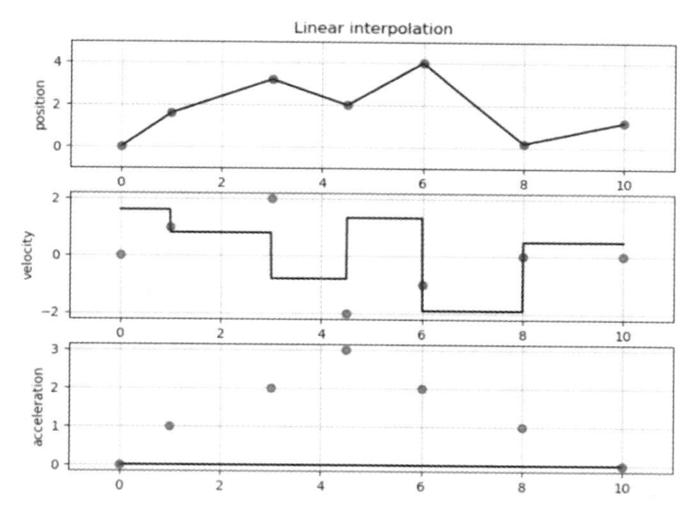

图 6-19 实验结果图（红圈内为给定的中间点值，黑色实线为插值的结果）

从图中可以明显地看到，线性插值带来的最大问题就是在各个数据点交接处会出现一个急剧的“拐弯”，在这个拐弯处其速度不连续，因此对于运动控制来说，在这里会有一个速度的阶跃。例如，对于电机来说，这里会导致控制电流急剧变化，使得电机的输出不稳定，从而引发“抖动”问题，严重者还会损坏机构本身。因此，线性插值本身的问题导致其在控制领域应用范围受限。

2.抛物线插值（二阶，恒定加速度）

抛物线差值（Parabolic Spline）是二阶多项式插值方法。与线性插值法将各个数据点用线段连起来不同，抛物线插值方法是用二次曲线将各个数据点连接起来，在连接处使用平滑的曲线来过渡，而避免速度不连续导致的“急剧拐弯”。抛物线差值的特征是具有恒定的加速度/减速度，一般是由两个多项式的组合来得到。为什么是两个多项式呢？因为一个用于“加速阶段”，一个用于“减速阶段”。“加速阶段”和“减速阶段”的分割点叫 Flex Point。

考虑 2 个数据点之间插值的情况。假设初始时刻是 0，在 Flex Point 处对应的时刻是 t_f，最终时刻为 t_1。

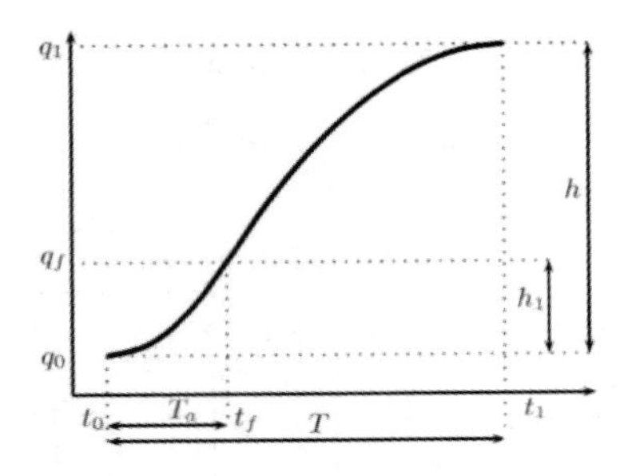

图 6-20 Flex Point 插值例图

先来看一个特殊情况，Flex Point 的位置是起点和终点的中间位置，即 $t_f=(t_0+t_1)/2$，$q_f=(q_0+q_1)/2$。符号定义如下：

$$h=q_q-q_0,T=t_1-t_0,T_a=(t_f-t_0)/2,q_f-q_0=h/2 \tag{6-29}$$

（1）加速阶段

对于加速阶段，其数学表达式为：

$$q_a(t)=a_0+a_1(t-t_0)+a_2(t-t_0)^2,t\in[t_0,t_f] \tag{6-30}$$

其中，a_0,a_1,a_2 是待确定的常量参数，当给定 $q_0=q_a(t_0)$和 $q_f=q_a(t_f)$以及初始时刻的速度 v_0 以后，有如下关系：

$$\begin{gathered} q_a(t_0)=q_0=a_0 \\ q_a(t_f)=q_f=a_0+a_1(t_f-t_0)+a_2(t_f-t_0)^2 \\ {}_a(t_0)=v_0=a_1 \end{gathered} \tag{6-31}$$

因此，常量参数可以计算为：

$$a_0=q_0,a_1=v_0,a_2=2(h-v_0T)/T^2 \tag{6-32}$$

这样，可以计算得到当 $t\in[t_0,t_f]$时，插值曲线为：

$$\begin{gathered} q_a(t)=q_0+v_0(t-t_0)+2(h-v_0T)(t-t_0)^2/T^2 \\ (t)=v_0+4(h-v_0T)(t-t_0)/T^2 \\ (t)=4(h-v_0T)/T^2 \end{gathered} \tag{6-33}$$

在 Flex Point 的速度可以这样计算：

$$V_{max}=(t_f)=2h/T-v_0 \tag{6-34}$$

可能注意到了，与线性插值不同的是，除了指定初始时刻的位置，还需要给定初始时刻的速度 v_0。

在 Flex Point 处，由加速阶段进入减速阶段，因此此时加速度的符号是会反转的，会导致加速度不连续。

（2）减速阶段

对于减速阶段，其数学表达式为：

$$q_b(t)=a_3+a_4(t-t_f)+a_5(t-t_f)^2 \qquad t\in[t_f,t_1]$$

（6-35）

其中 a_3，a_4，a_5 为待定的常量参数。如果给定最终时刻的速度 v_1，则有如下关系：

$$q_b(t_f)=q_f=a_3$$

$$q_b(t_1)=q_1=a_3+a_4(t_1-t_f)+a_5(t_1-t_f)^2$$

$$(t_1)=v_1=a_4+2a_5(t_1-t_f)$$

（6-36）

因此，可以计算得到：

$$a_3=q_f=(q_2+q_1)/2，a_4=2h/T-v_1，a_5=2(v_1T-h)/T^2$$

这样，当 $t\in[t_0,t_f]$时，插值曲线为：

$$q_b(t)=q_f+(2h/T-v_1)(t-t_f)+2(v_1T-h)(t-t_f)^2/T^2$$

$$(t)=2h/T-v_1+4(v_1T-h)(t-t_f)/T^2$$

$$(t)=4(v_1T-h)/T^2$$

（6-37）

这里值得注意的是，如果 $v_0\neq v_1$，那么在 $t=t_f$ 处（flex point），速度曲线是不连续的。

如果在 $t=t_f$ 处，q_f 不处于起点和终点的中间位置，即不满足 $q_f=(q_0+q_1)/2$，那么，为了保证速度曲线的连续，即$(t_f)=(t_f)$，有以下关系：

$$q_a(t_0)=a_0=q_0$$

$$q_a(t_0)=a_1=v_0$$

$$q_b(t_1)=a_2+a_4T/2+a_5(T/2)^2=q_1$$

$$q_b(t_1)=a_4+2a_5T/2=v_1$$

$$q_a(t_f)=a_0+a_1T/2+a_2(T/2)^2=a_3=q_b(t_f)$$

$$(t_f)=a_1+2a_2T/2=a_4=(t_f)$$

（6-38）

其中，$T/2=t_f-t_0=t_1-t_f$，则联立多项式可以得到：

$$a_0=q_0$$

$$a_1=v_0$$

$$a_2=4h-T(3v_0+v_1)/2T^2$$

$$a_3=(4(q_0+q_1)+T(v_0-v_1))/8$$

$$a_4=(4h-T(v_0+v_1))/2T$$

$$a_5=(-4h+T(v_0+3v_1))/2T^2$$

（6-39）

从图中可以看到，插值的结果中，加速度并不恒定，在 $t=t_f$ 时刻，加速度存在一个阶跃，但加速度和减速度的绝对值是一样的，因此，这种情况属于加速度对称的情况，加速时间和减速时间也一致，都为 $(t_f-t_0)/2$。

（3）加速度不对称的情况

直观上，加速度不对称也就是表示加速时间和减速时间不一致，也就是说 $t_0<t_f<t_1$，但是不局限于 $t_f=(t_2-t_0)/2$，t_f 可以是区间内的任意值。此时，可以结合前面的两个多项式来构造插值的曲线：

$$q_a(t)=a_0+a_1(t-t_0)+a_2(t-t_0)^2, t_0\le t<t_f$$

$$q_b(t)=a_3+a_4(t-t_f)+a_5(t-t_f)^2, t_f\le t<t_1 \quad (6\text{-}40)$$

给定初始时刻 t_0 和最终时刻 t_1 处的位置和速度信息，且给定在 t_f 处要保证位置和速度曲线的连续性，则可以计算得到插值曲线：

$$q_a(t_0)=a_0=q_0$$

$$q_b(t_1)=a_3+a_4(t_1-t_f)+a_5(t_1-t_f)^2=q_1$$

$$(t_0)=a_1=v_0$$

$$(t_1)=a_4+2a_5(t_1-t_f)=v_1$$

$$q_a(t_f)=a_0+a_1(t_f-t_0)+a_2(t_f-t_0)^2=a_3(=q_b(t_f))$$

$$(t_f)=a_1+2a_2(t_f-t_0) \quad (6\text{-}41)$$

假定加速时间为 $T_a=t_f-t_0$，减速时间为 $T_d=t_1-t_f$，则由上述多项式可以计算得到：

$$a_0=q_0$$

$$a_1=v_0$$

$$a_2=(2h-v_0(T+T_a)-v_1T_d)2TT_a$$

$$a_3=(2q_1T_a+T_d(2q_d+T_a(v_0-v_1)))/2T$$

$$a_4=(2h-v_0T_a-v_1T_d)/T$$

$$a_5=-(2h-v_0T_a-v_1(T+T_d)/2TT_d \quad (6\text{-}42)$$

因此，在 $t_0\le t<t_f$ 阶段，曲线的速度和加速度可以计算为：

$$(t)=a_1+2a_2(t-t_0)=v_0+(2h-v_0(T+T_a)-v_1T_d)(t-t_0)/TT_a$$

$$(t)=2a_2=(2h-v_0(T+T_a)-v_1T_d)/TT_a \quad (6\text{-}43)$$

在 $t_f\le t<t_1$ 阶段，曲线的速度和加速度可以计算为：

$$(t)=a_4+2a_5(t-t_f)=(2h-v_0T_a-v_1T_d)/T-(2h-v_0T_a-v_1(T+T_d))(t-t_f)/TT_d$$

$$(t)=2a_5=-(2h-v_0T_a-v_1(T+T_d))/TT_d \quad (6\text{-}44)$$

值得注意的是，如果 $v_0=v_1=0$，那么就与前面讨论的加速度对称的情况结果一致了。实验结果如下：

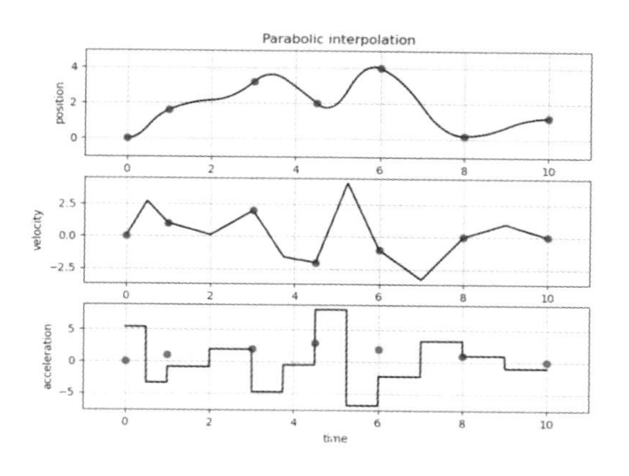

图 6-21 实验结果图

从图中可以看到，位置曲线是“平滑”的，速度曲线是连续的，加速度也是恒定的（在加速和减速阶段内保持恒定），但是加速度曲线在 $t=t_f$ 时刻存在一个阶跃。

3.三次多项式插值（三阶，加速度可变）

三次多项式插值方法（Cubic Spline）是一种常用的插值方法，其位置和速度曲线是连续的，加速度是可变的，但加速度不一定连续。考虑 2 个数据点之间插值的情况，其数学表达式为：

$$q(t)=a_0+a_1(t-t_0)+a_2(t-t_0)^2+a_3(t-t_0)^3,\quad t_0\le t\le t_1$$

其中，a_0,a_1,a_2,a_3 为待确定的参数。

（1）给定每一个点的位置和速度信息

考察给定 2 个数据点进行插值的情况，如果给定了在初始时刻 t_0 和最终时刻 t_1 处的位置与速度信息（q_0,q_1,v_0,v_1），设 $h=q_1-q_0,T=t_1-t_0$，则这些参数可以使用以下公式计算：

$$a_0=q_0 \tag{6-45}$$

$$a_1=v_0 \tag{6-46}$$

$$a_2=(3h-(2v_0+v_1)T)/T^2 \tag{6-47}$$

$$a_3=(-2h+(v_0+v_1)T)/T^2 \tag{6-48}$$

对于给定 n 个一系列数据点进行插值的情况，只需要对所有相邻的两个数据点使用上述公式即可依次计算得到整条插值曲线。

（2）给定每一个点的位置信息，但中间点的速度未给定

如果只是通过给定一系列的位置信息（$q_0,q_1,\ldots,q_n$），而中间点的速度信息并未给定，整条曲线最开始的起点和最终的终点速度需要直接给定，一般为零，$v_0=v_1=0$。中间各个数据点的速度可以通过启发式方法得到，即通过求解位置对时间的导数得到，那么对于第 k 个中间点，有：

$$V_k=0,\mathrm{sign}(d_k)\neq \mathrm{sign}(d_{k+1}) \tag{6-49}$$

$$V_k=1/2(d_k+d_{k+1}),\mathrm{sign}(d_k)=\mathrm{sign}(d_{k+1}) \tag{6-50}$$

其中，$d_k=(q_k-q_k-1)/(t_k-t_k-1)$，表示曲线的导数或者“斜率”，sign()为符号函数，返回值为 1 或者−1。直观上的理解也就是说，考察第 k 个数据点，如果其导数在该点进行了符号反转，则该点速度为 0，否则，该点速度为其导数。

三次多项式插值能够保证位置曲线和速度曲线是连续的，但加速度曲线不一定连续。虽然已经可以满足许多应用上对于“平滑”的要求了，但是在高速控制领域，一般要求加速度也要是连续的。因此，需要引入更高阶次的多项式插值方法。

实验结果如下：

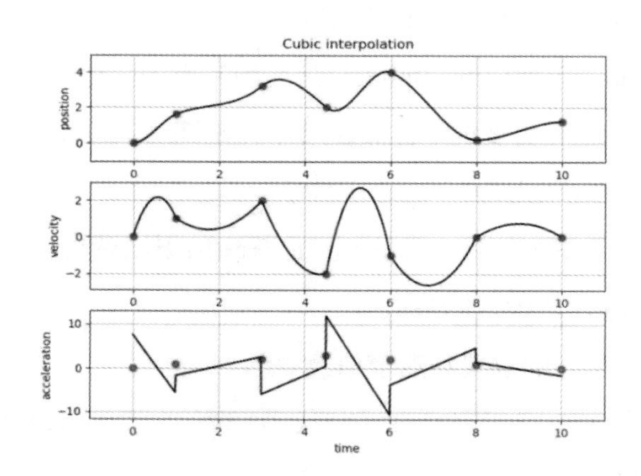

图 6-22 实验结果图

从图中可以看到，位置曲线是“平滑”的，速度曲线是连续的，加速度曲线是可变的，但是不连续。这样，对于高速控制的场合来说，控制器的输入仍然会存在阶跃，导致不连续的情况。

4.五次多项式插值（五阶，加速度连续）

考虑 2 个数据点之间插值的情况，与其他阶次的多项式形式类似，五次多项式插值方法的数学表达式为：

$$q(t)=a_0+a_1(t-t_0)+a_2(t-t_0)^2+a_3(t-t_0)^3+a_4(t-t_0)^4+a_5(t-t_0)^5 \quad (6\text{-}51)$$

其中 $a_0,a_1,\ldots,a_5$ 为待确定的参数。这里一共需要 6 个约束条件，即起点 t_0 和终点 t_1 的位置、速度和加速度信息。即给定如下条件：

$$q(t_0)=q_0,q(t_1)=q_1$$
$$(t_0)=v_0,(t_1)=v_1$$
$$(t_0)=a_0,(t_1)=a_1. \quad (6\text{-}52)$$

设 $T=t_1-t_0,h=q_1-q_0$，则可以计算得到：

$$a_0=q_0$$
$$a_1=v_0$$
$$a_2=1/2a_0$$
$$a_3=[20h-(8v_1+12v_0)T-(3a_0-a_1)T^2]/2T^3$$
$$a_4=[-30h+(14v_1+16v_0)T+(3a_0-2a_1)T^2]/2T^4$$
$$a_5=[12h-6(v_1+v_0)T+(a_1-a_0)T^2]/2T^5 \quad (6\text{-}53)$$

对于具有 n 个数据点的情况，可以对所有相邻的 2 个点应用上述公式，最终得到最终的插值曲线。实验结果如下：

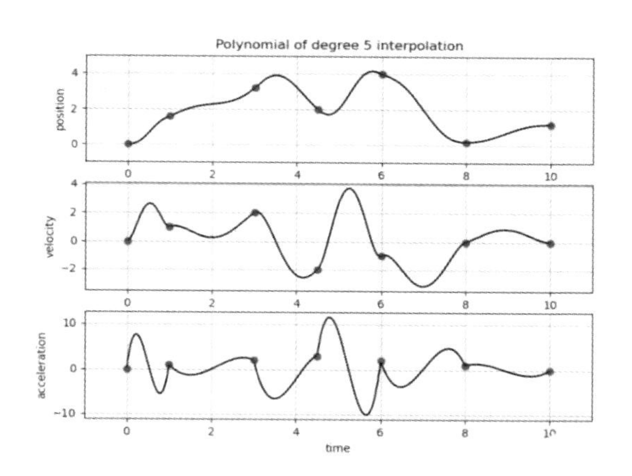

图 6-23 实验结果图

从图中可以看出，位置、速度、加速度三条曲线都是连续的，并且位置和速度还是“平滑”的。到这里，已经满足了本文最开始所提到的三个要求。因此，五阶的多项式插值已经能够覆盖大多数应用场景。如果对加速度曲线也要求是平滑的，那么就需要更高阶次的多项式插值方法了，例如七阶多项式插值。

5. 七次及更高阶次的多项式插值

理论上，多项式的阶次越高，可以获得越“平滑”的曲线，但是同时带来的是对运算资源要求的急剧上升，所以一般情况下，七次及更高阶次的多项式方法只用于某些特殊的场合。

6. 实验结果对比

在实际的实验中，除了实现给定位置点，还给定了速度点和加速度点。这里放一张所有方法插值结果的对比图，从中可以直观地看到使用各个阶次多项式进行插值的结果差异。

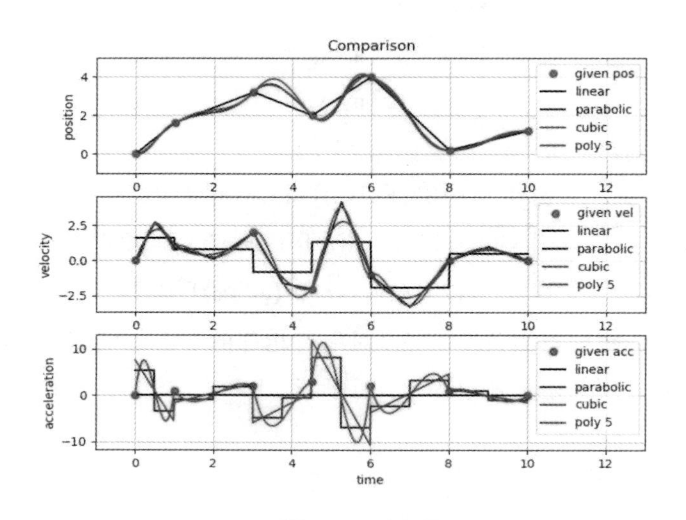

图 6-24 对比图

6.3.4 笛卡尔路径轨迹规划

从工程角度来讲轨迹规划需要一定的算法逻辑思路，最常见的就是报错机制，一段算法可能比较简单，但是如何处理错误，如何判断工况，场景这些才是最复杂的，往往需要比较好的逻辑流程图来辅助实现算法。

1.关节空间同步运动

最简单也是最通用的无非就是关节空间同步运动，大部分是先基于速度规划计算出每个轴的规划时间 T_i，然后寻找最大时间 T_{max}，之后其他各轴基于最大时间做同步。属于比较传统的同步算法，如果规划失败如何处理，还有很多其他问题，目前就是解决这些问题。最简单的方法就是如果失败，就自动找一个可达位置继续进行规划，只要保证终点可达就行。

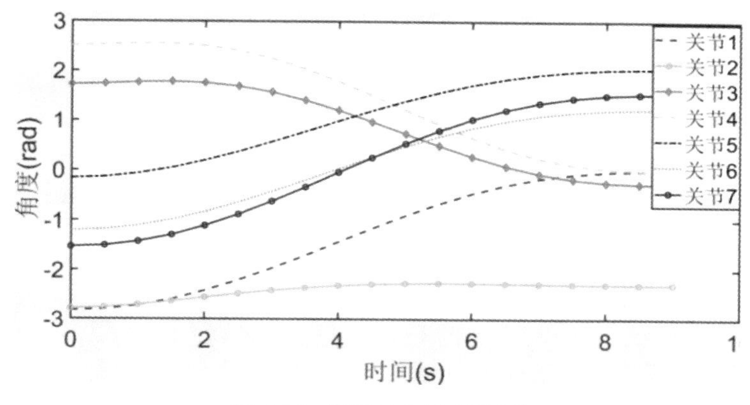

图 6-25 7 轴动态同步规划图

2.如何处理运动过程中的平滑性问题

如何处理运动过程中的平滑性问题，传统方案从加速度，甚至加加速度入手（比如下图 6-26），但是不考虑动力学特性往往是不够的，比较一般的方法是结合力矩约束来实现。

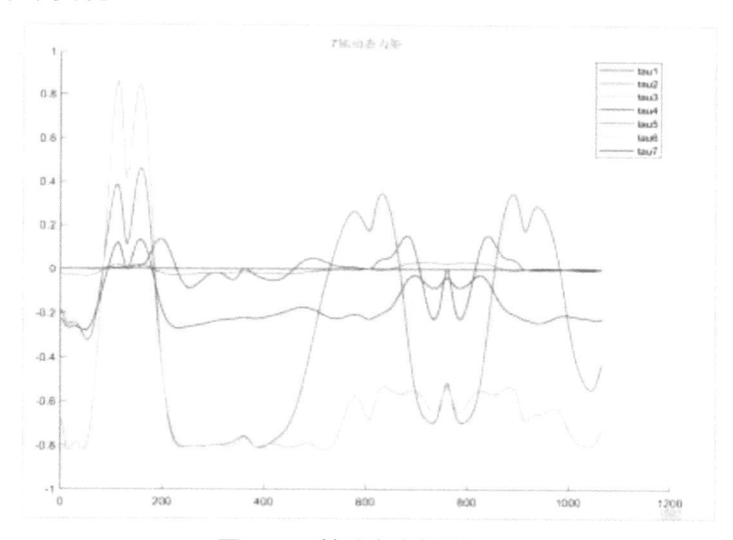

图 6-26 7 轴动态力矩图

3.空间任意曲线速度规划

空间任意曲线速度规划，涉及到大部分都是数控上的曲线拟合插值技术，很多论文都有介绍，缺点就是存在误差，数控上通过精密微小的插补周期来实现误差控制。

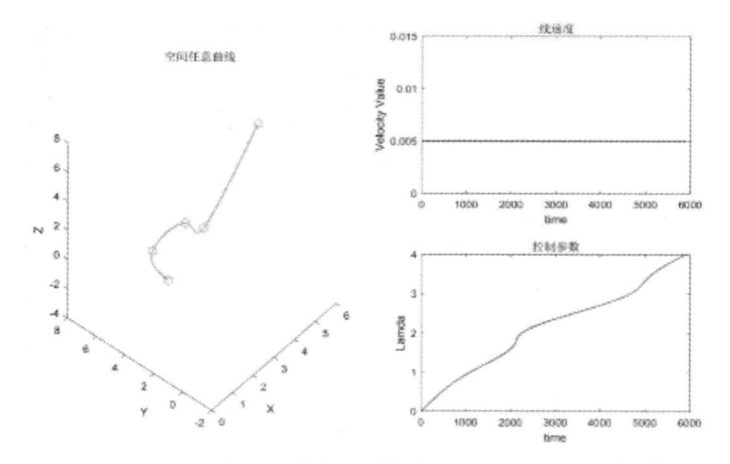

图 6-27 空间任意曲线速度规划图

4.运动特性

从加速度规划出发也能获得较好的运动特性

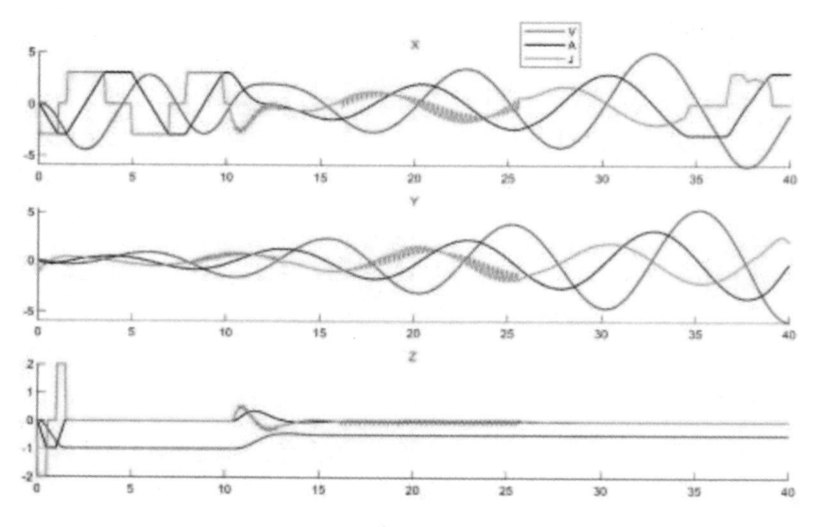

图 6-28 加速度规划运动特性图

5.jerk，torque 以及 snap 约束因素

根据要求，目标直接考虑最底层或者需求项。

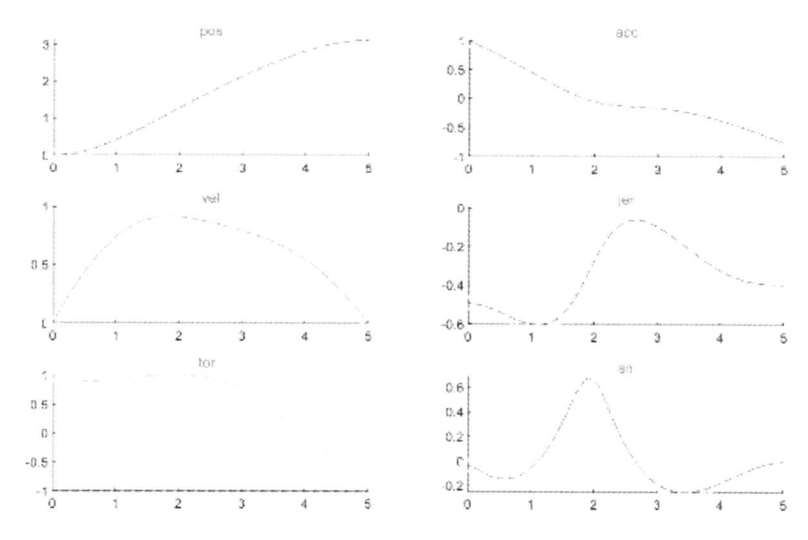

图 6-29 约束因素解析图

6.通过原始离散数据进行拟合，然后重新进行速度规划

以上方法都是基于方程或者解析表达式的方法，下面这种是完全方程未知，通过原始离散数据进行拟合，然后重新进行速度规划。并且可以实现多轴数据同步，借鉴了一种解耦思想，每个轴独立规划，实现同步。

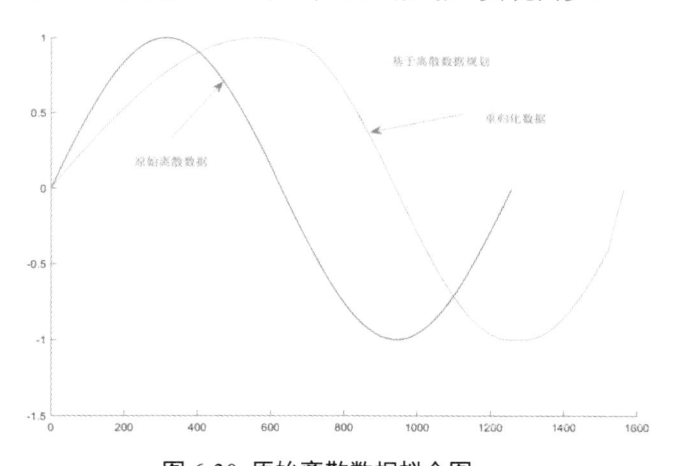

图 6-30 原始离散数据拟合图

7.笛卡尔空间数据拟合

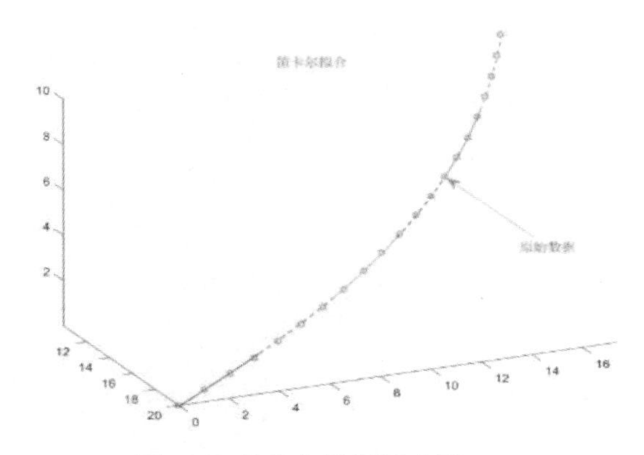

图 6-31 笛卡尔数据拟合图

8.空间曲线过渡

空间曲线过渡（位置，姿态四元数等），包括但是不限于多空间转换，自适应半径过渡，多轨迹拼接等。最简单的方法就是之前写过的 slerp，圆弧过渡，直线+圆弧+直线基本能胜任 90%的任务加工需求。当做比较高端的轨迹路径时候，就要考虑用高阶多项式（所有曲线都是多项式构成）方法。

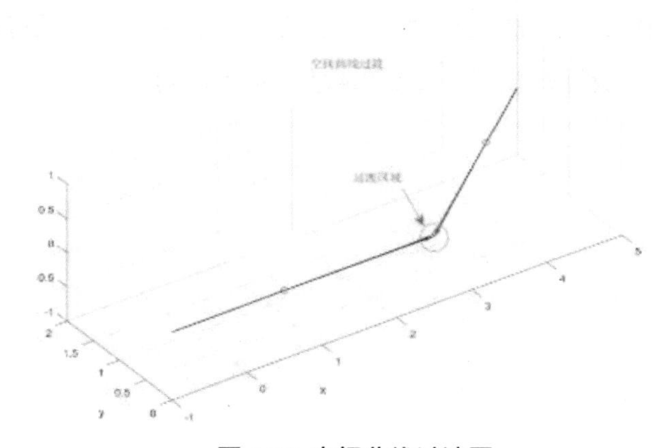

图 6-32 空间曲线过渡图

9.混合空间过渡

混合空间过渡，图可能不太清晰，用的是旧版的程序运行的。红色轨迹是关节空间映射到笛卡尔曲线，蓝色是过渡，橘色是笛卡尔直线。完成了关节-笛卡尔空间位置（姿态），速度，加速度连续过渡（附带约束）。

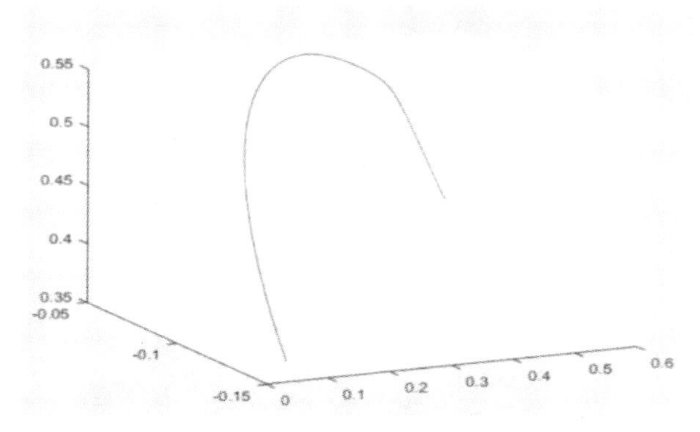

图 6-33 混合空间过渡图

10.关节空间自适应过渡

关节空间自适应过渡，如果直接用关节空间拼接可能存在约束问题，比如急转，大部分情况降低速度处理，这样效率很难提高，这时候就需要采用算法产生自适应过渡区间。关节从 A-P-B 点，P 点如果很奇怪，那么就要采取策略了。蓝色区域为设置的关节过渡区间。

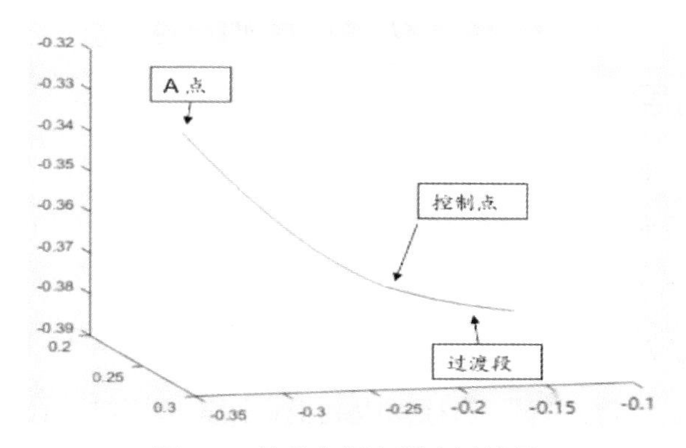

图 6-34 关节空间自适应过渡图 1

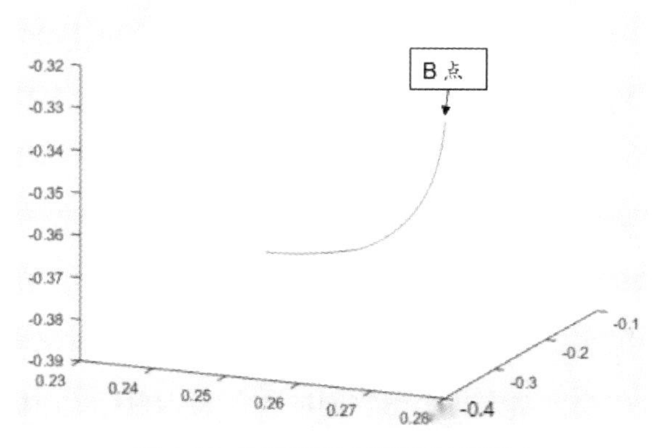

图 6-35 关节空间自适应过渡图 2

11.连续姿态

补充一个姿态，就是四元数显示和旋转矩阵显示，slerp,squad,高阶多项式等方法比较成熟了。

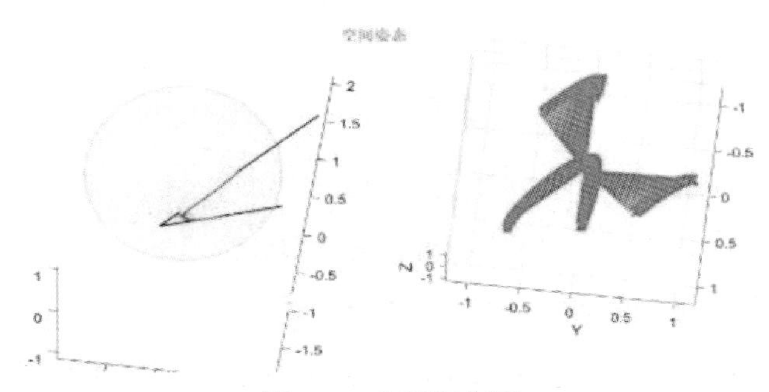

图 6-36 空间姿态图

最后鉴于加工需求的不同性，加放实际加工样图，并展示过渡点实现和严格按点走两种情况。

6.5 力（力矩）控制技术

6.5.1 控制原理

力控制技术一般泛指机器人应用领域中，利用力传感器作为反馈装置，将力反馈信号与位置控制（或速度控制）输入信号相结合，通过相关的力/位混合算法，实现的力/位混合控制技术。也称为力/位混合控制技术，简称力（力矩）控制。煤矿除尘机器人属于工业机器人，其在矿井内需要应对极为复杂的环境，在实际应用中移动机械臂的位置/力控制收到很多因素的影响，比如，模型参数不精确，外力扰动以及外界环境不确定等因素。实现移动机械臂的位置/力的精确控制称为行业内的研究难点。机器人在完成一些与环境存在力作用的任务是，比如打磨、装配，单纯的位置控制会由于位置误差而引起过大的作用力，从而会伤害零件或机器人。机器人在这类运动受限环境中运动时，往往需要配合力控制来使用。

位置控制下，机器人会严格按照预先设定的位置轨迹进行运动。若机器人运动过程中遭遇到了障碍物的阻拦，从而导致机器人的位置追踪误差变大，此时机器人会努力地“出力”去追踪预设轨迹，最终导致了机器人与障碍物将巨大的内力。而在力控制下，以控制机器人与障碍物间的作用力为目标。当机器人遭遇障碍物时，会智能地调整预设位置轨迹，从而消除内力。

机器人力控制的作用越来越大，以广泛地应用在康复训练、人机协作、和柔顺生产领域。从个人的学习历程来看，机器人力控制的发展历史中存在着两条交叉的主线：一条是力控制策略，一条是力反馈途径。

6.5.2 工业控制机器人位置/力混合控制

1.力控制策略

既然需要控制接触力，最简单地，可以仿照位置控制的 PID 控制器，设计一个力控制的 PID 控制器。这里面可细分为 P、I、PI、PD 等控制器。这类控制器也可称为显式力控制（Explicit Force Control）,它以直接实现对目标力指令的跟踪为目标。

然而单纯的这种控制器在实际中效果很一般，往往要往其中加入滤波环节及一些前馈环节；在与刚性较大的环境作用时，稳定性很低。

在打磨装配等应用中，并不是所有方向都需要控制接触力。比如下图的打磨应用，需要控制的是 Z 方向的压力为恒定，而对于 X，Y 方向以位置控制为主。

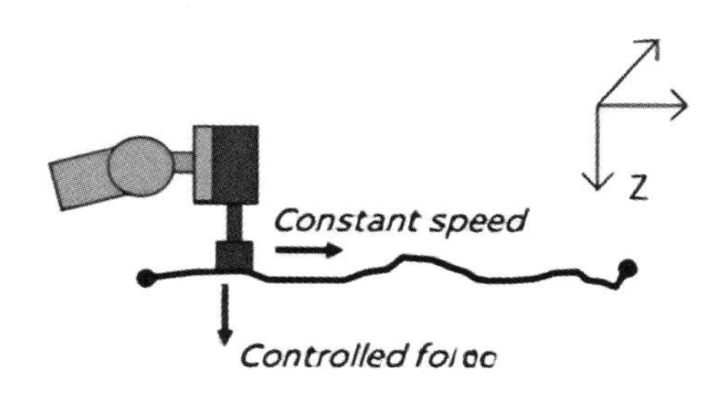

图 6-37 Controlled force 解析图

这就引入了力位混合控制(Hybrid Force/Position Control) 策略。该策略就是要区分在那些方向要进行力控制，哪些方向要进行位置控制。它通过设计一个 S 空间，将任务空间一分为二，分别运用不同的控制策略。

接下来最重要的力控制策略登场了：阻抗/导纳控制，也称为间接力控制或隐性力控制（Implicit Force Control）。

阻抗与导纳相互对偶，但在实际运用中确有本质的区别。阻抗控制计算的结果时关节指令力矩，它需要机器人关节输出的力矩（注意关节力矩是减速器输出端的力矩，而不是电机的输出力矩）是可控制的，这对于大多数机器人来说是很难做到的：电机的输出力矩可以精确控制，然而经过减速器后的损失，由于关节缺乏力矩传感器而无法精确获取；像 iiwa 这种具备关节力矩传感器的才有能力去使用阻抗控制。

而导纳控制器计算的结果是关节指令位置，这对于机器人来说是很容易实现的。所以目前力控制中的应用是以导纳控制为主的。

值得注意的是，阻抗/导纳控制通过合适的参数选择，也可以达到控制接触力的效果。

2.力反馈途径

在前面，一直加上我每个关节能产生所需的扭矩或力。在实践中，这种理想情形无法完全实现，但有不同方法来逼近它。下面列出了使用电机的一些最常见方法，以及它们相对于先前所列出方法的优缺点。这里假设使用旋转关节和旋转电机。

（1）直驱电机的电流控制

在这种构型下，每个关节处都有一个电机放大器和一个不带减速器的电机。电机的转矩大致服从 $\tau=K_tI$ 这一关系，即转矩与通过电机的电流成正比。放大器接收到所需转矩请求，除以转矩常数 K_t，产生电机电流 I。为了产生所需的电流，集成到放大器中的电流传感器连续地测量通过电机的实际电流，放大器使用局部反馈控制回路来调节电机两端的平均电压（相对于时间而言），以达到所需的电流。该局部反馈回路的运行速率高于产生请求转矩的控制回路。一个典型的例子是局部电流控制回路采用 10KHz，而外部控制回路以 1KHz 的频率来获取关节转矩请求。

这种构型的一个问题是，通常未装配减速器的电机必须非常大，以便产生足够的扭矩。如果电机固定在地面上并通过电缆或闭式运动链连接到末端执行器，则该构型可行。如果电机可以移动，如一个串联式运动链关节处的电机，此种情况下使用大型的无减速箱的电机通常是不切实际的。

（2）减速电机的电流控制

除了电机有齿轮箱外，这种构型与前一种构型类似。使用 $G>1$ 的减速比增加了关节处可用的扭矩。

优点： 较小的电机便可提供所需的扭矩。电机还可以按更高的速度运行，此时电能到机械能的转换效率更高。

缺点： 齿轮箱引入了间隙（在没有运动输入的情况下，齿轮箱的输出端可以转动，使接近零速度使时的运动控制变得很困难）和摩擦。通过使用特定类型的传动装置，例如谐波齿轮转动，几乎可以将齿隙消除。然而，无法消除摩擦。齿轮箱输出端的额定扭矩为 GK_tI，但齿轮箱中的摩擦会降低可用扭矩，并会使实际产生的扭矩产生很大的不确定性。

（3）具有局部应变仪反馈的减速电机的电流控制

这种构型与其哪一种构型相类似，其不同之处在于谐波驱动传动装置上配备有应变仪，该应变仪可检测出齿轮箱输出端实际输送的扭矩。放大器在局部反馈控制器中使用该扭矩信息，以调节电机中的电流，从而实现所要求的转矩。

优点：将传感器放在传动装置的输出端可以补偿摩擦中的不确定性。

缺点：关节构型中引入了额外的复杂性。此外，谐波传动齿轮通过在齿轮组中引入一些扭转柔性来实现接近零的齿隙，同时由于该扭转弹簧的存在而增加的动力学，可能使高速运动控制复杂化。

（4）串联弹性执行器

串联弹性执行器（Series Elastic Actuator,SEA）包括带有减速器（通常是谐波齿轮减速器）的电阻，以及将减速齿轮的输出端连接到执行器输出端的扭矩弹簧。SEA 类似于先前的构型，不同之处在于增加的弹簧的扭转弹簧常数远低于谐波减速器的弹簧常数。弹簧的角度偏差 $\Delta\phi$ 通常由光学编码器、磁编码器或电容编码器来测量。传递到执行器输出端的扭矩为 $k\Delta\phi$，其中 k 为扭转弹簧常数。弹簧的扭转变形被馈送到局部反馈控制器，该控制器控制供给到电机的电流，以便实现期望的弹簧扭转变形，并由此实现期望的扭矩。

优点：增加扭转弹簧使关节自然地变“软”，因此非常适合人机交互任务。它还可以保护传动装置和电机免受输出端的冲击，如当输出连杆与环境中的某些物体相撞击时。

缺点：关节构型存在额外的复杂性。此外，由于更柔的弹簧而增加的动力学使得在输出端控制高速或高频运动更具挑战性。

第7章 机器人除尘系统

机器人控制系统的功能是接收来自传感器的检测信号，根据操作任务的要求，驱动机械臂中的各台电动机就像人的活动需要依赖自身的感官一样，机器人的运动控制离不开传感器和执行器。

7.1 吸尘协同控制系统

7.1.1 机器人控制系统的定义

机器人需要用传感器来检测各种状态，机器人的内部传感器信号用来反映机械臂关节的实际运动状态，机器人的外部传感器信号用来检测工作环境的变化，所以机器人的神经与大脑组合起来才能成一个完整的机器人控制系统。

（1）机器人运动控制系统4大构成：

1）执行机构：伺服电机或步进电机；

2）驱动机构：伺服或者步进驱动器；

3）控制机构：运动控制器，做路径和电机联动的算法运算控制；

4）控制方式：有固定执行动作方式的，那就编好固定参数的程序给运动制器；如果有加视觉系统或者其他传感器的，根据传感器信号，就编好不固定参数的程序给运动控制器。

（2）机器人控制系统的基本功能：

1）记忆功能：存储作业顺序、运动路径、运动方式、运动速度和与生产工艺有关的信息；

2）示教功能：离线编程，在线示教，间接示教。在线示教包括示教盒和导引示教两种；

3）与外围设备联系功能：输入和输出接口、通信接口、网络接口、同步接口；

4）坐标设置功能：有关节、绝对、工具、用户自定义四种坐标系；

5）人机接口：示教盒、操作面板、显示屏；

6）传感器接口：位置检测、视觉、触觉、力觉等；

7）位置伺服功能：机器人多轴联动、运动控制、速度和加速度控制、动态补偿等；

8）故障诊断安全保护功能：运行时系统状态监视、故障状态下的安全保护和故障自诊断。

7.1.2 吸尘机器人系统

吸尘机器人控制系统采用两级多 CPU 分布式控制结构，上位机控制系统要由 AT89C51 微处理器组成，它负责接收传感器送来的信息，并根据这些信息进行路径规划。下位机控制系统主要由 AT89C2051 微处理器组成，负责完成传感器数据处理和步进电机驱动的功能。依据吸尘机器人机械本体和工作性能，设计了基于微处理器的控制系统硬件电路，其中包括电机驱动电路、传感器的信号处理电路、通信电路等。针对吸尘机器人的控制策略，采用了基于 RS-485 总线和 MOBDUS 协议的通信结构实现多机通信。

吸尘机器人系统通常由 4 个部分组成:移动机构、感知系统、控制系统和吸尘系统。随着近年来计算机技术、人工智能技术、传感技术以及移动机器人技术的迅速发展，吸尘机器人控制系统的研究和开发已具备了坚实的基础和良好的发展前景，目前发展较快。对吸尘机器人发展影响较大的关键技术是：路径规划技术、多传感器融合技术、定位技术、吸尘技术等。

1.路径规划技术

路径规划其实质就是移动机器人运动过程中的导航和避障。机器人的工作环境可分为静态结构划环境、动态已知环境和动态不确定环境。自 20 世纪 70 年代研究以来，移动机器人的路径规划按机器人获取工作环境信息的方式不同，大致分为三种类型：

（1）基于模型的路径规划，主要处理结构化环境，规划方法有栅格法、可视图法、拓扑法等；

（2）基于传感器信息的路径规划，主要用于非结构化环境，克服环境条件或形状无法预测的因素，方法有人工势场法、确定栅格法和模糊逻辑法等；

（3）基于行为的移动机器人路径规划是移动机器人路径规划问题研究中的新动向，就是把导航问题分解为许多相对独立的单元即行为基元，如避障、跟踪、目标制导等。随着计算机技术和传感器技术的发展，多传感器集成与信息融合技术在智能机器人上获得了广泛的应用。基于多传感器，信息融合的移动机器人的避障策略及其路径规划技术，成为了机器人技术发展的重点。

2.多传感器融合技术

要保障吸尘机器人正常工作，就必须对机器人的位置、姿态、速度和系统内部状态进行监控，同时还要感知机器人所处工作环境的静态和动态信息，因此每个吸尘机器人都采用了大量的传感器，通过对大量的传感器观测信息进行融合处理，机器人可以获得最大量的外部环境信息。多传感器融合技术的优点就是在同样的观测条件下，可以协调使用多个传感器，把分布在不同位景的多个传感器所提供的局部不完整观测量及相关数据库中的相关信息加以综合，消除多传感器间存在的冗余和矛盾，并加以互补，降低不确定性，从而获得对物体或环境的一致性描述，这些都是任何单一传感器所无法获得的。运用多传感器融合技术对提高移动机器人定位、障碍物识别、环境建模、避障的精度等都具有重要作用。多传感器融合技术的主要方法有:KALMAN 滤波法、BAYES 估计法、统计决策法、D-S 推理法、模糊逻辑法等。

3.定位技术

定位是移动机器人另一个基础而重要的课题。定位是指机器人对自身位置的估计，包括位置(X，Y)和方向口的估计。已知环境地图的定位易于解决，但在完全未知环境下，定位具有很大的难度，目前存在 3 种方法：一种是利用编码器、陀螺仪等传感器计算单位时间内机器人的方位变化，不断累计，从而获得方位信息。这种方法不能消除累计误差，即使使用诸如卡尔曼滤波器等方法进行传感器融合，也不能根本解决这个问题;另一种方法是对前一种方法的扩展，这种方法引入外界信标，来清除航位推测系统的累计误差。第三种方法是将定位问题与环境感知、环境建模紧密结合起来，独立于具体的工作环境。但是地图的信息也来源于传感器信息和定位信息，这使得定位与环境建模形成了复杂的关系。在实现上，定位与环境建模同步进行、相互依赖，所以系统必须具有从现有地图中确立自身位置以及辨识新区域、实时融入新区域等功能。

4.吸尘技术

传统的真空吸尘器是由高速旋转的风扇在机体内形成真空从而产生强大的气流，将尘埃和脏物通过吸口吸入机体内的滤尘袋内。吸尘系统包括滤尘器、集尘袋、排气管以及其它一些附件，其吸尘能力取决于风机转速的大小。最近，已开发出采用新原理的气流滤尘器。这个吸尘器是一个全封闭系统，既无外部气体吸入，也无机内气体排除，所以就无需滤尘器、集尘袋、排气管等附件。其原理是利用附壁效应去形成低压涡流气体，最后将沉渣截留于吸尘器内的涡流腔内。

另外，还有基于静电吸附原理的静电吸尘器。这些吸尘器体积小、量轻，更适合吸尘机器人应用。

5.脉冲式除尘器：

脉冲袋式除尘器结构主要由上部箱体、中部箱体、下部箱体（灰斗）、清灰系统和排灰机构等部分组成。脉冲袋式除尘器性能的好坏，除了正确选择滤袋材料外，清灰系统对脉冲袋式除尘器起着决定性的作用。为此，清灰方法是区分脉冲袋式除尘器的特性之一，也是脉冲袋式除尘器运行中重要的一环。

其工作原理将压缩空气在极短暂的时间内高速喷向除尘滤袋，同时诱导数倍于喷射气量的空气形成空气波，使滤袋由袋口至底部产生急剧的膨胀和冲击振动，在短促的时间内形成滤袋往复地“鼓、瘪、鼓”的波浪形变形，使粉尘层发生变形、断裂，以块团状脱离滤布并受重力作用下落。清灰时，清灰气流在使滤袋膨胀变形的同时也穿过袋壁和粉尘层。

含尘气体由除尘器进风口进入中、下箱体，含尘气体通过滤袋进入上箱体过程中由于滤袋的各种效应作用将尘气分离开，粉尘被吸附在滤袋上，而气体穿过滤袋经文氏管进入上箱体，从出风口排出。含尘气体通过滤袋的净化过程、随着时间的增加而积附在滤袋上的粉尘越来越多，增加了滤袋的阻力，致使通过滤袋气体量逐渐减少。为使阻力控制在限定范围内（一般为 120～150 毫米水柱），保证所需气体量通过由控制仪发出指令，按顺序触发各控制阀开启脉冲阀，气包内的压缩空气瞬时地经脉冲阀至喷吹管的各孔喷出，在经文氏管喷射到各对应的滤袋内。滤袋在气流瞬间反向作用下急剧膨胀，使积附在滤袋表面的粉尘脱落，滤袋得到再生。被清除掉的灰尘落入灰斗，经排料阀排出机体。积附在滤袋上的粉尘被有周期地脉冲喷吹清除，使净化的气体正常通过，保证除尘系统运行。

7.2 洗尘再生新风控制系统

7.2.1 基于物联网的智能新风控制系统设计

1.电源设计

该系统中 AC/DC 电源转换将市电 220VAC 转换为 12V 直流电压根据后续系统的功率需求确定 AC/DC 最大输出功率为 25W。MCU 系统电压是 3.3Vdc,传感器供电电压是 5Vdc。

设计中选用的是 TI 公司的一颗同步降压转换芯片 LMR23610，这颗降压芯片输入范围可达 4.5V 到 36V,高达 1A 的持续输出电流能力，满足系统对功耗的需求。另外，此系列的同步降压转换芯片提供 Pin 对 Pin 兼容的更高输出电流选型，如果需要扩展功能增加了功耗的需求可以很方便的选用本系列的高输出电流型号,后续扩展更方便。LMR23610 这颗 DC/DC 输出电压可调，通过调节电阻 R1 的阻值调节输出电压值，所以使用两颗芯片就可以输出得到系统所需 33V 和 5V 直流电压。R1 阻值的计算方式是:

$$R_1=\frac{V_{OUT}-V_{FB}}{V_{FB}}\times R_2 \qquad (7\text{-}1)$$

其中,VFB=1V 是芯片 4 脚反馈电压，R2 使用推荐值 22.1K。所以通过式(7-1)可以计算出当输出电压是 33V 时，R1 取值为 51K;输出电压为 5V 时,R1 取值为 88.7K。

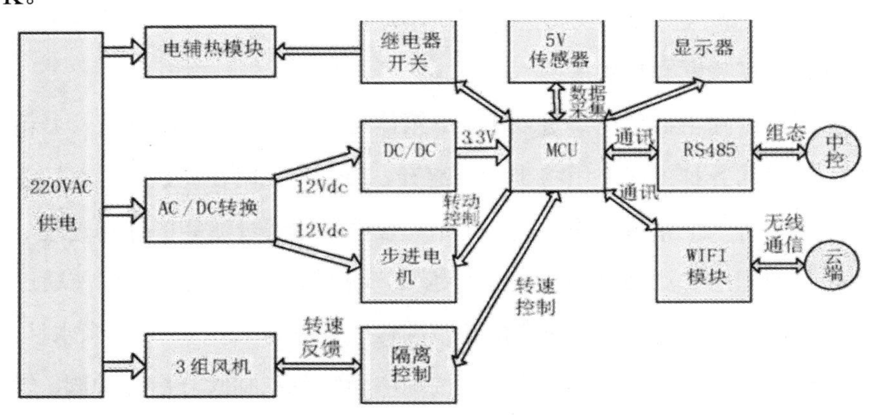

图 7-1 整体硬件方案设计图

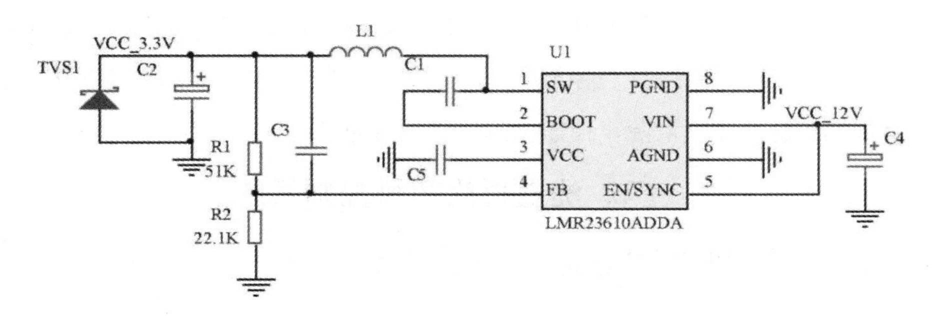

图 7-2 直流电源转换电路

2.主控 MCU 设计

对于 PIC18F66 这款系统主控 MCU，其内部时钟可选频率高达 64MHz，本方案设计中的时钟方案则是使用的内部时钟源。此外,此微处理器程序闪存高达 64 字节,3562 字节的数据 SRAM 内存，1024 字节的数据 EEPROM,完全满足系统对内存的需求。电源方面,PIC18F66 采用的是 2.5V 到 5.5V 宽范围供电，性能卓越。

对于这块 MCU，使用其内部时钟源能够有效降低设计成本而不影响其性能。而复位电路的设计也只需要简单的 RC 上电复位电路即可满足需求。值得注意的是在硬件设计时微处理器电源管脚 VDD 输入端需要就近各设计一颗耐压 10V 容值为 4.7μF 的贴片旁路电容以保证微处理器运行中更加可靠。

3.电机控制设计

智能新风控制系统中电机控制包括两个部分;分别是风机转速控制和风阀步进电机控制，其中设计中使用到的风机是杭州顿力电气有限公司生产的大风量前倾式离心风机,直接由 220VAC 供电，0 到 10V 直流电平或者峰峰值 10V 的 PWM 控制转速。由于风机属于感性器件启动和停止都会产生很大的干扰如果不加隔离那么就可能会对弱电控制系统产生不可预知的严重后果。所以，设计中使用光耦对控制信号隔离，隔离电路如图 7-3 所示。

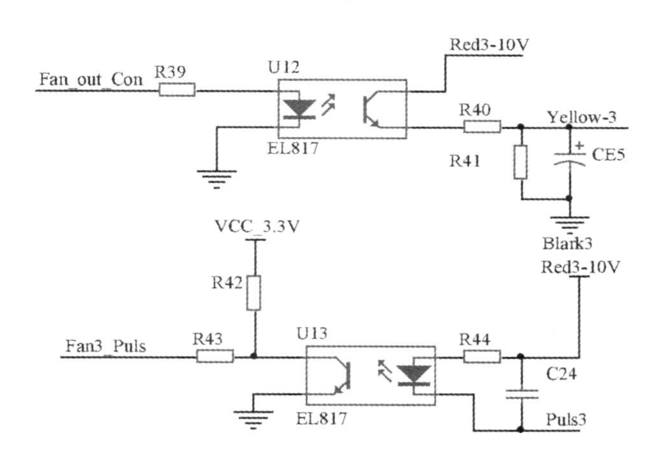

图 7-3 风机隔离控制电路

图 7-3 电路中分别是对控制输出信号和风机转速采样信号的光耦隔离方案。隔离光耦选用的是台湾亿光的 EL817。此颗光耦隔离电压高达 5000V,标称情况下电流传输比高达 600%，其截止频率为 80kHz,满足本设计方案中的带宽要求。余参数也满足设计需求。此方案实现隔离控制的同时性价比也优越能够有效降低设计成本。

风阀步进电机在系统中共使用了 2 个，分别用于新风入口阀门和室内回风阀门。步进电机选用的是盟诺电机 50YJ46。此款电机由 12V 直流供电，内阻 25Ω,

步距角 7.5°；减速比 1/66 牵入转矩大于 500mN.m 均满足设计使用要求。在驱动控制上选用 TOSHIBA 公司的一颗 8 对 NPN 达林顿驱动器 ULN2803A,对于两组独立控制的步进电机只需要一颗 ULN2803A 即可完成驱动控制,简单可靠。步进电机驱动控制电路如图 7-4 所示。

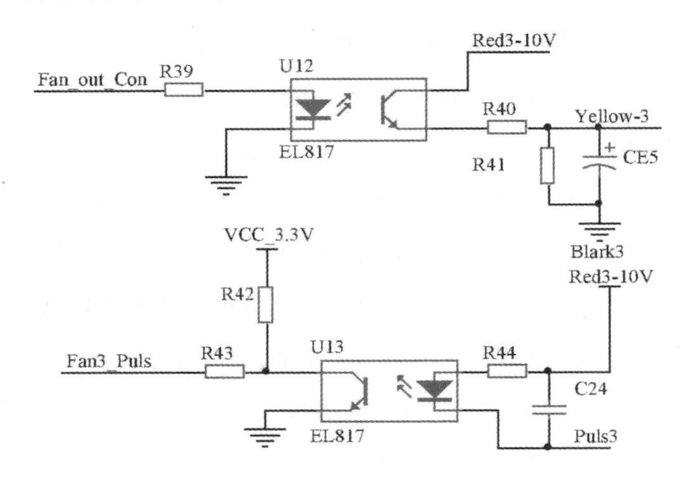

图 7-4 步进电机驱动控制电路

4.通讯设计

为了适应更多场合的应用要求，智能新风控制系统在通讯方式设计上同时添加了 RS-485 有线通讯和 Wi-Fi 无线通讯两种方式。其中 RS-485 通讯硬件电路如图 7-5 所示。在条件受限无法使用无线通讯的情况下可使用 RS-485 的有线通讯方式来进行组态控制。

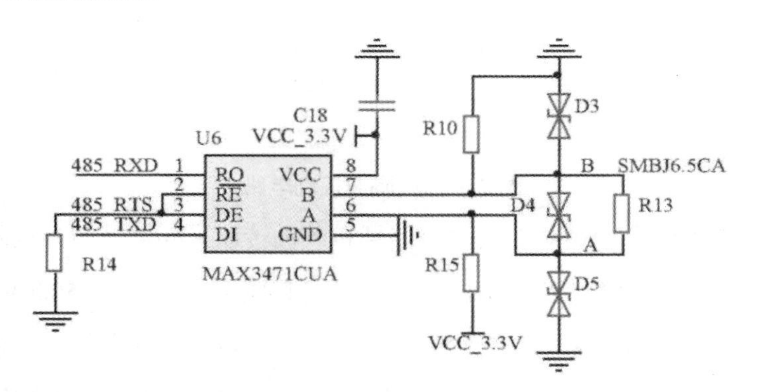

图 7-5 RS-485 通讯电路

无线通信是实现智能新风控制系统物联的基础。系统设计采用的是上海庆科公司的一款嵌入式加密安全 Wi-Fi 模块 EMW3080,该模块支持 802.11b/g/n 标准集 ARM-CM4F,WLAN MAC/Baseband/RF 于一体,包含 256KB 的 RAM 和 2MB

FLASH 置使用 20MHz 带宽时，最大传输速率达到 722Mbps,同时价格低廉可以很大程度降低硬件设计成本。在硬件设计上也非常的简单供电方面需要为模块提供 3.3V，最大 100mA 的直流电压，与 MCU 的通讯只需两个 I0 口进行串口通讯即可。

5.传感器和显示器

传感器测量到的环境参数信息是新风控制系统进行智能控制的重要基础。在实际的应用中，商业级的传感器就能满足智能新风控制系统的应用需求。本方案设计中选用的是四方光电的一款集成空气品质传感器模块 AM4100,AM4100 是一款高性价比的多参数空气质量传感器集成模组，能够实时监测室内温度、湿度、CO_2浓度、PM2.5 质量浓度、甲醛等五项空气指标的实时测量数值其搭载的激光粉尘传感器模块采用先进的激光散射技术精确测量环境中 PM2.5 质量浓度;二氧化碳传感器模块采用非分光红外技术(NDIR)准确测量室内空气中 CO_2体积浓度(ppm);甲醛传感器模块采用电化学测量原理,对甲醛、苯等气体具有较强的选择性。温湿度模块采用电容电阻材料元器件测量室内空气中温度和湿度。

在显示器的设计上选用了广州大彩的一款 5.0 寸的 TFT 容式触摸彩色屏此款彩色显屏自带操作系统并且是串口通讯，极大的缩短了开发时间。显示屏主要功能是显示室内 PM2.5、CO_2、温度、湿度和甲醛浓度等参数,同时进行上网设置以及 RS-485 通讯组态设置。

6.软件功能

（1）软件功能模块包括：初始化模块、传感器数据采集模块、显示控制模块、电机；

（2）控制模块、网络协议通讯模块以及 RS-485 协议通讯功能模块；

（3）初始化模块进行数据初始化操作端口初始化,定时器及中断初始化；

（4）数据采集模块：进行传感器数据采集及数据计算操作；

（5）显示控制模块：操作显示器显示当前传感器测量值以及进行参数设置操作；

（6）电机控制模块：此模块主要包括两个部分,一是风机控制,一是步进电机控制操作；

（7）RS-485 协议通讯功能模块进行设备组态操作通过组态也有对设备进行有线式控制；

（8）网络协议通讯模块进行网络协议通讯，通过互联网与云端服务器进行数据交换实现系统的互联互通。

7.2.2 基于 STM32 微处理器新风控制系统设计分析

微处理器 STM32 作为系统下位机的核心部件，利用 CCS811 传感器模块测量室内 TVOC，CO_2等浓度，利用 A4-CG 传感器检测室内 PM2.5 浓度，利用 DHT22 传感器对室内的温度和湿度实时进行检测，将检测到的数据信息传送到微处理器的下位机系统，下位机系统对接收到的数据信息进行处理，整体平滑处理，去除噪声。各个数据最终显示在手机端,利手机微信的 Air Kiss 技术通过 Wi-Fi 模块将操作信号传送至上位机等待处理:风机输送室内空气到室内，过程中过滤灰尘 PM2.5 并紫外杀菌。其中下位机系统包括 STM32 主控电路、Wi-Fi 通信电路、电源电路，运用手机程序显示 TVOC 和 CO_2等数据。新风控制系统工作流程如图 7.6 所示。激光粉尘传感器 A4-CG 能够精确测得空气中 PM2.5 等颗粒物浓度,将信号传递给相应模块自动调节适合的通风量实现智能净化的功能。CCS811 是一款耗能低、小巧的 MEMS 气体传感器，使用 IIC 通信方式，但是相比于最常见的一种 IIC 传感器，CCS811 传感器模块增添了中断、复位这些相应的管脚与功能,且程序控制涉及到模式和状态切换。CCS811 气体传感器通过将室内各气体浓度与设定的标准值进行对比，一旦超过标准值将把启动新风的信号传递给微处理器，进而注入新鲜空气，实现新风换气的功能。流程如下：

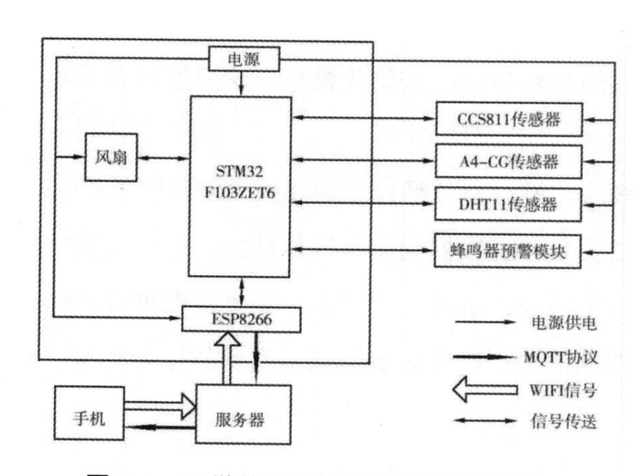

图 7-6　32 微处理器新风控制系统流程图

7.2.3 实现新风系统经济运行的控制方法

1.温控法和焓控法的原理

当按温控方法对新风系统经济运行进行控制时,新风量将根据室外节能控制器测量出的室外温度信号作出相应改变。对于变风量系统,为保持送风温度恒定和满足室内负荷需要，系统向房间输送的冷量则靠改变送风量来实现。对于定风量系统,由于送风量恒定不变,当室内负荷随室外气温降低而减小时,只有靠提高送风温度来适应这种变化趋势(即减小新风量)。对于定风量系统而言,按室外温度进行的新风系统经济运行控制如图 7-7 所示。

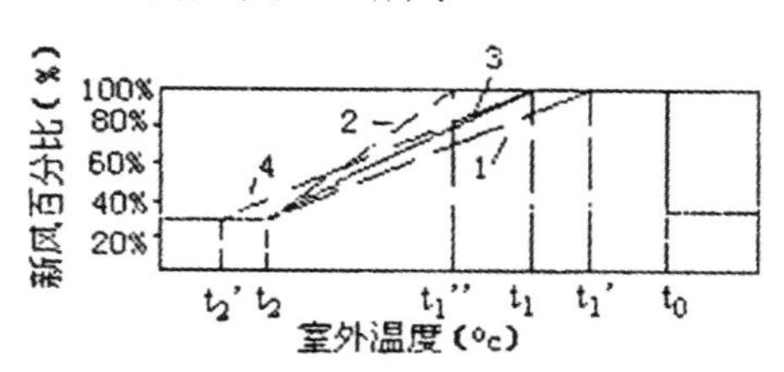

图 7-7 新风经济运行室外温度控制图

当室外温度在 t_0 和 t_1 之间时，新风量保持最大新风量不变,到室外温度低于 t_1 时,新风量将随室外温度的降低而减少。当室外温度开始低于 t_2 时,系统保持为最小新风量。对于焓控法,新风量的确定依赖于室内外焓值的比较,它不存在和温控法一样有一个从最小新风 量切换到最大新风量的温度 t_0,只要室外空气焓值低于室内空气，系统就将切换到最大新风量下运行。因此焓控方式下可进行新风系统经济运行的机会比温控方式更大,这也是为什么焓控法比温控法更节能的原因。如图 7-8 所示，对于要求达到的室内状态点 n 而言，焓控法可利用的区域为 1、2、3 区，温控法可利用的区域只有 3、4 区。对于 4 区，虽然其温度低于室内温度,但焓值却大于室内焓。如果室内状态点温度和湿度都是受控的，则在这种情况下，采用新风系统经济运行方式反而会引起人工冷量的增加。但对于一般的舒适性空调而言，主要是对室内温度进行控制。因此，在实际当中，采用温度控制的新风系统经济运行方式应用得更为广泛。

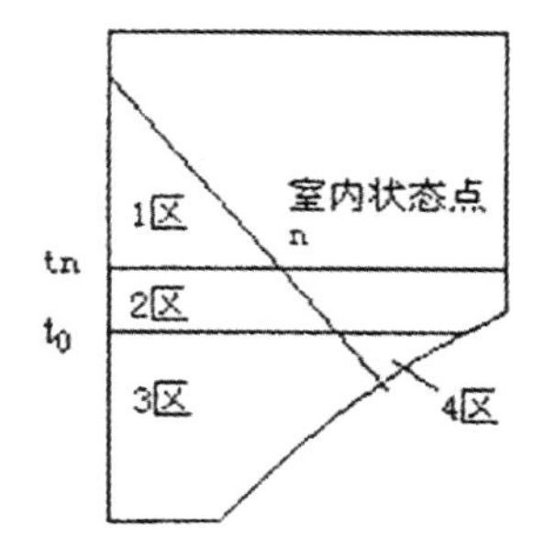

图 7-8 温、焓控制比较图

由图 7-8 可知，采用温控法主要是要确定 t_0、t_1、t_2 三个关键控制温度,并将新风系统经济运行方式分为几个不同阶段。对于 t_0,它是新风量由最大切换到最小或最小切换到最大的关键点。对于只对室内温度进行控制的空调系统而言,只要新风温度低于室内回风温度,新风就有显热的利用价值;但 t_0 过高,图 7-8 中的 4 区也会增大,这样,在不对湿度进行控制的情况下，很容易造成室内湿度偏高的问题。对 t_0 而言，其确定原则主要是在不引起室内湿度问题的情况下，尽量提高 t_0 以使新风冷量得到更充分利用。对于 t_1,当室外气温小于 t_1 时，新风将由最大逐渐减少,表明在此时新风中含有足够的冷可以满足室内冷负荷的需要,而不需人工冷量。因此在理论中可以把 t_1 看作为是否需要人工冷量的关键点。当室外温度大于 t_1 时，需要人工冷量,反之,则不需要。因此确定 t_1 的原则是在一定的室内设计温度下，当室外温度为 t_1 时,系统不使用人工冷量且在最大新风量下运行，新风所提供的冷量恰好等于室内冷负荷。如图 7-11 所示，在 A 点，室内冷负荷恰好等于最大新风所能提供的冷量,所对应的室外空气温度即为 t_1。当室外空气温度小于 t_1 时,最大新风提供的冷量将大于室内冷负荷,因此需要减小新风量。当 t_1 偏高时，如定在图 1 中位置,则由图 1 中的新风控制策略可知(虚线 1)，当室外气温下降到 t_1 时，新风量将小于最大新风量,在此新风量下，新风所能提供的冷量由图 7-11 中虚线 1 表示。在 t_1 时新风能提供的冷量为,小于 A 点的室内冷负荷，需增加人工冷量。在这种情况下，因没有充分利用最大新风供冷,导致了新风冷量的浪费。当 t_1 确定偏低时，如图 7-9 中的 t_1'',造成的现象与上述相反，即新风所提供的冷量大于室内冷负荷之需,此时新风控制如图 7-7 中虚线 2 所示，在某一室外温度下的新风量总是高于虚线 3,这样就容易增加再热量。对于 t2,可以把它看作是要不要启用人工热量的关键点(图 7-9 点 B)。当室外温度小于 t2 时，系统在最小新风量下运行所提供的冷星仍大于在此室外温度对应下的冷负荷。因此,就必须使用人工热量。若 t_2 值定得偏小，如图 7-9 中的,则新风控制如图 7-9 中虚线 4 所示，此时在某一室外温度下的新风量总是高于线 3,即和 t_1 值定得偏小一样,容易增大再热量。因此 t_2 的确定原则是在一定的室内设计温度下，在室外温度为 t_1 时,系统不使用人工热量且在最小新风量下运行所提供的冷量恰好等于室内冷负荷。

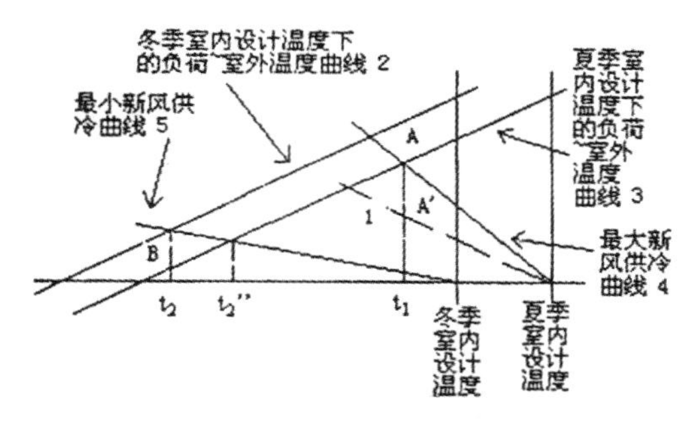

图 7-9 关键点温度确定示意图

从以上的分析中可知,t_1、t_2 的确定不仅与室内冷负荷随室外温度的变化(如图 7-7 中实线 2、3) 及系统的最大、最小新风量有关(图 7-7 中的实线 4、5) ,还与室内计算温度有关。即 t_1 应以由夏季室内设计计算温度确定的冷负荷室外温度曲线(图 7-7 中实线 3)和最大新风量供冷曲线(图 7-7 中实线 4)来确定。t_2 应以由冬季室内设计计算温度确定的冷负荷室外温度曲线(图 7-7 中实线 2)和最大新风量供冷曲线(图 7-7 中实线 5)来确定。如果以夏季室内设计计算温度来确定 t_2,如图 7-9 中 t_2''所示，t_2'' 比 t_2 高,这样就会缩小新风系统经济运行作用区域并使系统提前进入加热工况。确定 t_1、t_2 的关键是首先要求得在夏季、冬季室内计算温度下的冷负荷室外温度曲线和新风供冷曲线。

2.新风系统的组成

新风主机是整套新风系统的核心部件，能够使室内空气产生循环，一方面把室内污浊的空气排出室外，另一方面把室外新鲜的空气经过杀菌，消毒、过滤等措施后，再输入到室内，让房间里每时每刻都是新鲜干净的空气。其组成包括：电机，过滤网，交换芯，机器箱体等组成。随着的不断发展创新，产品除了机械通风，也具有去除 PM2.5、除湿、热交换等功能，而且根据不同的户型大小有相应的机型可供选择。

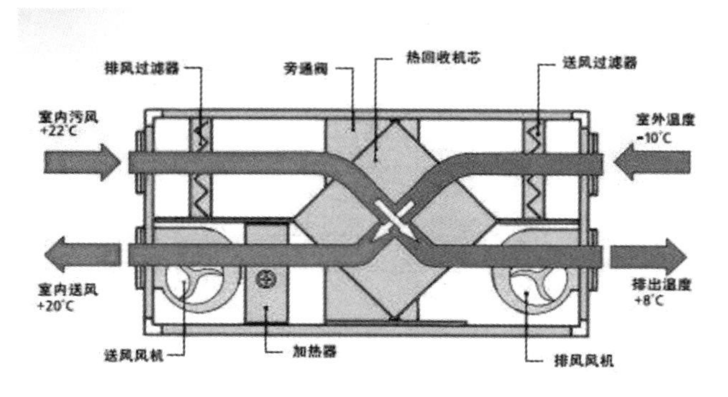

图 7-10 新风主机

分风箱是新风系统里面不可或缺的一个主件，但是它现在只适用在 HDPE 柔性管道系统里面，PVC 系统里面不能被使用，分风箱的每个之路口都应该配有风量调节阀，根据各房间需求调节风量，从而达到风量平衡。收集并分散风量，降低新风机不必要的动压，提高静压，以达到在减小管道阻力的同时使其末端达到最佳的平衡，是整个新风系统运转的更加平稳。

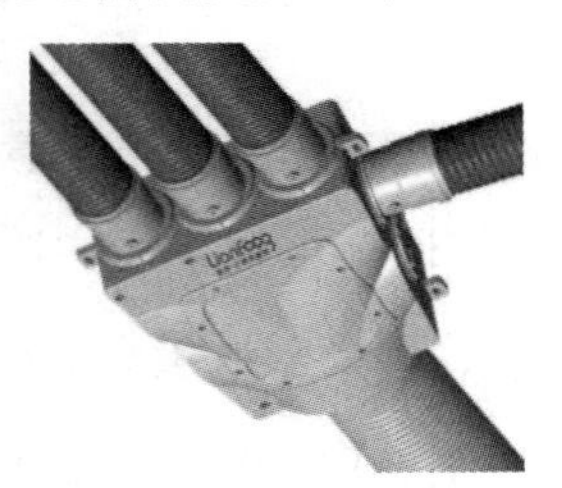

图 7-11 分压静压箱

3.新风控制系统的控制原理

新风系统要实现以上功能，控制系统在硬件上应配置 CO_2 浓度传感器、PM2.5 浓度传感器、温度传感器、湿度传感器等空气质量传感器，布置于室内。配置可编程控制模块，传感器信号作为模拟量输入，接入可编程控制器中，经过处理，一方面在显示器上显示实时空气质量状态参数，另一方面,作为控制参数,控制风机的启停。在新风机内部配置压差传感器，监测过滤器前后压差,压差过大时

报警并提示更换过滤器。软件上，在达到室内适宜温湿度的前提下，新风系统可根据 CO_2 的浓度进行控制。控制流程图如图。

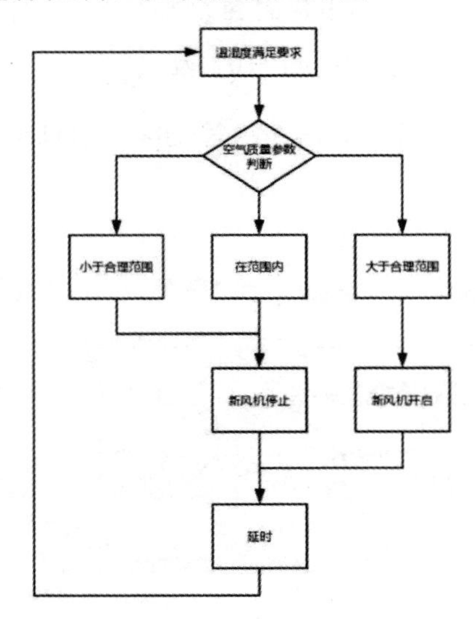

图 7-12 控制流程

7.3 自排放粉尘废物控制系统

随着特种机器人技术的不断发展，煤矿机器人在煤矿安监、开采、运输、分选等各环节的研发与应用方面均取得了若干突破性的进展。2008 年中国矿业大学研制出了国内第一台煤矿灾后探测救援机器人；由太原重型机械集团有限公司、西安煤矿机械有限公司等企业研发的采煤机已具备自主运行、记忆截割等功能，目前我国已研制出具有自主知识产权的综采成套装备智能控制系统，可实现“无人操作、有人巡视”的智能化开采生产模式。中信重工开诚智能装备有限公司研发的矿用巡检机器人已广泛应用于带式输送机、水泵房、井下绞车房、采煤工作面巡检，针对煤矿井下特殊区域瓦斯等危险气体的巡检需求，部分科研单位开发了履带式可移动气体巡检机器人，实现危险区域探测的无人化。然而，因受制于煤矿井下恶劣的工作环境，煤矿机器人的大规模推广应用还有很长一段路要走。

7.3.1 视觉系统除尘

井下机器人的自主定位、移动、巡检等功能均依赖于机器视觉手段，视觉系统一般由 CCD 相机、镜头、光源、图像处理单元等组成，通过对单目或多目相机的图像数据处理，获得机器人环境参数信息。目前机器视觉的相关技术已经能够为机器人导航、遥控操作及智能识别提供重要的理论和技术支撑。然而机器人视觉系统在煤矿井下的应用过程中，还需克服低照度、高粉尘的影响。煤矿机器人的视觉系统需内置于隔爆外壳内，隔爆外壳的设计和使用过程中对防爆接合面的表面粗糙度和缝隙有特定的要求，大量煤尘等污染物覆盖隔爆装备表面 ，会导致隔爆腔内处于完全封闭环境，不利于有害气体的排出，使得视觉系统隔爆装置的安全性能下降。如何通过技术手段实现机器人视觉系统的防尘和除尘，从而确保视觉系统不被粉尘污染，提高图像捕获质量和系统安全性是亟待解决的问题。

首先针对煤矿井下高粉尘环境，考虑煤矿机器人的视觉系统本身要具有主动的防尘功能。参考生物视觉系统的架构，通过设计仿生眼睑来实现机器人视觉系统的防尘和除尘，从而提高煤矿机器人在井下高粉尘、高湿度等恶劣工况下视觉系统的可靠性，使得井下环境和设备工作信息可以被高质量采集、存储，并基于各类机器视觉算法实现图像的智能处理和应用。当机器人进入煤矿井下作业后，空气中飘浮的粉尘不可避免地对机器人镜头造成污染，此时视觉系统要自主地发现镜头污染情况和污染程度，并利用特殊的机械装置准确完成除尘任务。

对此，提出的基于视觉系统的除尘装置及清洁方法，其基本原理是采用揭膜的方式实现防爆摄像装置的自清洁，而且整个揭膜保护装置的设计要满足矿用机电产品的防爆设计要求。当视觉系统的摄像机采集图像时，可根据曝光量和图像质量获得当前镜头的清洁度，通过与所设置的能见度阈值进行实时比较，判断是否执行除尘动作。若图像监测结果表明图像质量劣化明显，需要执行除尘动作，则发送指令给执行机构，通过步进电动机驱动执行机构实现自动揭膜，达到视觉镜头主动除尘的目的。

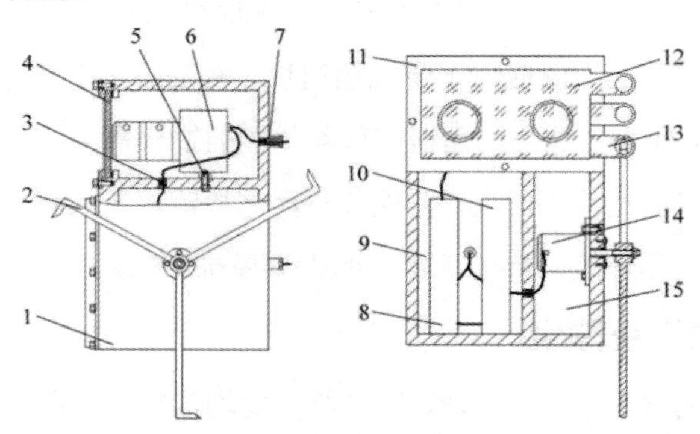

1-防爆箱体;2-三叉戟钩爪;3-密封结构;4-视窗玻璃;5-固定螺钉;6-防爆摄像机;7-防爆喇叭口;8-控制器;9-左腔体;10-驱动器;11-压板;12-透光防尘膜;13-拉环;14-电动机;15-右腔体

图 7-13 主视图与左视图

煤矿机器人视觉系统揭膜自清洁防爆摄像装置的清洁方法包括半自动模式和自动模式。半自动模式和自动模式的启动、切换以及终止可由外部控制器发出指令进行控制。其中半自动模式直接由操作人员发送信号给控制器，控制电动机带动三叉戟钩爪旋转拉动，从而撕扯对应透光防尘膜的拉环达到更换防尘薄膜的目的。

首先移动机器人的防爆摄像机采集矿井环境的图像，并将采集到的图像发送到控制器处；然后控制器分析采集到的图像，从而得到当前图像的能见度 T；其次，比较当前图像的能见度 T 和预设阈值 A，如果当能见度小于预设阈值，则表明需要更换透光防尘膜，否则等待下一次分析对比；最后，控制器向驱动器发送需要更换透光防尘膜的 PWM 信号，同时记录曾经的发送次数 N，当向驱动器发送的 PWM 信号次数小于 3 时，则控制驱动电动机旋转，电动机带动三叉戟钩爪旋转 120°，旋转过程中勾住与三叉戟钩爪匹配的透光防尘膜的拉环，在三叉戟钩爪旋转的作用下撕下当前透光防尘膜，从而完成视窗清洁；当检查发送的 PWM 信号次数等于 3 时，则发出透光防尘膜用尽警告，结束整个流程。

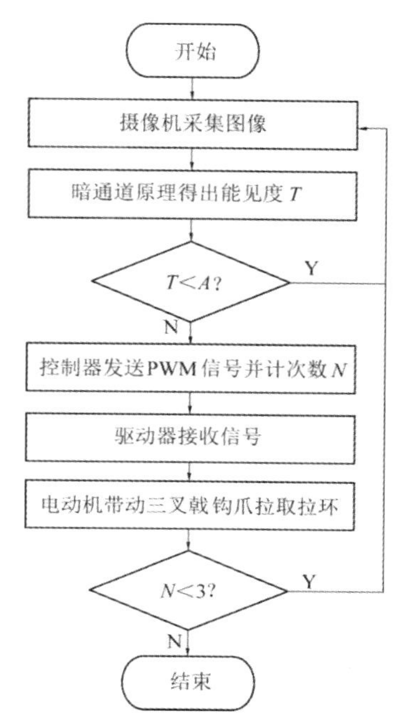

图 7-14 膜自清洁防爆摄像装置的清洁流程

7.3.2 视觉系统自动清洗除尘系统

由于揭膜式除尘系统上镜头防尘膜的数量是有限的，在使用过程中当镜头上的所有防尘膜均被揭完后，如果工作人员不能及时更新镜头防尘膜，机器人视觉系统的镜头还是会被粉尘和污渍等污染，导致视觉系统图像质量不能得到保障，机器人的自主监测功能受损。因此，需要考虑在极限情况下对视觉系统的防尘功能进行冗余设计，通过其他被动式除尘方法提高机器人的续航能力。当视觉镜头表面所有携带的防尘保护膜均被揭除后，机器人自动对实时获得的动态视频图像质量进行智能分析，按照预设的镜头洁净度阈值，分析接收到的镜头曝光量信号，计算出镜头曝光量的大小，判断是否清洗镜头。通过对比分析研判，如果视觉系统镜头需要清洗，则发出指令给机器人，开始自动移动寻找井下预设的固定清洗点。通过无线通信发射和接受位置信息，自动优选出距离机器人最近的清洗点。机器人本体开始按照实时规划的路径运行到镜头清洗点，并调整镜头的姿态，对准清洗喷头，开始视觉系统的自动清洗，从而保障在揭膜除尘方法失效后，机器人仍然可以通过此自动清洗方法保证图像捕获质量。

设计的煤矿机器人视觉镜头自动清洗系统结构，包括煤矿机器人、定位标签、电磁阀、供水管路以及清洗模块等，通过在巷道中设置供水管路，并在供水管路的不同位置设置多个带有电磁阀的喷头，在每个喷头的正下方设置清洗区域范围。在机器人的壳体上贴有定位标签，此定位标签中存储了机器人的相关信息和定位标签自身的标识信息，用于反馈机器人所在的位置信息。在每个喷头附近的巷道壁上安装多个阅读器，通过无线射频的方式对定位标签信息进行读取，读取的信息经过电脑控制器分析得出结果，通过结果判断出机器人所在位置最近的清洗区域，然后机器人移动到最近的清洗区域调整位姿进行镜头与喷头的对准清洗。在镜头的前端内置电加热系统，当镜头由于喷洗导致表面水雾积聚时，自动启动除水雾功能，确保喷洗后视觉系统的图像质量。

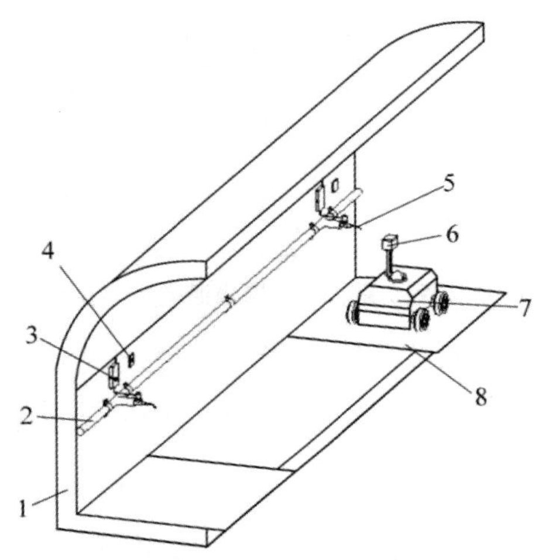

图 7-15 机器人视觉镜头自动清洗系统结构

1-巷道壁;2-供水管路;3-阀门控制模块;4-定位传感器;

5-喷头;6-摄像头;7-机器人本体;8-清洗点

视觉系统镜头自动清洗除尘系统首先给镜头预设洁净度，然后通过摄像头内置的 CCD 图像传感器获得成像瞬时的镜头快门曝光量，并采用图像处理算法计算获得的视觉镜头表面污染物覆盖面积比来表征镜头洁净度，将此刻镜头的洁净度和预设值进行对比，如果小于预设的洁净度，发出需要进行镜头清洗的信号；当机器人接收到需要清洗镜头的信号时，巷道壁面安装的阅读器发出无线射频信号读取机器人定位标签的位置，机器人根据自身位置判断并移动至最近的清洗区域;通过喷头中内置的红外感应器固定距离设置，调整机器人的位置，直到机器人的检测单元检测到红外感应器发出的信号后，调整摄像头的位姿，使得机器人的镜头和喷头对准;最后，打开控制喷头的电磁阀门进行镜头的冲洗及烘干。在冲洗的过程中不停地判断镜头的洁净度，直到大于等于洁净度预设值时，关闭阀门，停止冲洗，机器人回归正常工作。

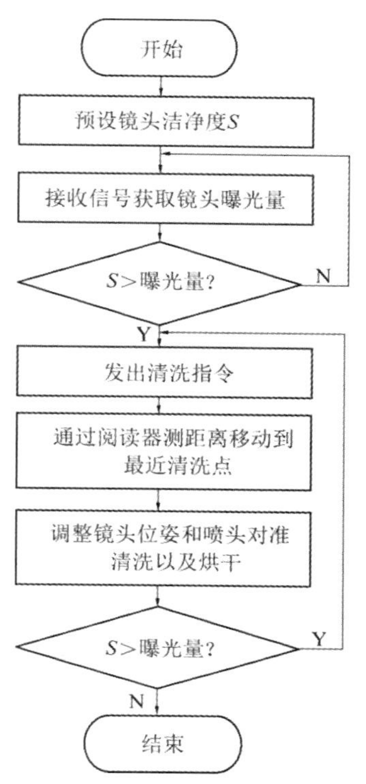

图 7-16 机器人视觉镜头自动清洗流程

7.4 路径规划控制系统

7.4.1 路径规划引言

路径规划的目的是找到一条最优的路径，同时该路径满足在给定的环境中从起点到终点始终不与任何障碍物相交。机器人路径规划生成的路径轨迹对其运动起着导航的作用，可以引导机器人从当前点避开障碍物到达目标点。路径规划主要分为两步进行：（1）建立包含有障碍物的区域和自由移动区域的环境地图模型；（2）在建立的环境地图模型基础上选择合适的路径搜索算法，以便实现快速、实时的路径规划。路径轨迹的产生过程如下图所示：

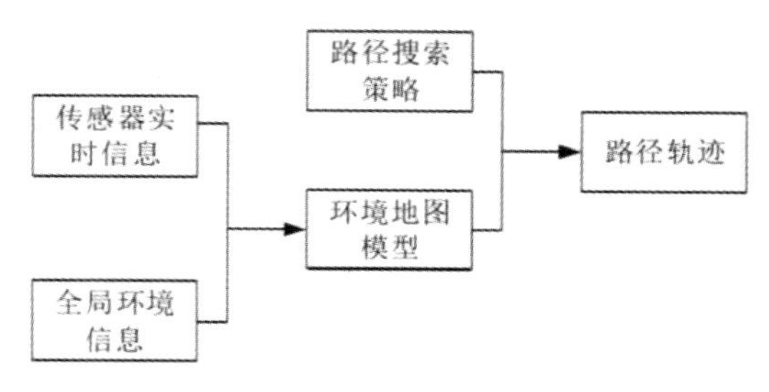

图 7-17 路径轨迹产生过程图

全局规划是在空间地图信息全部已知的情形下，通过划分障碍物区域和自由区域的边界，确定可行或最优的路径轨迹。但是如果机器人处在一个变化的环境当中时，就需要采用局部规划检测移动机器人周围变化的环境信息，从而规划出切实可行的路线。二者之间是存在相互联系的，都是任务决策系统的组成部分，局部路径规划是由全局路径作为引导，依靠从传感器获得的局部环境信息来生成实时的路径轨迹。

7.4.2 定位技术

1.航迹推算的定位技术

航迹推算不需要外部传感器信息来实现对车辆位置和方向的估计，并且能够提供很高的短期定位精度。航迹推算技术的关键是要能测量出移动机器人单位时间间隔走过的距离。以及在这段时间内移动机器人航向的变化。这种方法具有自包含优点，即无需外部参考。然而随时间有漂移、积分之后，任何小的常数误差都会无限增长。因此，对于长时间的精确定位是不适用的。

2.信号灯的定位方法

信号灯定位系统是船只和飞行器普遍的导航定位手段。基于信号灯的定位系统依赖一组安装在环境中已知的信号灯。在移动机器人上安装传感器，对信号灯进行观测。用于环境观测的传感器有很多种，可以是主动的信号，比如主动视觉、超声波、激光雷达、毫米波雷达收发器，也可以是被动的信号，比如GPS、被动视觉：信号灯经过很短的处理过程能够提供稳定、精确的位置信息。虽然这种定位方法提供很高的采样率以及极高的稳定性，但是安装和维护信标成本很高。

3.基于地图的定位方法

在基于地图的定位技术中，地图构建是其中的一个重要的内容。当前主要有拓扑结构描述地图和几何地图两种。

拓扑地图抽象度高，有以下优势：①有利于进一步的路径和任务规划；②存储和搜索空间都比较小，计算效率高；③可以使用很多现有的成熟、高效的搜索和推理算法。缺点：拓扑地图是一个图（Graph），由节点和边组成，只考虑节点间的连通性，例如A，B点是连通的，而不考虑如何从A点到达B点的过程。它放松了地图对精确位置的需要，去掉地图的细节问题，是一种更为紧凑的表达方式。然而，拓扑地图不擅长表达具有复杂结构的地图。如何对地图进行分割形成结点与边，又如何使用拓扑地图进行导航与路径规划，仍是有待研究的问题。

几何地图可以是栅格描述的，也可以是用线段或者是多边形描述的，优点是建立容易，尽量保留了整个环境的各种信息，定位过程中也不再依赖于对环境特征的识别，但是，定位过程中搜索空间很大，如果没有较好的简化算法，就难以满足实时性要求。栅格地图构建了一个精确的环境地图，通过对观测的信息与地图进行配准就可以计算机器人的位置。

7.4.3 “U”型障碍物内的死循环问题的避免算法

一般的自适应机器人都会遇到“死循环”问题的困扰，特别是在“U”型障碍物中,分析图 7-18 中的 1 个例子。

开始，由于目标在前方并且没有检测到任何障碍物,根据规则 2,机器人一直向前走，直至位置 1,根据规则 5,机器人向右转,然后根据规则 19 向前直至位置 2,根据规则 16 向右转直至位置 3,此时根据规则 21 向右前转弯。依此类推,在位置 6,会根据规则 10 向左前转,再至位置 1,形成死循环路径。

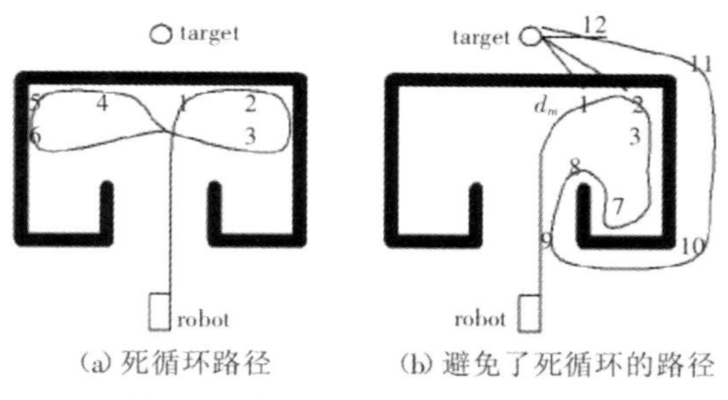

图 7-18 机器人死循环路径及避免

因此，关键是如果机器人在位置 3 不遵循规则 21,而是直接向前走,就可能避免死循环。可以看出，只要机器人在位置 3 时仍然认为目标在左边而不是右边，则会根据规则 19 向前直走。

所以，本系统设计机器人记忆自身的简单状态,并规定在某些状态下可以根据实际情况，人为设置机器人的某些环境信息。这样,在不改变规则库的前提下，可以方便地克服死循环。

设机器人可以处于 3 种状态之一。正常情况下机器人处于状态“0”,严格依据自身获取的环境信息和规则库动作。当出现表 7-1 的情况时，机器人的状态转换为“1”或“2”,并根据人为设置的机器人环境信息和原规则库动作。

表 7-1 机器人的特殊状态表

状态	障碍物	目标	前进方向与机器人目标连线的夹角
1	机器人前进方向左侧	机器人前进方向左侧	变大
2	机器人前进方向右侧	机器人前进方向右侧	变大

规定在状态“1”,不管硬件对目标的当前观测结果如何,目标总被设置在机器人前进方向的“左”侧。对于障碍物，硬件如果观测到当前信息,则设置为当前真实信息;硬件如果观测到当前无障碍物,则设置当前障碍物在前方。

状态“2”依此类推，目标总被设置在机器人前进方向的“右”侧,即不管硬件对目标的当前观测结果如何,目标总被设置在机器人前进方向的“右”侧;其余同，即对于障碍物,硬件如果观测到当前信息，则设置为当前真实信息;硬件如果观测到当前无障碍物,则设置当前障碍物在前方。

这样，在图 7-18 (a)中，从位置 1 开始，机器人的状态符合状态“1”,状态就变成“1”。从位置 4 开始，机器人的状态符合状态“2”,其状态就变成“2”。根据这样的设置和规则库,机器人在图 7-18 (b)中的路径就可以方便得出。在位置 1,状态变成“1”,按规则 19,机器人直走,在位置 2,按规则 16,机器人右转,在位置 3,因为目标总被人为设置在机器人前进方向的“左”侧，按规则 19,机器人也直走;在位置 7,按规则 16,机器人右转;在位置 8、9、10、11,因为人为设置当前障碍物在前方，并且目标被人为设置在机器人前进方向的“左”侧,按规则 4,机器人连续左转，不会再产生 U 型障碍物的死循环路径，成功跨越了 U 型障碍物。

克服了“U”型障碍后，机器人的状态如何在变回“0”的正常状态呢?

本系统再设计机器人记忆 1 个简单的距离信息。在状态从“0”变成“1”的时刻,记录下当前机器人与目标的直线段距离 d_m(见图 7-18 (b)) ,然后机器人每次都将当前自己与目标的直线段距离和最初的 d_m 比较可以判断，如果当前与目标的直线段距离大于 d_m,说明越“U”型障碍尚未结束,保持状态“1”。只有到了位置 12,机器人当前与目标的直线段距离开始小于 d_m,说明已经成功越障,此时将状态变成“0”,进入正常的模式，机器人成功走向目标。

通过存储机器人的状态，并根据“U”型障碍的实际情况，在某些状态下人为对机器人环境信息进行特定设置，加上相对距离信息的简洁应用，实现了机器人对“U”型障碍物的成功跨越。

7.4.4 仿真设计

为了测试系统的控制算法，使用了 1 个行走机器人，其传感体系如图 7-19，行走速度为 0.15m/s。

首先要对神经模糊控制系统的神经网络进行训练,在训练环境设置了目标、圆型、长型、U 型的各类障碍物如图 7-19(a)。

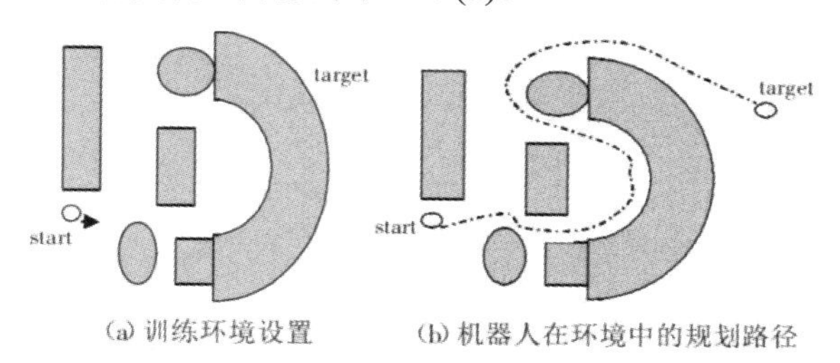

图 7-19 机器人动态路径规划

动态路径规划神经-模糊控制系统的算法特色如下:

(1)于本神经模糊系统的设计理念,神经网络结构简洁，逻辑意义清晰。需要优化和学习的权值集合大大减少,采用 QPSO 算法训练网络既提高了训练速度,又具备更好的全局搜索能力。

(2)一般的自适应机器人都会遇到死循环问题的困扰,特别是在“U”型障碍物中。本系统通过存储机器人的状态，并根据“U”型障碍的实际情况，在某些状态下对机器人环境信息进行特定设置，加上相对距离信息的简洁应用，实现了机器人对“U”型障碍物的成功跨越。

所以，该算法有效地解决了神经模糊系统中，网络规模大、采用传统的梯度下降训练算法而造成网络性能一般的问题和极 有可能造成机器人死循环路径的“U”型障碍物跨越问题。

在神经模糊系统的控制下，机器人能够朝着目标，规划产生合理的路径,并且不会陷入死循环。具备稳定的实用性能，对各种室内机器人具有通用的指导价值。

7.4.5 自主跟随

1.基于深度学习的机器人自主跟随

智能机器人基于摄像头获取目标的信息，并利用深度学习分析目标位置信息，从而完成目标自主跟随。

深度学习（Deep Learning，DL）的核心在于通过增加抽象级别学习数据的表示，而在更高层次上的抽象表示均通过在较低层次上的不抽象表示来完成定义。这种分层学习过程较为强大，因为DL允许系统直接从原始数据中理解和学习复杂的表示，使其在众多学科中广泛应用。目前，已有的DL结构包括深度神经网络、卷积神经网络、深度自编码器、深度玻尔兹曼机、深度信念网络、深度残差网络等。深度自编码（Deep Autoencoder，DA）是通过堆叠多个自动编码器而获得的，这些自动编码器是数据驱动的无监督模型。并将输入量自动投影到较输入量更小的维空间以降低数据维度，其结构如图7-20所示。在自动编码器中，输入/输出层使用等量的单位，而隐藏层使用较少的单位。非线性/线性变换体现在隐藏层单元中，并将给定输入编码转为更小的维度。虽然DA需要一个预训练阶段，且存在部分消失错误，但因其数据压缩能力较强，并拥有多种变形结构，例如去噪自动编码器、稀疏自动编码器、变分自动编码器等，目前已获得了广泛应用。

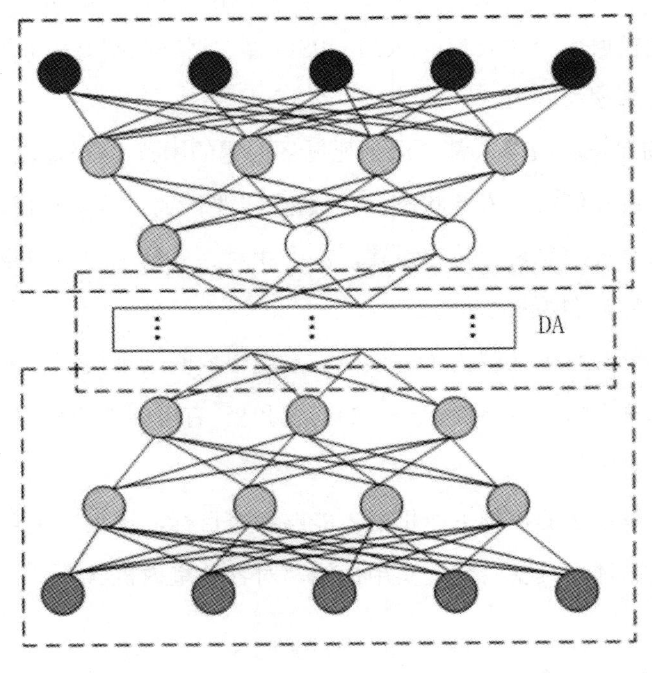

图7-20　DA的结构

当用于多模式学习时，完全连接的自编码器和DA的一个局限性均忽略了多维图像结构。这样，输出不仅与普通大小的输入有关，且还引入了部分参数，这些参数使得每个特征均跨越了整个视界。为此，该文通过引入卷积自编码（Convolution Autoencoder，CA）实现了权重在输入中的实时共享，从而保留空间局部性。设输入数据是 $Z=\{z_1,z_2,\cdots,z_n\}$，滤波器映射定义成 $H=\{h_1,h_2,\cdots,h_m\}$，数据深度是 D ，滤波器的尺寸是 (2k+1,2k+1,n)。通过卷积运算获得 m 个数据深度是 D 的激活映射，其数学表达式为：

$$f(Z)=\alpha(\sum_{d=1}^{D}\ \sum_{u=-2k-1}^{2k+1}\ \sum_{v=-2k-1}^{2k+1}\ H_{pd}((u\ v)Z_d(i-u,j-v)) \quad (7\text{-}2)$$

式中,α 是非线性的，滤波器映射所对应的数据为 p∈{1,…,m}。

上述激活映射即为数据 Z 的低维度编码描述。采用 Max-pooling 处理方式完成输入数据大小的下采样，且经过两层隐含层传输这一激活特征映射，并将其投影至 d 维的公共子空间。

此外，在解码环节中采用反卷积，以将数据重新投影至原始空间。其与常规卷积一致，只是加大了输入数据的维数。最终，CA 中输入数据的重建由输入数据最小化与重构数据间的损失共同实现。即数学描述式为：

$$\begin{gathered} L(Z,Z')=\frac{1}{2}||Z-Z'||_2^2 \\ Z'=\alpha(f(Z)*H_m) \end{gathered} \quad (7\text{-}3)$$

式中，$L(Z,Z')$为均方误差，*表示卷积运算。虽然定义损失项还有其他选择，但均方根差可以通过执行点或像素的比较来捕获潜在的结果，且性能最优。

基于 CA 学习模型提出了机器人自主跟随算法，其流程如图 7-21 所示。

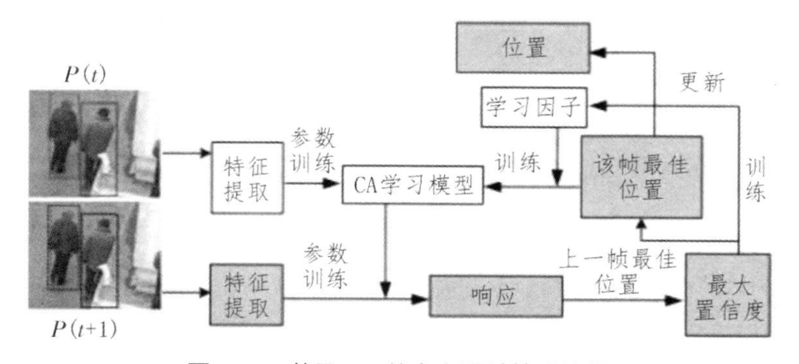

图 7-21　基于 CA 的自主跟随算法流程

智能机器人首先接收目标坐标，已知其(O,X,Y)坐标系中的实际位置。然后基于摄像头数据掌握环境和周围障碍物情况，估计下一步要执行的动作。机器人通过该文算法获取最优化的跟随位置，并参照已有参数计算出距离信息，设定参考跟随距离。在此基础上，对比经过深度学习算法得到的实际距离值与设定阈值之间的大小关系。若实际距离值超过设定阈值，则机器人加快跟进；若实际距离值低于设定阈值，则机器人减慢跟随速度。

2.基于 RGB-D 的机器人跟随系统设计

深度相机获取得到的图像有两种即 RGB 图像和深度图像，目标区域的深度图像质心定义为目标区域中所有像素垂直方向的深度平均值。 像素点的垂直深度值为像素点深度值映射到相机视野中心的垂直距离。

如图 7-22 所示，P 点垂直深度值为 CO 的长度。假设相机水平 X 方向视野范围为 $\theta=\angle ACB$ ，垂直 Y 方向视野范围为 $\gamma=\angle MCN$。P 点 X 方向角度为 $\beta=\angle PCF$ ，P 点 Y 方向角度为 $\alpha=\angle PCE$ 。那么 P 点垂直深度值：

$$CO=\sqrt{CP^2-OP^2}=\sqrt{CP^2-(OF^2+FP^2)} \quad (7\text{-}4)$$

而 $OF=EP=CP\times\sin\alpha$，$FP=CP\times\sin\beta$

所以：

$$CO=CP\times\sqrt{1-(\sin^2\alpha+\sin^2\beta)} \quad (7\text{-}5)$$

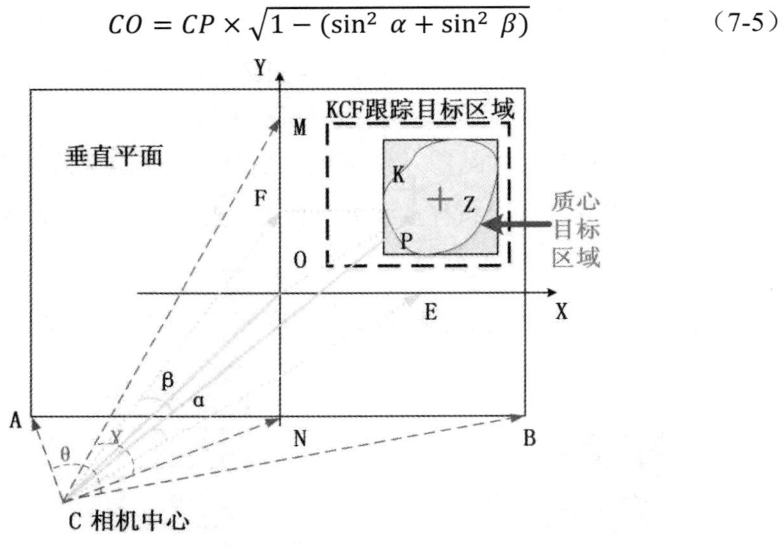

图 7-22 质心算法示意图

具体算法步骤如下：

步骤 1 ：计算深度图像水平和垂直方向每个像素的弧度值

假设图像宽度和高度为 w 、 h ， AB 长度为 w ， MN 的长度为 h ，那么每个像素水平弧度（ xr ）和垂直弧度（ yr ）分别为：

$$xr=\alpha\times\theta/180/w, yr=\beta\times\pi/180/h$$

其中 π 为圆周率。

步骤 2 ：计算每个像素水平方向（ SX ），垂直方向（ SY ）正弦值；

$$SX[p_x]=\sin((p_x-w/2)\times xr)$$
$$SY[p_y]=\sin((p_y-h/2)\times yr)$$

其中 p_x、p_y 分别为目标点以 O 点为原点的 x 、 y 像素坐标。

步骤 3：分别计算目标区域中每个像素垂直深度值 D_{p} ，即 CO 长度；

假设目标点深度值为 $pDepth$，那么：

$$Dp = pDepthx\sqrt{1-(SX[p_x]^2+SY[p_y]^2)} \quad （7-6）$$

步骤 4 ：分别计算 KCF 目标跟踪矩形区域中所有像素垂直

深度值合计 $SumDp$；

$$SumDp_+ = Dp \quad （7-7）$$

步骤 5 ： 计算目标跟踪矩形区域中所有像素垂直深度平均值 Avg Dp ，即为质心深度；

$$AvgDp = SumDp / n \quad （7-8）$$

其中 n 为目标矩形区域中所有像素个数。

步骤 6 ：找出深度值在质心深度前后 0.25m （假设物体表面的深度差在 0．5m 之内）像素点的区域即为质心目标区域，质心目标区域的中心位置 (图 7-22 中 Z 点) 为目标物体中心位置 (图 7-22 中 K 点为 KCF 跟踪中心位置) 。

3.基于 ROS 机器人跟随系统的设计

本系统是基于 ROS 平台设计， 通过 ROS 话题完成节点之间的数据通信。构建了三个 ROS 节点，即机器人本体节点、深度相机节点和远程操控端节点（如图 7-23）。主要话题有四个：深度图像话题（/image_depth）、 RGB 图像话题（/image_color）、相机信息话题（/camera_info）和运动指令话题（/cmd_vel）。

如图 7-25 所示，设计的机器人跟随系统具体流程如下：

1 ）深度相机节点采集 RGB-D 图像信息，并将深度图像话题、 RGB 图像话题、相机信息 ROS 话题发布出去；

2 ）远程操控端订阅接收图像话题，并将图像显示到屏幕中；

3 ）操作员手工选择设定初始跟随目标；

4 ） KCF 算法实时跟踪目标；

5 ）质心算法计算跟随目标精确方位信息和距离信息；距离信息采用目标区域最小深度值。 根据距离远近和目标方位设定机器人移动速度和姿态；

6 ）操控端发布驱动机器人运动速度和姿态话题(/cmd_vel)，话题包括前进速度和转向角速度；

7 ）机器人订阅运动速度话题，差速运动控制器计算两轮转速，下达机器人平台执行运动指令实施机器人跟随。

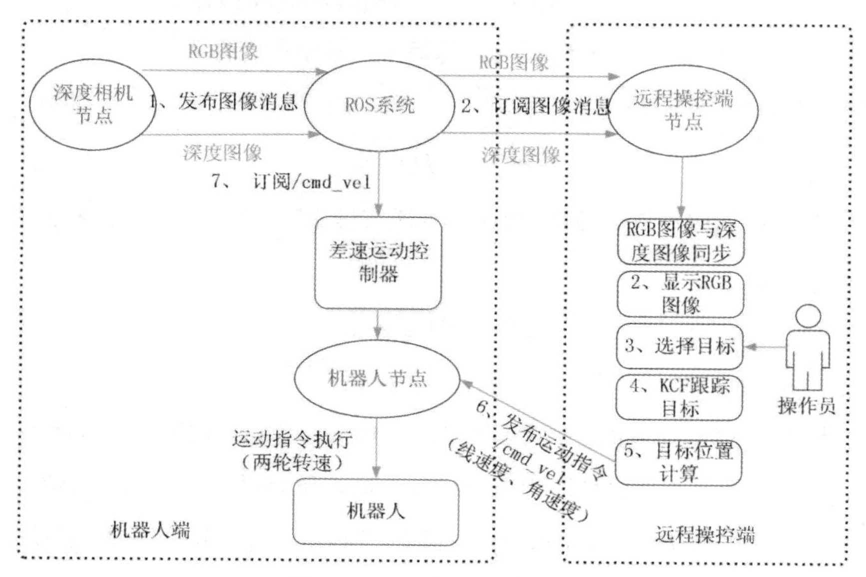

图 7-23 机器人跟随流程图

7.4.6 移动机器人路径动态规划有向 D*算法

1.有向 D*算法概述

随着人工智能技术的应用与发展，移动机器人更多应用在无人参与的复杂环境中，如深海探测、自动导引小车等，对动态规划的要求更高。Khatib 提出人工势场法以处理机器人路径动态规划问题，其优点在于只须进行简单数学分析，无须进行大量计算即可规划出光滑路径并具有较好的实时性，但利用该方法难以获得全局最优解。 Yang 等均对人工势场法进行改进，但仍存在规划时间随障碍物复杂度的增加而增大、路径拐点较多等问题. Koenig 等引入环境增量信息提出 LPA*（lifelong planning A*）算法，但该算法规划效率较低。Patle 等利用萤火虫算法进行不确定环境下的路径规划，但存在无效转弯、机器人移动时间成本增加的问题。Panda 等提出基于遗传算法的动态网格进化搜索算法，在一定程度上提高了搜索效率，但后期收敛速度较慢。

D*算法是由 Stentz 提出的动态规划算法，机器人在向目标点移动过程中只检查最短路径临近节点的变化情况，因此具有较高的动态搜索效率，且可以处理任何成本参数发生变化的路径成本优化问题。由于其通过等势线逐级扩展的方式进行搜索，搜索空间较大，尤其在初始路径规划、环境复杂程度较高时，搜索空间大的问题更加突出；在单次扩展搜索时仅考虑欧几里得距离，易出现在小范围区域内多次转弯的问题，增加移动时间成本。为此，Stentz 提出 Focussed D*（focussed dynamic A*）算法，通过增加偏置函数来降低搜索空间，在一定程度上降低了路径规划时间，但机器人在小范围区域内多次转弯的问题没有得到有效解决；Koenig 等提出 D* Lite（dynamic A* Lite）算法，该算法在一定程度上提高了算法效率，但存在节点重复计算问题；Ganapathy 等提出 Enhanced D* Lite（enhanced dynamic A* Lite）算法，避免了移动机器人穿越尖角等一系列不安全路径，但机器人在小范围区域内多次转弯的问题依然没有得到有效解决。

传统移动机器人动态路径规划算法在确定子节点时遍历所有节点因而搜索效率低、存在多次转弯而增加移动时间成本。针对上述问题提出有向 D*算法，算法通过引入关键节点概念，逐级扩展确定可行路径，并结合障碍物位置信息引入导向函数缩小路径规划的搜索空间，提高搜索效率；在欧几里得距离评价标准的基础上引入平滑度函数，对规划路径与理想路径的偏移程度进行惩罚，减少路径拐点数量，提高路径平滑度，并对平滑度函数中转弯因子的确定方法、特点进行说明。在此基础上，对有向 D*算法的收敛性进行证明并给出算法流程。在 3 种大小不同、障碍物复杂情况不同的环境空间内对算法进行测试，仿真实验表明所提方法能较好的兼顾局部搜索与系统最优性，尤其适用于障碍物较多的复杂环境。

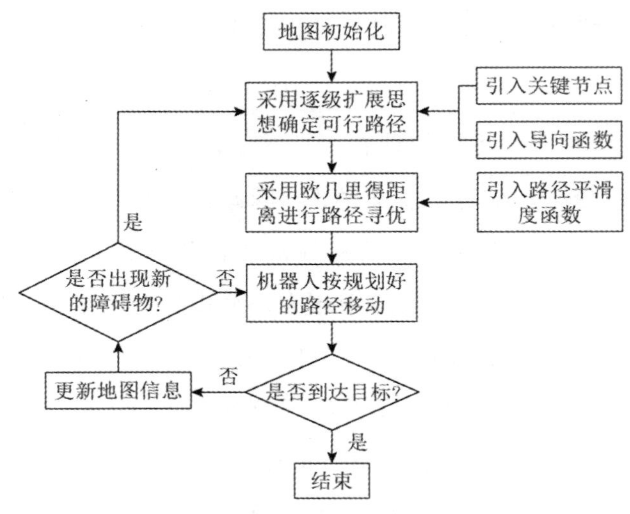

图 7-24　有向 D*算法系统结构图

2.可行路径确定

D* 算法在初始路径规划时使用类似等势线逐级扩展的方式，会遍历较多不必要节点，导致 D*算法搜索空间较大。为了缩小搜索空间，提出以下技术改进措施。

（1）改进搜索方式。对节点进行区分，将障碍物近似为四边形，以其 4 个顶点作为关键节点，主要针对关键节点进行搜索、筛选，并从初始点开始由前往后通过由父节点逐级确定子节点的方式确定可行路径。采用逐级扩展的方式既能将每一个关键节点访问到，同时可以避免对不必要的关键节点进行路径成本计算，以提高规划效率。

如图 7-25 所示为传统 D*算法与本研究改进方法搜索方式区别举例。图 7-25 左边图中每个栅格表示一个状态，传统 D*算法在由点 S 确定到目标点 G 的路径时，须从点 G 开始将所有状态遍历并形成指向 G 的后向指针，因此栅格的数量影响 D*算法在初始路径规划时须遍历的状态数，其须遍历的状态数随环境地图的扩大呈指数级增长；如图 7-25 右边图中所示为采用本研究方法的搜索方式，考虑障碍物位置信息仅须对 11 个关键节点（用菱形表示）进行访问，有效降低搜索空间，提高路径规划效率。

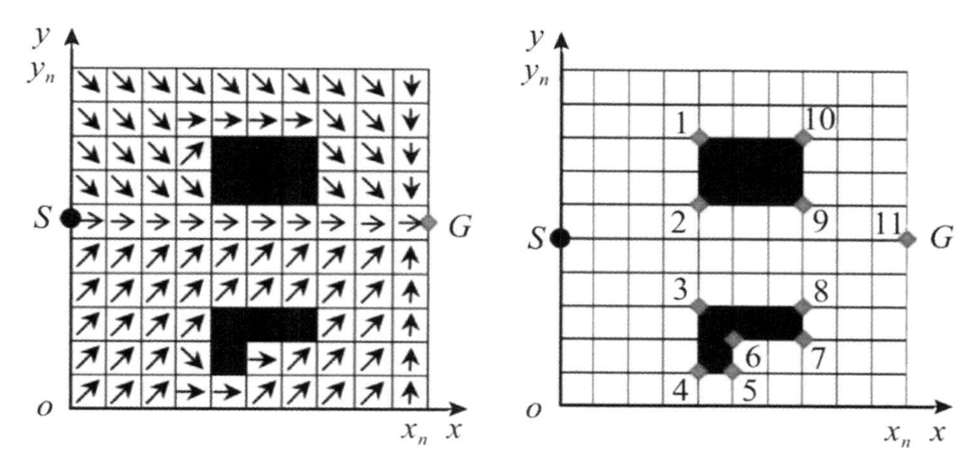

图 7-25　传统 D*算法与研究改进方法

（2）关键节点筛选。传统 D*算法由目标点开始反向采用类似等势线逐级扩展的方式确定可行路径；本研究从出发点开始，对于关键节点采用由父节点逐级确定子节点的方式，通过引入导向函数 $p\left(x \right)$，对关键节点进行搜索和筛选。该导向函数由 2 个节点构造直线方程，通过判断该直线方程是否与障碍物区域有交集从而对子节点进行筛选：若存在交集则舍弃；若不存在则保留，后续进一步进行路径寻优。该方式能降低路径规划单次迭代的搜索空间，减少规划时间。

上述两种处理方式优点如下：

1）可以较好地缩小搜索空间、减小计算机数据的运算量，提高搜索效率；

2）在工程实践中，障碍物位置区域一般仅为地图的小部分区域，从总体上看搜索空间相对有限，所提出的四边形的障碍物建模方式简化了搜索过程且降低了关键节点的搜索数量；

3）可以通过平滑度函数控制寻优方向，能较好地兼顾局部搜索与规划路径的系统整体最优性，避免一般 D*及传统路径动态规划算法易产生冗余路径的问题。

2.算法流程

（1）初始化栅格地图，设置起点、终点以及障碍物。

（2）依据地图中的障碍物位置信息选取关键节点。

（3）所有关键节点分为 3 组：CLOSED 列表、OPEN 列表、DELETE 列表。

（4）通过导向函数 $p\left(x \right)$获得单次扩展须访问的关键节点，选取须访问关键节点中的最优关键节点。迭代通过 OPEN 列表中反复删除位置状态进行，直到当终点 G 加入 CLOSED 列表或起点 S 所能到达的所有节点都包含于 CLOSED、DELETE 列表中，搜索结束。

（5）移动机器人沿初始最优路径前进，若传感器探测到实际地图信息与离线地图信息不符时，将移动机器人的当前位置设为起始节点，进入第（4）步，对路径进行重新规划找到避开障碍物的安全路径，当移动机器人移动到目标节点 G时，算法结束。有向 D*算法流程图如图 7-26 所示。

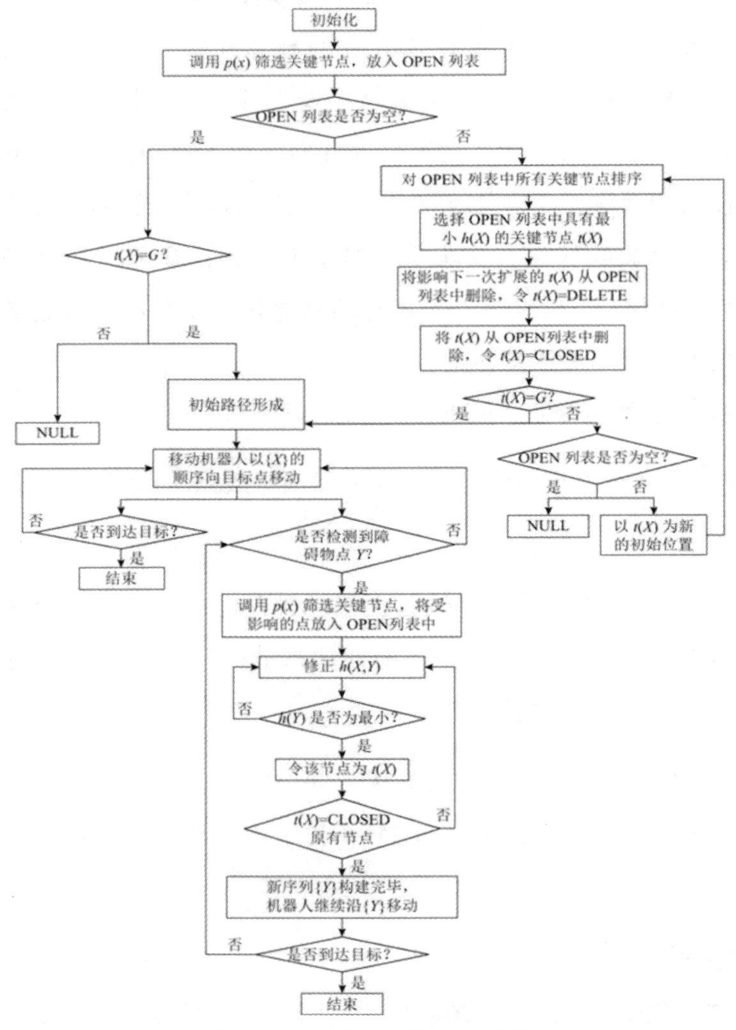

图 7-26　有向 D*算法流程图

7.5 自加水/煤尘抑制剂系统

7.5.1 自加水系统

自动供水系统的基本工作原理是根据用户用水量变化自动调节运行水泵台数和一台水泵转速，使水泵出口压力保持恒定。当用户用水量小于一台水泵出水量时，系统根据用水量变化有一台水泵变频调速运行，当用水量增加时管道系统内压力下降，这时压力传感器把检测到的信号传送给微机控制单元，通过微机运行判断，发出指令到变频器，控制水泵电机，使转速加快以保证系统压力恒定，反之当用水量减少时，使水泵转速减慢，以保持恒压。当用水量大于一台泵出水时，第一台泵切换到工频运行，第二台泵开始变频调速运行，当用水量小于两台泵出水量时，能自动停止一台或二台泵运行。在整个运行过程中，始终保持系统恒压不变，使水泵始终工作在高校区，既保证用户恒压供水，又节省电能。设备不需配备专职操作人员。

烧结生产是一个复杂的物理化学过程，在烧结生产中，混合料水分是其中一个重要的参数。适宜稳定的水分利于混匀制粒、改善料层的透气性、减少气体阻力、改善烧结料的换热条件，更可直接影响烧结工艺的生产质量等一系列技术经济指标，如垂直烧结速度、结块率、燃料消耗、表层质量、转鼓强度、FeO 含量等。

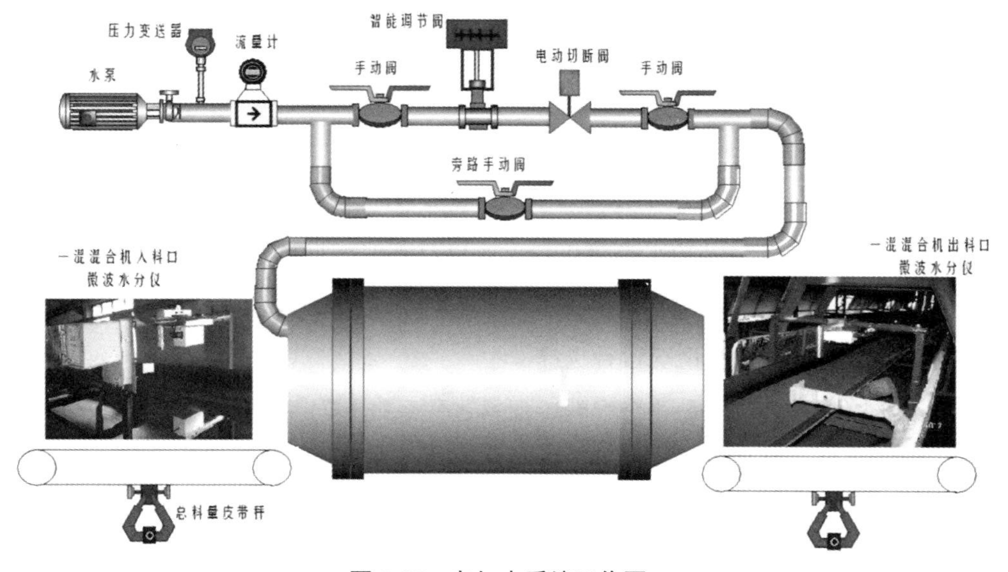

图 7-27　自加水系统工作图

1.MCS-300 自加水系统

MCS-300 系列水分测控系统由测量单元、控制单元、执行单元三大核心部分组成。通过准确可靠的测量数据与现场所有干扰因素量化相结合，提供给功能强大的 DCS 集散控制器与可视触控一体机，采用多重量控制模式进行分析、运算、处理后下发给执行单元，实现稳定、准确、快速调节自动加水。

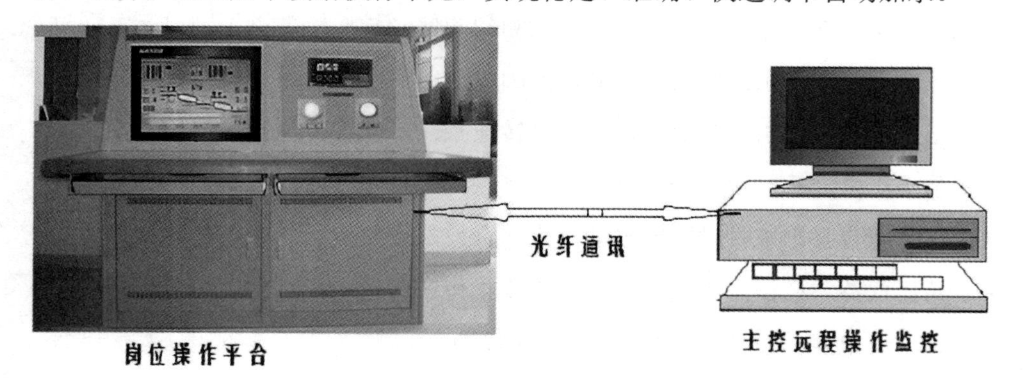

图 7-28　MCS-300 系列水分测控系统

MCS-300 系列水分测控系统中测量单元包括水分测量、料量测量、流量测量和压力测量四部分。该系统中主要测量为水分测量，采用德国红外或微波水分测量设备。

2.控制单元

MCS-300 系列水分测控系统控制单元采用 DCS 集散系统与可视触控一体设备，达到上下位通讯稳定、数据传输高效、可靠，编程与组态更简单易懂，维护量少且方便快速。

3.执行单元

MCS-300 系列自动加水系统执行单元以及其他测量设备全部采用国外设备，德国 PS 智能调节阀、快速切断阀，E H 或 EJA 流量计、压力变送器，用户也可以根据自己工艺情况自行选择。

水分控制系统实际是整个配料、混料过程系统共同控制的结果，仅仅依靠水分仪的测量，对某个局部环节的水分进行检测和控制是不够的。因此 MCS300 系列水分测控系统在水分控制计算中除了水分的测量值和加水的水流量外，还引入了物料的瞬时流量、矿种配比、生石灰配比、石灰石配比、返矿配比、除尘灰配比等工艺各环节的干扰因素以及烧结混合大滞后延时参数，并加入皮带及混合机的启停信号作为判断生产与否的依据，分别根据上述参数的变化对加水量进行实时控制，有效的避免了水分添加量的剧烈波动，将烧结混合料的水分值精确的控制在合理范围之内。

7.5.2 PLC 在自动加水控制系统中的应用

PLC 控制是目前工业上最常用的自动化控制方法,能适应恶劣的工作环境。PLC 将传统的继电器控制技术、计算机技术和通信技术融为一体,专门为工业控制而设计,具有功能强、环境适应性强、编程简单、使用方便以及体积小、重量轻、功耗低等一系列优点 ，因此在工业上的应用越来越广泛。

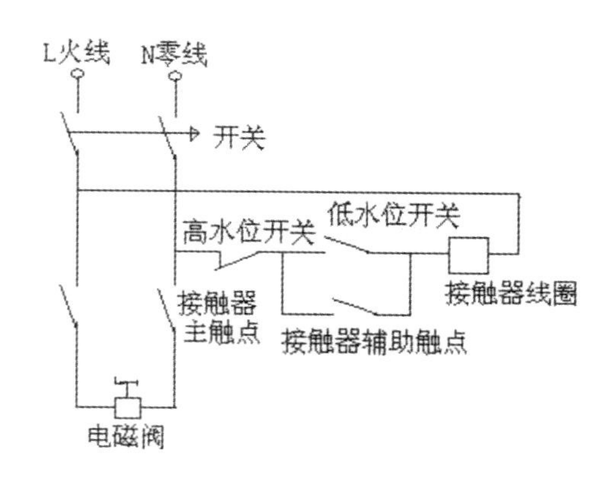

图 7-29 自加水系统电路图

在水分控制上面，通过机器和电子秤来控制流量，当物料进入滚筒后，手动控制阀门的开启对滚筒内的物料进行加水，控制物料的出口水分。这种手动方式下水流量不易控制，出口水分也不稳定，而且由于操作人员操作习惯不同，也会对出口水分稳定性产生一定影响。

于是通过 PLC 进行自加水系统的控制，在加水管路上增加流量计和气动薄膜阀，并在现场 I/O 分控箱中增加模拟量输入输出模块，把流量计和气动薄膜阀同 I/O 分控箱内相应的模块进行连接。在 PLC 编程软件中首先对硬件系统进行组态，使总线系统通讯正常。其次，在 PLC 中进行软件编程，实现加水量的算法、加水量的修正值和水流量稳定性的控制。

在加水管路中增加流量计和气动薄膜阀，流量计实现对水流量的采集，通过气动薄膜法实现对水流量的自动控制。并在设备上增加电磁阀，控制压缩空气的启停来为气动薄膜阀提供动力源。由于流量计和气动薄膜阀分别使用模拟量输入模块和模拟量输出模块进行控制，在 I/O 分控箱中增加了相应的模块，对其进行硬件组态并分配地址，实现总线系统通讯状态正常。在程序中编程实现加水量理论值的算法，根据实际入口水分、电子秤流量以及设定出口水分计算出加水量的理论值。再根据生产的实际情况对公式进行调整，使理论加水值尽可能适应满足出口水分稳定性的要求。

由于理论加水量是按照公式计算出的数值，在实际加水过程中，实际出口水分会出现一定偏差，在程序中需要增加一个针对这一偏差的加水量修正值。修正值由程序中 PID 块计算得出。这也是串级控制中的外环。在 PID 块中，设定参数为设定出口水分，实际参数为实际出口水分，根据实际情况设置 PID 块的调节上下限（限制修正值的调节幅度），当滚筒出口物料水分大于一定数值后,，PID 块开始工作，最终 PID 块计算得出的输出数值即为修正值。此修正值即是针对实际出口水分的波动，对理论加水量进行调整的幅度。把修正值同加水量的理论值进行相加，得出的数值即为最终加水流量设定值。

计算出的最终加水流量的设定值需要通过气动薄膜阀开启度的自动调整来控制其流量的稳定性。气动薄膜阀开启度控制通过 PID 块来实现，这也是串级控制中的内环，在 PID 块中，设定参数为加水流量的最终设定值，实际参数为通过流量计采集的流量数据，根据实际情况设置 PID 块的调节上下限（限制薄膜阀的开启度范围），当滚筒入口电子秤流量大于一定数值并经过一定时间延时， PID 块开始工作，通过 PID 块最终运算出气动薄膜阀的开度调节值，实现加水流量的自动控制。

PID 块中关于修正值计算以及气动薄膜阀开度的控制过程中。如果 PID 块调节速度不合适，会引起控制过程的波动。针对整个自动加水控制过程来说，当实际出口水分同设定水分出现较小偏差时；如果系统调节过快会使加水量修正值变化过快。会导致出口水分出现震荡，整个控制过程波动较大；如果系统调节过慢，会使加水量修正值变化缓慢，会导致实际出口水分很长时间内达不到设定值，过程控制的稳定性也达不到要求。所以，需要在物料运行过程中，针对 PID 块中的 P 参数、I 参数和 D 参数进行仔细的摸索验证和调整，满足过程控制稳定性的要求。最理想的参数是在 3 个振荡周期内实际出口水分可以达到设定值。

7.5.3 微波/红外水分仪测量原理

1.微波水分仪

微波水分仪采用2.40GHz低频微波（可穿透高密度及宽皮带），该波透射被测介质时产生的衰减、相位改变主要由介质的介电常数、介质损耗角正切值决定。水是一种极性分子，水的介电常数和介质损耗角正切值都高于一般介质。通常情况，含水介质的介电常数和损耗角正切值的大小主要由它的水分含量决定。微波从位于输送带下方的微波发射探头发射能量，透过皮带及物料后被皮带上端微波接收探头接收剩余的微波能量。根据微波功率的衰减和相位移的改变，以及超声波质量补偿探头计算瞬时总质量，利用损失的总能量和总质量的百分比含量，计算出物料的含水率。

由于微波穿透被测物料，所以所有的物理性水分都能被测定。这不仅适用于表面的水分，而且也适于内部的水分。该技术提高了测量准确性和精度，物料的颜色和表面结构，水蒸气和粉尘都不会影响测量结果。

2.红外水分仪

（1）水分子中的氢-氧键会吸收特定波长的近红外线，在特定波长下，所反射回去的近红外线能量和物料中水分子吸收的近红外线能量成反比，根据能量的损失量计算出被测物料的含水率。

（2）当水分子被特定的能量带激发时变成振动态，水分子中束缚的两个氢原子与一个氧原子的氢氧键会伸展、收缩、或以其他形态扭曲。能使水分子振动的能量遍及整个电磁光谱的特定波段。在整个光谱的不同部位，有的吸收波段十分强烈，有的吸收波段十分微弱。在光谱的近红外部位，该波段对于水分子特别强烈，同时仪器在发射、过滤和接收能量方面更容易实现。

（3）近红外线测量技术是一种非破坏性，非接触式的实时测量技术。

7.5.4 自动加水控制装置

自动加水控制装置包括生球皮带、视频粒度分析系统、滴水管、雾化管，所述滴水管上设有滴水管调节阀、滴水管流量计，所述雾化管上设有雾化管调节阀、雾化管流量计，所述视频粒度分析系统采用天津三特的STV7800，视频粒度分析系统包括摄像机、工业控制计算机，所述摄像机安装在生球皮带上方，摄像机通过数据传送装置与工业控制计算机相连，将图像信号传送给工业控制计算机，工业控制计算机与 PLC 的输入端相连接，所述 PLC 的输入端分别与滴水管流量计、雾化管流量计相连接，PLC 的输出端分别与滴水管调节阀、雾化管调节阀相连接。

确定原料结构、料流速度，设定加水总量，加水总量等于适宜水分含量乘以料流速度，人工对步骤一种的加水总量进行修订、确认，在 PLC 中设定加水总量的设定值等于滴水量加雾化水量，粒度分析，利用视频粒度分析系统对生球皮带上的生球粒度进行分析，摄像机拍取生球皮带上的生球图像，传送给工业控制计算机，工业控制计算机进行粒度分析，并把分析结果传送给 PLC。

PLC 根据生球球团粒度的比例关系控制滴水量和雾化水量，首先按照球团粒度分为 A、B、C、D 四个等级，其中 A 为球团粒度＞8mm 的生球比例，B 为球团粒度＞16mm 的生球比例，C 为球团粒度 8~12mm 的生球比例，D 为球团粒度 12~16mm 的生球比例；

(1)当 A+B＞10％时，若 A＞B 则增加滴水量设定值，PLC 中的 PID 控制器调节滴水调节阀增加滴水量；

(2)当 A+B＞10％时，若 A≤B 则降低滴水量设定值，PLC 中的 PID 控制器调节滴水调节阀降低滴水量；

(3)当 C/(C+D)≥70％时，降低雾化水量设定值，PLC 中的 PID 控制器调节雾化水调节阀降低雾化水量；

(4)D/(C+D)≥70％时，增加雾化水量设定值，PLC 中的 PID 控制器调节雾化水调节阀增加雾化水量。

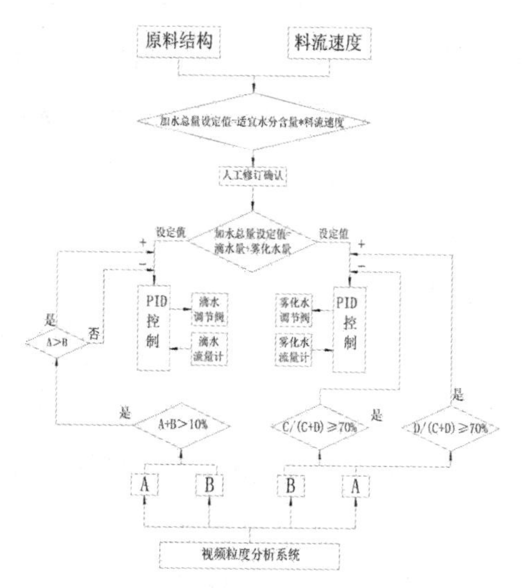

图 7-30　自动加水控制装置过程图

7.5.5 煤尘抑制剂系统

1.煤尘抑制剂

煤炭储存过程中会产生空气污染。目前我国约有储煤场 6000 多个，这其中多为露天煤场，而且这些储煤场大多分布于城市的周边地区，全国每年因储煤而产生煤尘达 1000 万吨左右。由于煤炭本身容易风化的特性导致大量煤炭的粉化，在每年干燥季节遇上刮风天气，表面干燥细散的煤粉很容易随风飞扬，产生扬尘污染，形成一种大面积的开放性尘源，直接导致了周边地区大气环境中可吸入颗粒物超标，从而严重影响了人们的身体健康。这些煤粉尘还会导致大气能见度下降，影响了人们的正常生活，容易引发交通事故。目前，我国用于控制煤炭运输和储存过程中产生的煤尘污染常用的方法主要有洒水抑尘法、篷布遮盖法、喷雾抑尘法、泡沫抑尘法、挡风墙和化学抑尘法等方法。

煤炭在运输及储存环节中产生了大量的煤尘，对生态环境和人类健康带来严重危害，采用传统的洒水、蓬布遮盖、挡风墙等方法进行抑尘效率低、时间短，使用不方便。而化学抑尘法由于其抑尘效果好、使用方便并且无二次污染等特点得到了重视。

美国、英国等国家在上世纪初就着力于煤尘抑制剂的研究,并进行了应用研究。20 世纪 60 年代以来，国外应用于煤尘抑制剂的研究成果包括论文和专利就有二十几种之多，主要有湿润型和粘结型，其中湿润型占两类抑尘剂的 84%，粘结型占 16%；论文形式占 40%，专利形式占 60%。我国关于化学抑尘剂的研究和起步较晚，但发展迅速。对于煤尘抑制剂的研究在 20 世纪 80 年代以来也取得了显著进展，尤其进入 21 世纪以来，应用于煤尘抑制剂的研究成果不断涌现，其中论文形式占 80.4%，专利形式占 19.4%；湿润型抑尘剂占 26.9%，黏结型抑尘剂占 61.5%，复合型抑尘剂占 11.6%。

通过对煤尘抑制剂的制备原理、方法和工艺条件的研究，筛选出以玉米淀粉和聚乙烯醇为主要原料，采用半连续溶液聚合法制备煤尘抑制剂，并对产品进行了性质表征、工艺条件优化研究和性能测试研究。实验结果表明：

（1）制备原理方法：以玉米淀粉和聚乙烯醇为原料，通过淀粉氧化、糊化反应、乳化反应、引发反应、接枝共聚反应和交联反应，采用分步加入单体溶液聚合法制备得到了一种高分子聚合物产品。所制备产品的密度为 1.10~ 1.14g/cm ；粘度为 30~40MPas；产品的 pH 呈碱性；可保存 5 个月不变质，可直接喷洒使用。

（2）优化了工艺条件：对氧化剂、硫酸、单体、引发剂、乳化剂和交联剂用量等工艺条件进行了研究，结果表明，氧化剂用量为淀粉用量的 1.5~2.0%，硫酸用量为淀粉用量的 5%，单体质量分数为 24%，引发剂质量分数为单体用量的 1.0%，乳化剂质量分数为单体用量的 0.8%是最佳工艺条件。

（3）性能测试：进行了保水性、黏结性、润湿性、耐温抗冻性、耐水性和抗风吹等性能测试。实验结果表明，煤尘抑制剂具有一定的保水能力；经稀释后的产品模块的抗压强度仍能达到 2.0MPa；抑制剂与煤样的接触角较小，润湿性很好；模块能经受夏季高温和冬季低温气候变化的考验；按 1L/m^2 用量喷洒在煤表面可抗击七级大风的吹动，抑尘率可达 99%以上，抑尘时间可达 3~5 个月；经过反复喷水实验后抑尘率仍可达到 99%，表现出较好的耐水性；实验进一步验证了壳层可以经受雨淋、暴晒等天气变化的考验。

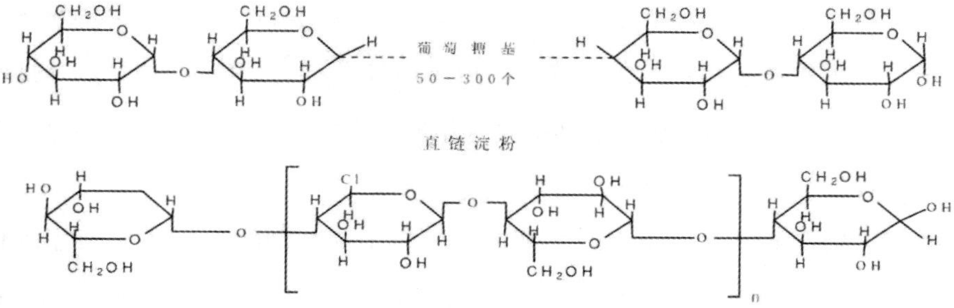

葡萄糖基

50—300个

直链淀粉

图 7-31　玉米淀粉抑制剂化学结构图

2.抑制剂添加系统

在防尘供水管路中安装控制器，通过控制器感知防尘供水管路内部压力变化情况，把压力信号转换为电信号后传输至矿用液体添加装置，将抑尘专用液添加到供水管路中。

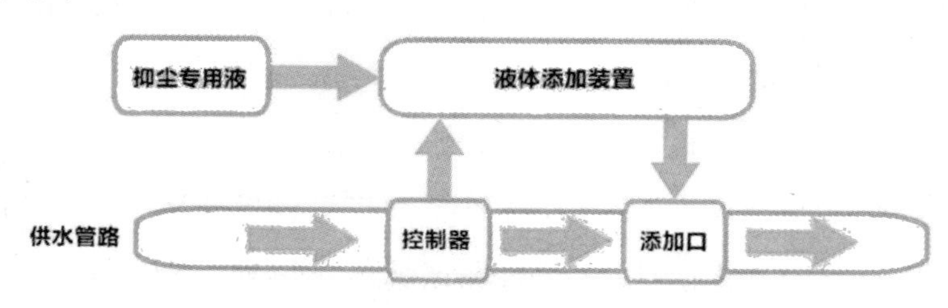

图 7-32　抑制剂系统流程图

MD 系列机械式隔膜泵分单、双头设计，不泄漏，安全性高；计量输送精确，流量可从零到最大额定值范围内任意调节；压力可在常压到最大允许范围内任意使用。该系列产品可并联或串联使用，调节直观，可手控、电控，可输送介质温度为-50℃～300℃，黏度为 $3\times10^{-7}m^2/s$～ $8\times10^{-4}m^2/s$(不含 0．01mm 以上固体颗粒)，最高排液压力可达 1MPa，流量范围从 0．1 L／h～3000L／h 任意选用，计量精度误差小于±0．5%。进出液管口可选择法兰、软管或管接头三种标准连接方式。

控制系统由控制柜和操作台组成。控制柜为前开门结构，前门布置控制按钮、二次仪表、操作器、报警装置、手动控制开关、电机运行指示灯和电压电流显示仪表，柜中安装主控 PLC 等控制部件，内装刀闸开关、空气断路器、交流接触器、变频器等元件，变频器是电机进行无级调节和实现节能运行的关键变换驱动装置。操作台布置控制开关、工控机，其中工控机是核心，对系统进行监控操作。

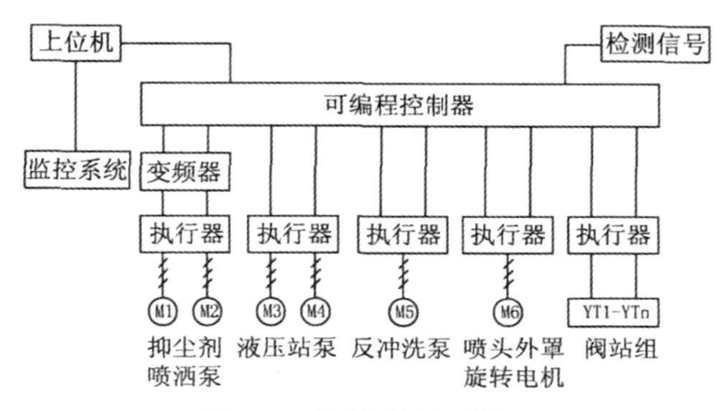

图 7-33　控制系统组成图

PLC 的 CPU 模块通过专用电缆接智能数字监控仪和工控机。CPU 模块的输入端接旋钮、按钮、接近开关和光电开关等输入元件，输出端接接触器、 继电器、电磁阀和指示灯等输出元件。PLC 的模拟量输入模块接温度变送器、压力变送器和电磁流量计等传感器。

(1)三组用于红外对射式光电开关；二组用于测车厢的进入和离开，发出喷液电磁阀启、停信号；一组用于识别火车头；

(2)大臂向左或向右旋转由火车车头光电信号确定；

(3)喷洒电磁阀与喷头外罩旋转电机建立连锁，喷洒电磁阀停，则喷头外罩旋转电机旋转 90°；

(4)接近开关用于感知旋转大臂旋转角度确保大臂到位后喷洒，无车时归位；

(5)温度变送器用于测量环境温度，它与机车类别信息共同作用自动给出喷液量；

(6)压力变送器用于反馈管网压力，PLC 程控系统通过 PID 调节，经变频器实现水泵电机动态调速，达到液流系统压力恒定；

(7)超声波距离传感器用于在失电或故障状态下发出大臂抬起信息；

(8)直线位移传感器用于感知喷头的具体位置，以使喷头位置随车厢型号而自动变化；

(9)超声波流量计用于计量抑尘剂使用量，并在流量小于设定值时自动启动反冲洗泵，对管路进行反冲洗；

(10)采用满足夜间监控要求的红外线摄像头，并带有自清扫功能，控制室内监视器选用壁挂式 17 英寸液晶显示器；

(11)上位机用于对系统进行监控操作，其中包括设备运行状态的监控、参数设定、系统的控制操作等。具体的画面设计：流程画面(流程和参数) 、运转准备画面(电气条件、机械条件、液压条件) 、参数设置、操作画面，传动系统监控(传动装置状态、参数) ，液压系统及泵站监视画面及故障分类报警画面。

当系统接到装车站下传的车型参数和环境温度等参数且控制方式在自动选择模式时，系统程序执行如下操作：

(1)开启液压油泵，打开大臂升降油缸电磁阀，根据升降位移传感器的反馈量与程序中设定的相应车型的喷洒高度参数相比较，使大臂高度达到动态平衡。

(2)开启固化剂供给泵，依据压力传感器反馈量与程序中预制的不同温度下的压力设定量，运用 PID 调节原理，实现固化剂恒压供给。

(3)当程序认定火车头已驶过时，打开大臂旋转马达，大臂顺时针旋转 90 度，其定位停止由支撑大臂立柱上的两个接近开关(原点位一个, 90°位一个)感知。当程序认定大臂旋转到位且第一节车厢首端已进入，自动顺时针旋转喷头外罩 90°，打开喷洒电磁阀，进行恒压喷洒；当程序认定进入车厢尾端时，自动逆时针旋转喷头外罩 90°，关闭喷洒电磁阀；当程序检测到火车两组光电开关全部由高电平变为低电平，且保持状态 3min 以上时，程序认定此列火车已全部通过打开大臂旋转马达，大臂逆时针旋转 90°，到原点后停止进入下一轮循环。

(4)在喷洒的全过程中，PLC 程序对喷洒流量动态跟踪，实时累计，以压力、温度、车型、班次、日期等形成报表文件。

3.泡沫除尘技术

目前，在隧道施工中应用较多的主要是喷雾装置，但喷雾装置存在用水量大，粉尘吸附效果差等问题，在现场施工过程中，存在使用喷雾装置后，现场能见度仍然小于 10m 的情况，且低水压下喷雾装置喷出的雾滴不带电荷，对直径 10μm 以下的粉尘吸附性较弱，因此需要研究新的高效率且易于推广的除尘措施。

表面活性剂由于其亲水和亲油基因而表现出的“双亲结构”，被广泛应用于发泡、清洁和环境保护等方面，在悬浮液体中，加入表面活性剂后，产生的泡沫可以将粉尘充分润湿，且添加了表面活性剂后，增加了除尘液体的发泡功能，使得产生的泡沫体积更大，加上表面活性剂自身的吸附功能，使得产生的泡沫对粉尘中的大颗粒和小颗粒都有良好的除尘效果。

除尘用的泡沫由空气、水、发泡剂和多种助剂经过物理发泡而成。将发泡剂加入到水中，降低了水的表面张力，将通过发泡器生成的大量细腻均匀的泡沫在压缩空气的作用下喷洒到尘源上或空气中。与现有的除尘技术相比，泡沫除尘技术不但兼有一般喷雾和化学抑尘的优点，还有以下特点：

（1）当泡沫喷洒并覆盖到产尘源处，形成无空隙的泡沫体覆盖和遮断尘源，使得粉尘得以湿润和抑制，可有效阻止粉尘向外界扩散；

（2）当泡沫液喷洒到含尘空气中，泡沫群的总体积和总面积增大，大幅增加了与尘粒的碰撞概率；

（3）泡沫的液膜中含有高效发泡的表面活性剂（发泡剂），能大幅度降低水的表面张力，发泡剂分子在水溶液和粉尘颗粒接触的界面上吸附，迅速改变粉尘的湿润性能，增加了粉尘被湿润的速度；

（4）泡沫具有很好的黏性，粉尘一旦和泡沫接触将会迅速被泡沫粘附，从而也增加了泡沫和粉尘的黏附效率。

由于粉尘中细小颗粒的粒径很小，因此可以假定该部分的颗粒质量可以忽略不计，假定粒子的直径为 d_p，当粒子的边缘部分与泡沫正好相切时，如图 7-34 所示，则可以认为该粉尘颗粒被泡沫捕捉，从图中可以看出，粉尘与泡沫相切时为截留效应的极限状态，当粒子的中心点与泡沫的中心线距离的大小在 b 之内时，粒子都能被泡沫截留。当粒子的中心点与泡沫的中心线相距过近时，粒子会沿原有运动轨迹直接与泡沫进行碰撞，惯性碰撞是泡沫捕捉粉尘的主要途径。

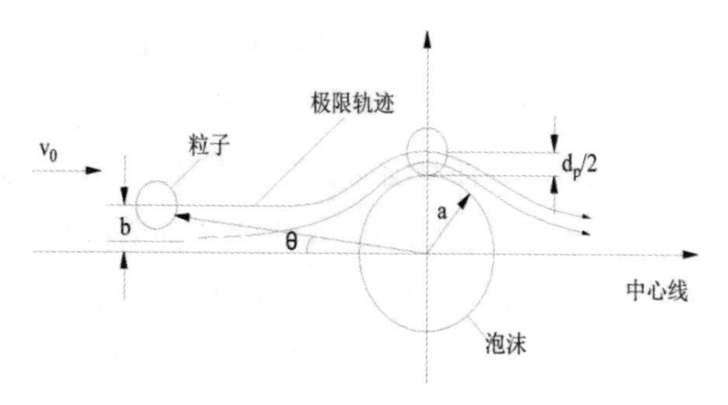

图 7-34　泡沫拦截粒子效果图

当泡沫与粉尘碰撞后，会将一部分粉尘黏附在泡沫表面，当达到一定重量后，泡沫就会在自身重力的作用下沉降，由于在产生泡沫的液体中添加了表面活性剂，故碰撞后泡沫能够将粉尘充分的润湿，提高了泡沫的黏附效应。

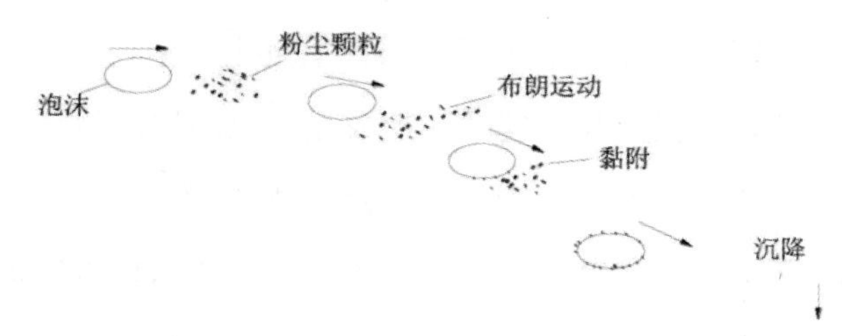

图 7-35　泡沫作用图

4.泡沫除尘技术在煤矿中的应用

皮带转载点和卸料口，由于存在一定的落差，矿物在下落过程中受到空气阻力的作用，造成矿物中细小粉尘飞扬，污染周围空气；特别是排土机卸料口，因落差很高，这些粉尘将随风飘移，严重污染居民区。目前转载处的除尘方法常采用喷雾洒水和密闭抽尘。当泡沫喷洒到密闭罩内，与粉尘不断碰撞、湿润，使粉尘受到控制。由于发泡器发出的泡沫是连续的，当泡沫破灭的速度小于发泡器生成泡沫的速度时，泡沫在密闭罩内积聚，形成泡沫薄膜，阻止粉尘向外扩散溢出，从而达到控制粉尘的目的。泡沫的发生量、发泡器个数和喷洒泡沫的位置，要根据实际情况而定。

在爆破前，由发泡器向爆堆处喷洒一定厚度的泡沫层，使爆破时矿石产生的大量粉尘和有毒气体与泡沫碰撞而被湿润、吸收，从而达到降尘除毒的目的。在凿岩中，由发泡器产生的泡沫经管道送往凿岩机(或钻机)的水接头处，用泡沫代替水。泡沫凿岩能解决湿式凿岩中出现的问题(如湿度大、冬季易冻结、打上向钻孔时劳动条件恶劣等)，并能提高对呼吸性粉尘的除尘效率。

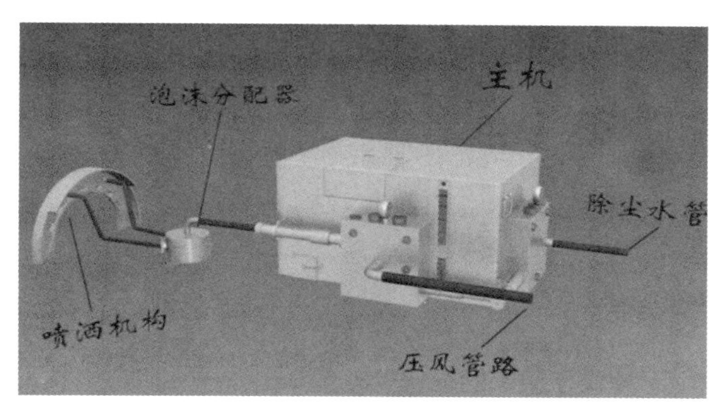

图 7-36　泡沫除尘器构成图

第 8 章 煤矿智能除尘机器人指挥调控

矿山行业存在环境恶劣、移动作业、战线长的客观问题，传统的有线网络不能完全适应煤矿井下的实际通信需求，在综采工作面、掘进工作面等移动环境下，经常出现网络维护不及时，影响生产的情况。4G、Wi-Fi 等无线网络带宽、稳定性、时延等方面都不能满足工业控制的要求，所以 5G 网络成为了综采工作面、掘进工作面等移动环境下控制的最佳网络选择。

8.1 矿井下设备无线通信技术

（1）Wi-Fi 无线通信技术

Wi-Fi 无线通信技术采用 OFDM 正交频分复用技术，其优势在于具有较高的数据带宽，低廉的设备成本，同时使用 2.4GHz 的公共频段，不需要复杂的审批手续。但 Wi-Fi 技术不属于国际电信联盟 ITU 规定的移动语音通信标准，不具备规模组网通信的理论基础与技术标准，其定位就是短距异步宽带数据无线接入。由于 Wi-Fi 采用的是短码扩频技术，只适合视距无遮挡点对点直线通信，而对矿井这种遮挡严重，多径反射剧烈，场强衰落快速变化的现场，将直接导致 Wi-Fi 的通信距离大大缩短。Wi-Fi 通信技术所使用的通信体制、占用带宽、调制方式与目前煤矿井下人员定位系统的 RFID 和 ZigBee 完全相同或近似，使得系统之间会产生严重的电磁干扰，严重的还会使系统瘫痪。

（2）射频识别技术

射频识别技术是通过射频芯片进行双向通信，不用接触便可进行数据交换的技术。这项技术一般使用在人员定位系统中，主要由读写器和识别卡两部分组成，读写器安装在巷道、作业面的交叉道口并与分站相连，矿工按照要求佩戴识别卡，识别卡内存入独一无二的身份编码。当配带识别卡的矿工进入读写器的有效区域，识别卡被激活，并将载有个人信息的射频信号经卡内收发模块发射出去；读写器接收到识别卡发来的射频信号，将矿工所在地点、时间、运动轨迹等实时信息通过分站送至井上监控中心，还可自动生成考勤和数据统计等方面的报表资料，提高管理效率。该技术已广泛应用于各大中小型煤矿中，其优点在于体积小、质量轻、便于携带。而此技术在井下人员定位系统中进行应用时存在通信距离短、多人同时通过读卡器时会发生“漏卡现象”，更无法完全覆盖井下全部地区。

（3）认知无线电技术

目前煤矿使用的无线通信系统．如CDMA通信系统、Wi-Fi通信系统等在长时间工作后常常使收发信号的灵敏度下降；在巷道拐点、坡道等无法正常传输数据：发生矿难时，现有通信系统完全瘫痪，降低救援效率。认知无线电(Cognitive Radio，CR)的核心思想是其具有学习能力，能与周围环境交互信息。以感知和利用在该空间的可用频谱，并限制和降低冲突的发生。认知通信系统作为智能通信系统，对环境变化以及网络控制指令可做出及时反应，即使矿井结构遭到破坏，仍能自动恢复组网。传递信息为矿难救助等提供重要信息。因此，把认知无线电技术和现有通信系统结合起来，就可以克服目前矿井系统中存在的缺点。实现高可靠性的监测网络系统。同矿井认知通信系统的结构分为3层，底层为认知网络，向上依次为传输网络、井上监控中心。

（4）PHS无线通信技术

PHS(PersonalHandy-phoneSystem)即个人便携电话系统，也叫小灵通技术。PHS无线通信系统是在交换、接入网技术的基础上发展起来的，系统采用微蜂窝技术，支持覆盖区域内手机的无缝漫游和越区切换。由于PHS系统建设灵活，调整系统容量方便，天线发射功率低，对周围环境影响低，无线终端设备体积小、功耗低。系统基站采用了动态信道分配技术(DCA)，可根据实际电磁环境自动调整基站的载频分配方案，不需要复杂的频率规划。矿用小灵通是将公网成熟的小灵通技术经防爆处理后引入到煤矿井下，用于煤矿井下无线通讯。各巷道、工作面配备可移动基站，下井人员配备可移动无线电话可以实现井下与地面固话、移动电话点对点双工通话，下井人员的定位身份、识别和考勤统计，以及短信息和语音信箱等功能。但考虑到该系统的构成较为复杂，传输速度慢，扩容难度大，维护成本高，功能相对单一，系统性价比较低，在矿井的应用也有一定的局限性。

（5）WCDMA无线通信技术

WCDMA技术与TD-SCDMA都是ITU正式发布的第三代移动通信空间接口技术规范之一，该无线通信技术集CDMA、FDMA技术优势于一体，是一种系统容量大、抗干扰能力较强的移动通信技术。WCDMA与TD-SCDMA相比，技术较为成熟，并且发展空间大，在扩频的基础上能够获得巨大的经济效益，此外，还支持所有的3G业务。TD-SCDMA作为产业链最为成熟的技术，不仅可实现语音通信功能，还能提供高速率数据和图像传输功能。但其成本较高，使得多数煤矿企业望而止步。

（6）透地通信技术

透地通信技术是以地面为传输介质，使无线电磁波穿透体表进而实现通信功能。通常在井下架设环形天线完成井下各个巷道的无线信号覆盖。目前，较为成熟的透地通信技术实现方案是由澳大利亚Ms1公司开发的一种超低频PED无线通信系统，将信息输入装置、发射天线等安装铺设与矿井地面上，这种超低频无线电波可以穿透沉积岩层，覆盖井下所有巷道。

为满足矿山设备远程控制的要求，井下网络时延最大不允许超过50 ms，如果要满足协同控制、时序控制的要求，则时延应当小于10 ms，4G及其他无线网络无法满足该需求，不能用于工业控制。基于5G低时延、高可靠性的特点，可以较好地解决上述问题，其在智能矿山的典型应用场景包括：

1）智能采掘及生产控制

基于5G网络高速率、低时延、高可靠等特性和网络切片技术，实现关键大型煤机装备对5G通信的支持，实现煤矿采掘和生产中各类信息的实时交互、远程控制。

2）环境监测与安全防护

基于5G网络高速率、高可靠特性，实现井下可视化通信、实时高清视频传输、环境监测数据采集，满足环境监测与安全防护的海量高清视频数据承载需求，提供全矿井、全流程智能安全预警。

3）地下矿山无人驾驶

基于5G网络高速率、低时延、高可靠特性和5G高精度定位技术，利用高级驾驶辅助系统，开展矿山无人驾驶系统建设与应用，实现安全生产、减少现场作业人员和支撑企业降本增效。

4）虚拟交互

基于5G网络高速率、低时延特性，探索虚拟现实（VR）与增强现实（AR）

在煤矿井下的应用，实现现场实时巡检、专家远程辅助、生产培训等功能。

8.2 煤矿的5G应用

5G 网络的关键作用在控制网内部，用于对采煤机、掘进机、卡轨车等移动设备的控制，这是对传统矿山“一张网”的有效补充。既解决了传统有线网络在移动环境下线缆部署复杂、断线等问题，也解决了其他无线网络带宽和时延达不到控制要求的问题。

8.2.1 煤矿 5G 网络的构成

煤矿 5G 网络的部署结构和地面上的 5G 网络一样，包括核心网、承载网和接入网 3 个部分。

虽然，煤矿 5G 网络和地面的 5G 网络结构相同，但在井下部署的时候要考虑到煤矿 5G 网络的特性。

（1）核心网是 5G 网络的“头部”，没有核心网的支撑，5G 网络是不能工作的。有时候用运营商的 5G 核心网来替代矿方的 5G 核心网，但是又担心矿方的数据传输到运营商那里，所以在矿上部署了 MEC，通过 MEC，实现数据不出园区，如果 MEC 到运营商核心网之间的专线出现问题了，MEC 是不能独立支撑矿方 5G 网络运行的。而且矿方属于专网，运营商部署的是公网，两者之间要部署防火墙，但是部署防火墙后，矿方到运营商 5G 核心网之间有些数据不能穿透防火墙，这显然是行不通的。所以鼓励在矿方部署 5G 核心网，用于保障矿方 5G 网络的独立性和可靠性。

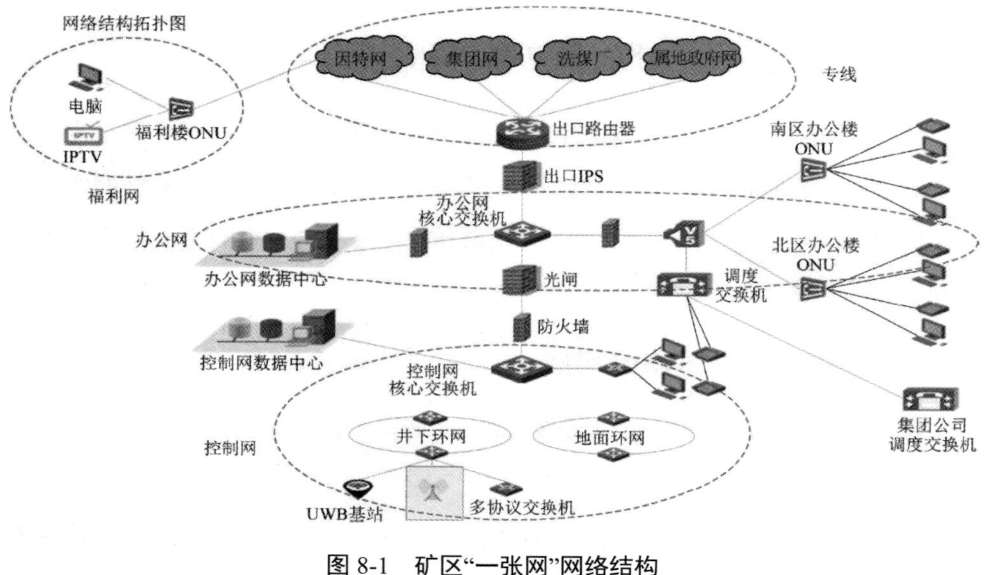

图 8-1　矿区“一张网”网络结构

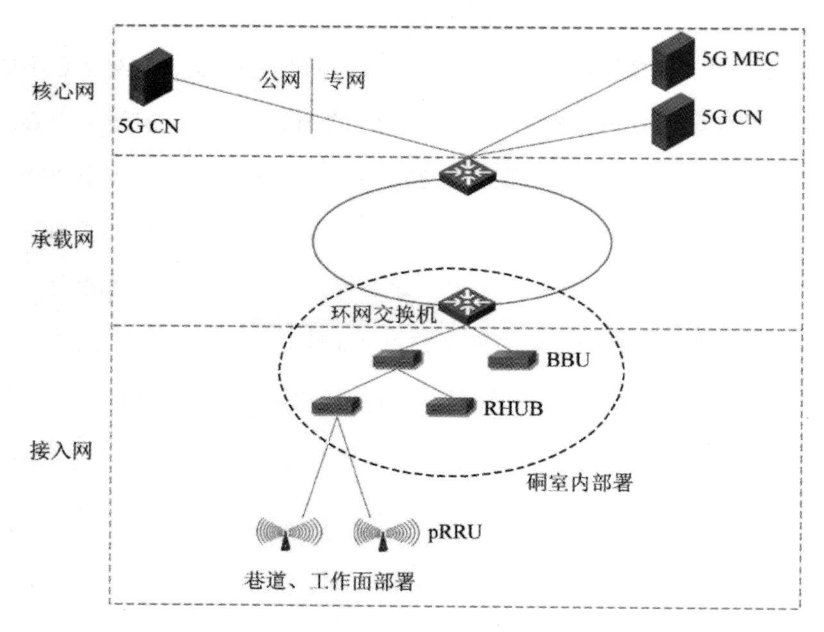

图 8-2　井工煤矿 5G 网络的部署结构

（2）承载网是指贯穿煤矿井上井下的环网，是 5G 网络的“躯干”。为满足矿山智能化发展的需求，以及相关政策要求，承载环网需建成万兆及以上。同时，承载网络要能够支持 5G 信令的传输，否则在井下部署的 5G 网络将无法正常传输数据。

（3）接入网是 5G 网络的“四肢”，主要包括 BBU（基带控制单元，完成信号的基带处理、提供传输管理及接口和管理无线资源）、HUB（远端数据汇聚单元）、pRRU（微型射频拉远单元，多模方式，达到 1 基站多用途的目的）。基带控制单元和远端数据汇聚单元如图 8-3 所示。微型射频拉远单元如图 8-4 所示。

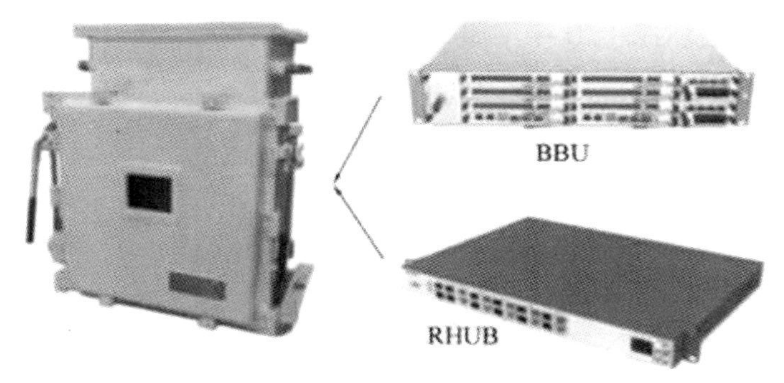

图 8-3　基带控制单元和远端数据汇聚单元

图 8-4　微型射频拉远单元

8.2.2 煤矿 5G 网络优化

（1）矿用 5G 核心网优化

矿用 5G 核心网分为中型、小型、微型 3 类，分别可支持 5 000、2 000、1 000 个用户，可以根据不同规模的煤矿和用户需求，组合不同的核心网，定制核心网部署方案，既避免网络资源浪费，又确保 5G 井网络下的可用性和经济性。核心网 3 种模式如图 8-5 所示。

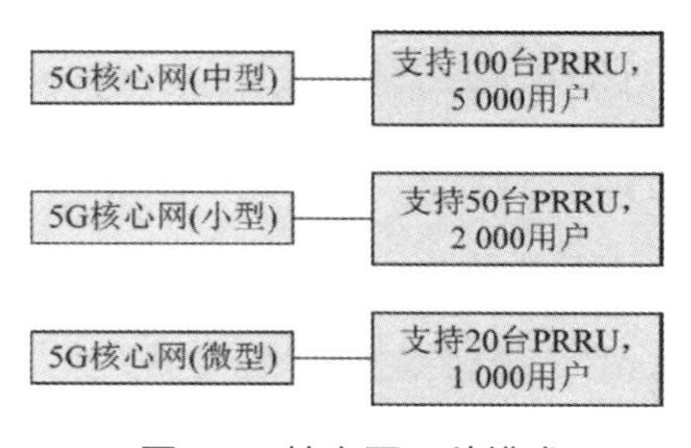

图 8-5　核心网 3 种模式

（2）矿山上行数据优化

矿山企业应用中，多数应用涉及到高清视频数据的回传（综采工作面、掘进工作面远控、硐室监控、输送带监测等），这需要5G网络具备较强的上行数据传输能力。通过调整时隙配比来增加5G网络的上行带宽，井工煤矿的井下环境与公网的设备处于隔离状态，在该场景下可以采用3 ：1的时隙配比，调整后的上行带宽可以达到1G左右，完全满足矿方视频数据上传的需求。

（3）5G站点时钟同步优化

当前，5G网络的主力频段采用TDD制式，原理上需要时间同步。只有保证基站间严格的时间同步，5G网络才能承载大量的行业应用。同时时钟同步也是5G站间协同特性的基础，5G站间协同可一定程度上降低多个站点间的干扰影响，提升站点交叠区域的网络能力。

地面上通过接收GPS信号完成时钟同步，而在井下巷道面临无法接收GPS信号的问题，因此需要通过本地部署1588v2时钟同步服务器实现时钟同步。

（4）矿山网络平滑演进优化

矿山网络部署需要综合考虑未来的业务诉求，因此相关网络设备需要同时具备面向未来的网络演进能力。根据平滑演进的方案，推进矿山4G向5G网络的合理过渡，硬件产品不用重新更换，对软件进行升级，且升级过程快速、高效。采用同时支持4G和5G的多模基站，当矿方需要4G的时候，可以先开通4G；当矿方需要5G的时候，硬件设备全都不用更换，只需要软件授权就可以开通5G，可大幅节约成本。

（5）5G定向天线优化

针对煤矿井下巷道狭长的特点，研发出适用于矿山巷道的定向天线。由于矿山巷道内有严格的防爆要求，总发射功率不能超过6 W，防爆要求限制了站点的发射功率，因此整体覆盖距离受到一定限制，需要高增益的定向天线来弥补发射功率不足带来的覆盖问题。

未采用定向天线时，天线的覆盖范围为50~75m，采用定向天线优化方案后可达到300~400 m的覆盖范围，使用定向天线大幅扩大了辐射距离，弥补了发射功率不足带来的覆盖问题。

（6）矿山网络抗灾优化

煤矿井下的爆炸、冲击波、高温、巷道垮塌、淹井等破坏性灾害事故，会导致通信光缆中断、通信设备故障。为满足灾害救援的需要，防止灾害事故造成井下通信中断、人员失联等现象发生，需要通信系统具有很高的抗灾能力，保证灾害事故发生后，非灾害区域的通信不会中断。

井下环网光缆应当采用地埋的方式敷设，禁止采用直埋的方式敷设光缆，需要先敷设镀锌钢管，每隔 100 m 预留检修孔，方便光缆敷设施工及日后检修。地埋敷设光缆时不必选择铠装光缆，只需选择阻燃光缆即可。

8.2.3 矿用 5G 通信技术创新

矿用 5G 通信技术的发展可推动矿井物联网的发展，能够较好地满足井下多并发、大容量、高速度和低时延的通信要求。矿用 5G 通信技术将重点研究解决传统移动通信无法有效支持矿山各类物联网业务的难题。结合 5G 通信技术的三大应用场景，5G 通信技术在煤矿的主要应用价值体现在以下 2 点：

（1）增强型移动宽带提高了网络传输速率，用于超高清视频等大流量移动宽带业务应用，可更好地满足煤矿井下语音、视频等大流量数据的传输需求，还可促进增强现实和虚拟现实技术在煤矿井下的应用，实现基于虚拟矿山模型和混合现实技术对煤矿安全生产实施智能化监控与管理。

（2）海量物联网和高可靠低时延是针对工业领域的大规模物联网业务和工业控制推出的 2 种应用场景，可实现煤矿井下人与人、人与物、物与物的“万物互联”，提高矿井设备通信和大规模通信网络的传输性能。在煤矿的应用场景包括井下设备与环境监测监控、作业安全监控、人员精确定位、设备远程操控、井下车辆无人驾驶运输和煤矿机器人控制。

矿用 5G 通信技术除了可以提供移动语音调度通信外，还可为煤矿井下提供一套技术先进、性能优异的无线通信平台，为井下各类监测监控信息的传输提供可靠的传输通道。

综上所述，5G 通信技术将满足矿井特殊网络传输环境和智能矿山物联网业务应用对移动通信网络的要求，实现矿井上井下万物互联、泛在感知，为矿山的自动化、信息化和智能化建设提供可靠的通信网络。

矿井 5G 无线通信系统落地实现了以下 3 项创新：

（1）利用光纤直连、切片分组网等技术实现矿用 5G 无线通信系统承载网。

（2）采用小型化 5G 核心网等设备实现矿用 5G 独立组网无线通信系统的建设方案。

（3）支持有线和无线融合的多功能 5G 融合通信系统业务平台。

表 8-1　5G 使用场景及其特点

5G场景	特点	煤矿应用场景
uRLLC	低时延、超可靠通信	井下无人驾驶、智能运输、智能开采、全矿井位置服务、设备远程操控、故障远程诊断、机器人控制、设备协同作业等
eMBB	增强型移动宽带、热点高容量	井下高清视频监控、语音通信、智能终端、VR/AR 矿山、混合现实采矿等
mMTC	低能耗、小数据量、大连接数	车辆运输管理、智能穿戴设备、安全监测信息采集、井下电子围栏等

8.2.4 矿用 5G 通信技术落地场景

矿用 5G 通信装备是矿山安全生产中急需的高带宽、低时延、高可靠移动通信装备。随着国家对煤炭行业加大机械化换人、自动化减人的要求不断提高，煤矿智能化程度和安全管理水平将进一步提升，对矿井通信平台的性能指标要求大幅提高，矿用 5G 通信的推广应用能够满足矿山智能化的发展需求。

煤矿井下现有的传感设备，因其成本较高且数量有限，无法对空间进行全面感知，只是以点带面，而矿用 5G 通信具备超宽带、大连接、高可靠、低时延等特点，能够较好地解决井下移动通信及大样本数据感知问题，实现井下人-机-环等多环节信息的交互、控制，构建井上井下一体化工业互联网（图 8-6），推动智能化矿山建设进程。

图 8-6　5G 三大应用场景井下无线一张网

5G 通信技术的三大应用场景覆盖了井下通信技术的发展和应用方向（表 8-1）。

（1）井下无人驾驶及智能运输

井下无人驾驶对矿井无线网络的要求很高，无人驾驶需要大量的机端数据与云端的实时计算，每小时大概需要的数据量为 100 GB。实现全自动无人驾驶的试验时间为 1～10 ms，车辆须在 2.54 cm 内完成启动或刹车，以减少碰撞事故发生。由于 5G 通信技术具备大带宽、高可靠、低时延 3 大技术特征，为井下车辆提供高性能、高可靠的车联网，满足车载传感器与路测单元、控制中心的实时信息交互的通信需求，为车辆的定位、导航、避障、红绿灯控制等提供通信支持，从而实现井下运输车辆无人驾驶（图 8-7）。

图 8-7　井下胶轮车无人驾驶

井下智能运输系统，需要对井下煤流、物料以及人员运输中涉及的输送带、车辆、单轨吊等运输设备和运输对象进行整体协调； 5G 通信技术可实时传输、采集海量的车辆、设备、煤流、物资等环境相关参数信息，实现对输送带运行速度、红绿灯等自动控制，以提高车辆运输和设备运行效率，保证运输系统运转过程的安全高效。

（2）远程智能 AI 控制

设备远程操控是智能化开采的重要组成部分，实现设备远程控制对通信系统可靠性、实时性的要求较高。5G 通信技术所提供的 99.999%的高可靠及毫秒级超低时延的网络性能，可为井下设备的远程控制提供通信保障。同时，随着煤矿智能化建设的推进，井下开采作业生成的数据量也不断增大，包括采掘设备、液压支架、输送带等主要设备的实时状态信息、环境参数以及 4K 超清全景摄像头 AI 图像等，这些数据种类多、生成速度快，必须依靠 5G 通信网络才能将相关信息及时可靠地传送到目的端，进而在远端实时同步跟踪工作面现场场景，下达控制指令，实现设备及整套作业工序的智能远程实时控制，提供远端浸入式操作体验（图 8-8）。

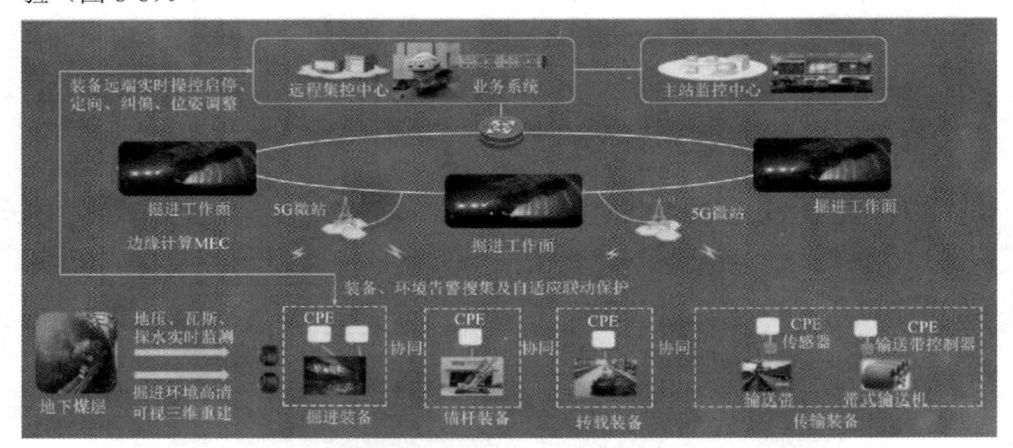

图 8-8　远程设备智能控制

（3）即时语音视频大带宽业务数据传输

随着矿井信息化水平的提高，煤矿井下工作面、运输巷、各类硐室等场所安装了大量高清摄像装置，各类巡检机器人、运输车辆等移动装备上也搭载了众多的摄像装置，这些装置构成了矿井高清视频监控服务网络（图 8-9）。大量高清视频信号的采集及人工智能的应用，实现了生产作业区域的人员违规识别、煤岩介质识别、煤流运输状况识别、煤矸分拣图像识别、作业安全质量识别、设备状态巡检等功能，提升了煤矿生产效率和工作人员作业安全性。然而，大量高清摄像装置的应用也对网络传输能力提出了更高的要求，5G 通信技术可为单个用户提供 100 Mbit/s 以上，总吞吐量 10 Gbit/s 以上的大带宽数据传输能力，可满足矿井高清视频监控服务对网络带宽的要求。

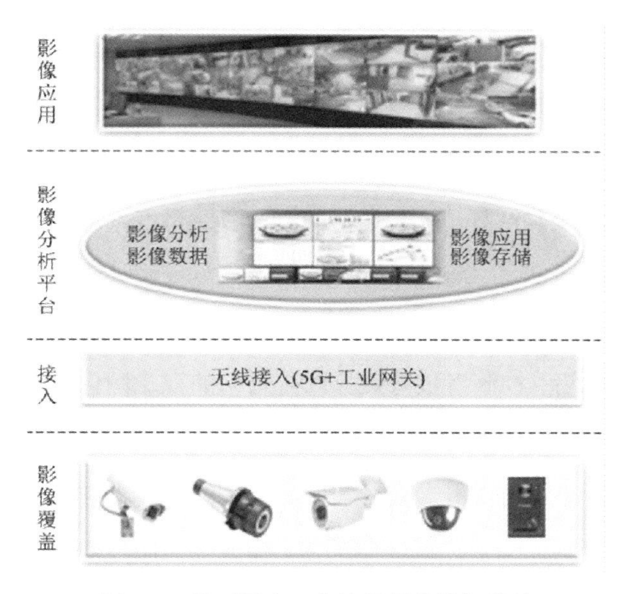

图 8-9　即时语音、高清视频传输与监控

煤矿机器人自动巡检和环境监控煤矿开采正在向少人化、无人化方向发展，煤矿井下需要更多的机器人代替人工进行各类作业。通过智能机器人和部署在云平台上的巡检分析系统，以及加载红外热成像仪、气体检测仪、高清摄像机等设备检测装置，代替人工对井下环境进行巡检，将高清视频回传至监控中心，便于维护人员及时发现问题，可大幅提升巡检的质量和效率。5G 通信网络具备的毫秒级低时延特性满足了机器人巡检、协同处理的时延要求，其高带宽特性也为机器人提供足够的带宽，并保证了高清视频及采集信息的实时回传功能(图 8-10)。

图 8-10　巡检机器人

（4） 5 G 技术在远程控制中的应用

低时延、大带宽的网络传输技术是实现辅助运输智能机器人远程实时控制的关键。远程控制采用基于 5 G 网络实现的远程控制解决方案，通过煤矿的 5 G 专网，配套车端 5 G 无线收发装置，可实现远程控制。

在煤矿井下狭小空间环境中，当辅助运输智能机器人遇到复杂情况，不能完全复用原来的处理方法，无法使用统一智能化算法控制独立完成，需要远程人为控制。通过在辅助运输智能机器人安装摄像机等高清影像采集设备，将远程场景的视觉传输给控制者，控制者实时监控回传过来的视觉图像，并针对场景做出相应的操作行为，辅助运输智能机器人通过“学习”控制者的动作并同步执行，实现复杂行为的操作。即新动作不需要对辅助运输智能机器人进行复杂的编程，而是通过学习远端人类动作即可完成既定动作，完成对应的危险性工作任务，保障安全。

远程控制的实现有 3 个关键技术。一是高速数据传输速率，为了使得控制者能够全面清晰实时地了解现场的情况，辅助运输智能机器人配备高清摄像头进行视频数据采集，高清视频的传输需要大带宽保障视频内容上行传输的流畅性与实时性，控制者佩戴的高清 VR (Virtual Reality,虚拟现实）眼镜或者 MR (Mixed Reality,混合现实）眼镜也需要大带宽保障视频内容下行传输的流畅性与实时性；二是低时延，控制者与受控机器人之间交互行为指令的实时下发需要网络具有低时延，以保障控制者的行为可以通过传感器实时控制辅助运输智能机器人；三是通信网络的快速便利部署，辅助运输智能机器人和控制者之间如果使用有线网络，虽然网络时延和带宽可以得到某种程度上的保证，但有线使得辅助运输智能机器人的活动范围受到限制，使得辅助运输智能机器人和控制者之间快速的部署网络无法便捷实现。

控制端操作者通过各类传感器感知，每 30ms 分别发送一次 100Byte 左右的控制信息，控制者的控制终端和机器人分别安装了通信模组，控制者发生的控制信息通过通信模组和网络将控制信息传输给机器人身上的通信模组。机器人端的通信模组每隔 30ms 可以接收到控制信息，并把控制信息传到机器人，使其根据接收到的传感命令完成动作。

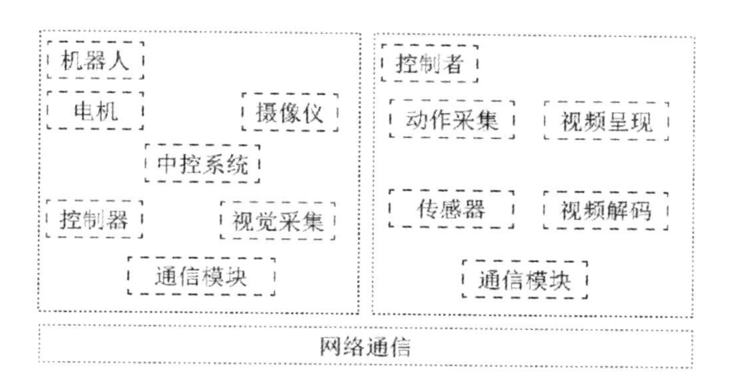

图 8-11　除尘机器人远程控制系统组成

机器人图像传输系统对网络带宽需求较高，图像传输系统需要的带宽与图像的分辨率和 V R 摄像头路数有直接关系，单路 25fps、1080p 分辨率需要 4Mbps，当分辨率达到 4K 时，单路视频的网络带宽需要至少 16Mbps，目前高清 VR 至少需要 2~3 路摄像头进行画面拼接才能带给用户高浸入感的用户感受。

矿用 5G 通信系统为矿山智能化建设提供了大带宽、高可靠、低时延的通信平台，可提高煤矿安全管理水平，完善矿山物联网技术在矿井不同生产环节的应用模式，对进一步在矿山安全生产领域推广新的矿山物联网技术应用具有重要意义。未来，可将相关成果拓展到矿工智能穿戴装备、生产协同控制、辅助运输、智能矿山建设等多个应用领域。

智能化矿山总体建设要求实现井下人-机-环信息全面自主感知、数据深度融合与传输、设备精准协同控制，以及各类生产系统的自主学习和智能决策。5G 通信技术与物联网技术的深度融合应用，将满足矿井“万物互联、泛在感知”和各类业务系统的网络数据传输需求，实现井下全范围高速通信网络覆盖、数据全方位精准采集和高速传输、生产安全设备的精准可靠控制，从而进一步增强生产过程透明性、安全事件防患实时性、设备控制可靠性、通信网络传输性能和井下多目标相互协作能力。

8.3 煤矿除尘机器人的无线控制

目前在煤矿应用领域，实现机器人协同指挥功能还面临诸多挑战，具体包括以下 3 个方面：

（1）缺少完整的基础理论研究

机器人与协同指挥控制系统结合的新机制、新理论研究还较为薄弱，缺少将煤矿机器人与煤矿现场指挥调度系统有机结合的理论指导，对如何提升机器人在任务执行过程中的监测监控和自我分析决策能力研究较少。

（2）未充分形成信息集成优势

机器人在执行任务的过程中，场景分散且独立，每台机器人所获信息共享率低，容易造成机器人任务规划模糊、突发煤矿事件应对迟缓等局面。

（3）机器人多场景多任务的协同规划研究处于探索阶段

当前研究主要面向的是同一种类机器人的路径规划和任务分配，针对异构机器人及其群体的总体规划、相互协作及控制指令下达少有研究。

因此，将较为成熟的机器人指挥系统与煤矿机器人特征有效结合，打造针对煤矿多场景下的机器人协同调度指挥与管理平台十分必要。笔者主要对其中的关键问题进行研究，重点攻克机器人的体系化建设和整合、协同监控与预警、基础数据汇集与分类管理、辅助决策、仿真模拟、智能决策调度，同时将多个机器人获取的数据信息进行整合，完成了数据挖掘、分类及一体化决策，完成了煤矿机器人系统的运维管理，实现了机器人数据通信的标准化，提高了机器人平台的交互性，以及机器人的作业效率，并借助数字孪生系统，实现管理人员信息获取的立体化机器人是一种拟人的电子机械装置，人有对环境状态的快速反应和分析判断能力，又有机器可长时间持续工作、精确度高、抗恶劣环境的能力，是工业以及非产业界的重要生产和服务性设备，也是先进制造技术领域不可缺少的自动化设备。但是，导致机器人远程控制指令发送不及时，容易导致机器人控制延迟，机器人的现场管理人员对机器人状态参数认知有限，机器人实时运维系统对机器人存在的潜在问题无法进行有效地监测和预警。现有技术中存在机器人远程控制指令发送不及时，导致无法及时对机器人进行设备维护的技术问题。

通过在实验室构造多种业务场景和多种网络场景，对不同场景下的业务性能进行测试验证和对比。远程控制机器人对网络需求主要是图像传输系统和远程控制指令传输两个方面。由于当前版本的远程控制机器人产品还没有集成高清摄像设备，在本测试中，采用在机器人侧进行数据灌包方式，模拟机器人实时采集和传输高清视频内容。

8.3.1 机器人遥控通信技术

遥控机器人系统从表面上看是比较简单的：用一台以摄像机作为眼睛、传声器作为耳朵的机器人把信息传送给戴有立体显示器和耳机的操作员。机器人所看到、听到的一切信息都传送到操纵台。如果在机器人的手指部分装上传感器，那么它还能把触觉反馈传送给操作员。

操作员可以用几种方法去控制机器人，例如，用头的位置和方向跟踪器可以控制机器人的视线方向；戴上数据手套就可以控制机器人的手，让机器人执行“分析这个部件”或“打开吊舱门”等命令。这样，当听觉、视觉和触觉信息在人和机器人之间不断传输时，操纵员会有一种。身临其境的感觉。当然，这种感觉类似于体验一个虚拟的环境，但在许多方面却更使人信服一些。

为什么遥现表现得更使人信服呢?或许最好的例子是声音和视觉显示。从摄像机反馈的图像比大多数虚拟现实系统产生的计算机图形的真实感要高得多。与此类似，从安装在机器人头部的声音接受器所得到的立体声较之由计算机合成的声音更加逼真。两者都可以模拟远处的环境，但遥现技术使人真正觉得仿佛在现场一样。

遥控机器人系统的关键特征是可移动性。遥远的机械装置必须能在工作现场之内或它的周围移动。最早的遥控机器人系统出现在 20 世纪 40 年代。当初，机器人是一个巨大的臂，可让科学家安全地处理放射性物质。操作员不是使用电视显示器，而是透过一堵厚玻璃隔板去观察被控制的机器人手臂的运动。那时，遥控系统是靠机械装置来控制的。如连杆、缆索等。现在使用电子方式，通过无线电波或光纤导线等去进行控制。虽然操纵杆是控制运动的通用方法，但是，在某些情况下用手势或语音控制会更方便些。

8.3.2 机器人的无线遥控技术

一个完整的遥控电路由发射部分和接收部分组成。无线电发射部分， 一般由一个能产生等幅振荡的高频载频振荡器和一个产生低频调制信号的低频振荡器组成。用来产生载频振荡的电路一般有多谐振荡器、互补振荡器和石英晶体振荡器等。由低频振荡器产生的低频调制波，一般为宽度一定的方法。如果是多路控制可以采用每一路宽度不同的方波，或是频率不同的方法去调制高频载波,组成一组组的已调制波，作为控制信号向空中发射。

接收电路从工作方式分，可以分成超外差接收方式和超再生接收方式。超外差原理利用本地产生的振荡波与输入信号混频，将输入信号频率变换为某个预定的频率的电路。其优点是：①容易得到足够大而且比较稳定的放大量。②具有较高的选择性和较好的频率特性。③容易调整。缺点是电路比较复杂，同时也存在着一些特殊的干扰，如像频干扰、组合频率干扰和中频干扰等。超再生电路实际上是一个受控间歇振荡的高频振荡器,这个高频振荡器采用电容三点式振荡器,振荡频率和发射器的发射频率相一致。而间歇振荡又是在高频振荡过程中产生的,反过来又控制着高频振荡器的振荡和间歇。间歇振荡的频率是由电路的参数决定的。这个频率选低了，电路的抗干扰性能较好, 接收灵敏度降低;反之亦然。

超再生式接收方式具有电路简单、性能适中、成本低廉的优点所以在实际应用中被广泛采用。

采用红外技术发射不可见的光波的系统和无线通信系统相比有着明显的缺点：一方面在发射器和接收器之间不能有障碍物，另一方面有效作用距离也受到限制。

对于使用电缆或红外线的遥控系统来说，在接收器的方向性和距离方面都有较大的限制。而与此相反，无线遥控系统可以提供最佳的运动自由度。

通过应用最先进的无线数据传输技术可以免去烦琐的设计和安装工作了。工业的数据无线调制解调器可以双向传输数字、模拟、串行和 CAN 数据，传输距离可达到 300m。这种数据无线调制解调器的数据传输是在 DECT 和 433Hz 的基础上实现的。采用微调控制装置可以快速和灵活地实现满足客户特定要求的应用。成套配置的无线调制解调器可以灵活和安全地实现许多各种不同应用领域的数据传输任务。

无线遥控系统和数据无线传输系统在工业界和大工业环境中有着越来越多的应用的可能。在厂房公用设施方面如工业用门、门形框架、升降柜、照明和平台的控制等。在工业中如机器控制、装置控制、转运装置、压力机控制、地面和空中传送系统、动态仓储等。在建筑和道路修建以及农业方面也可通过无线遥控系统使工作能够更加顺利地进行。

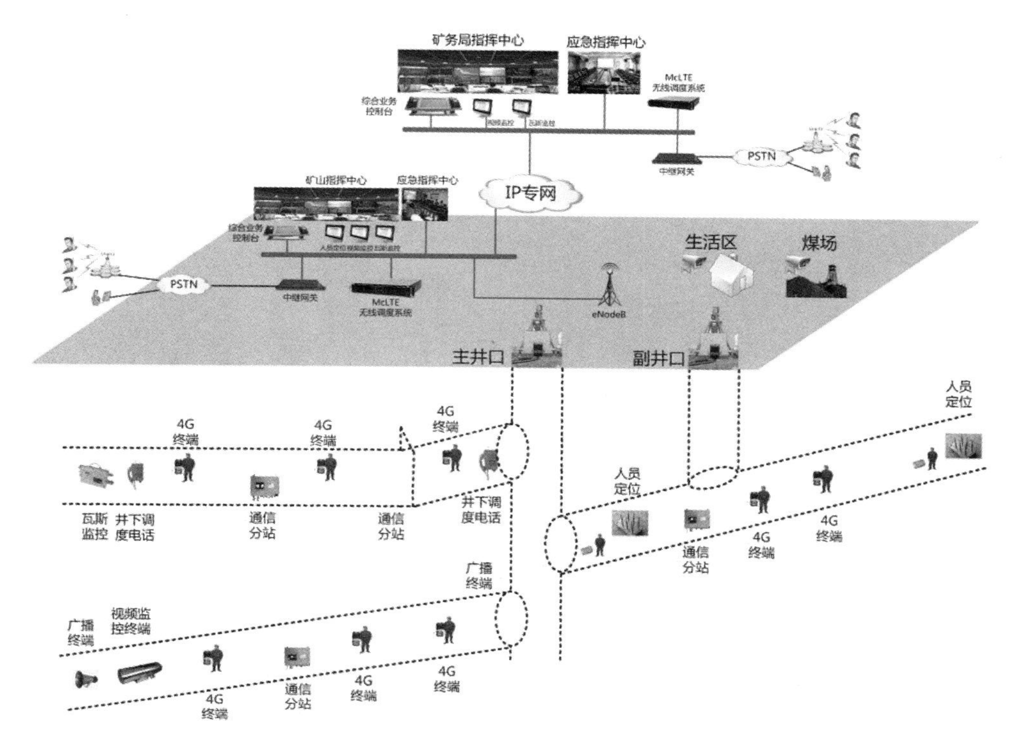

图 8-12　无线结构网络

中国移动 5G 联合创新中心发布的《5G 云端机器人》白皮书中提到机器人图像传输系统对网络需求，图像传输系统需要的带宽与图像的分辨率和 VR 摄像头路数有直接关系，单路 25fps、1080p 分辨率需要 4Mb/s，当分辨率达到 4k 时，单路视频的网络带宽需要至少 16 Mb/s，目前高清 VR 至少需要 2~3 路摄像头进行画面拼接才能带给用户高浸入感的用户感受。在本测试中，分别取 20Mb/s 和 80Mb/s 上行灌包，以模拟机器人实时采集和上传高清和超高清视频。

这些场景分别在 5G 网络和 Wi-Fi 网络下进行测试，控制者随意做出手臂动作，穿戴的手臂传感器把对应动作通过 5G 网络建立的链路传送到机器人手臂控制器，机器人控制器根据接收到的传感命令，控制手臂做出和控制者相同的动作。由于实验室无线环境复杂，如果由路由器自动选择信道，则会出现明显的干扰，因此为了排除实验室环境的干扰，Wi-Fi 测试下分别采用固定信道和不固定信道的方式进行测试和对比。图 8-13 为 5G 网络下机器人业务示意图：

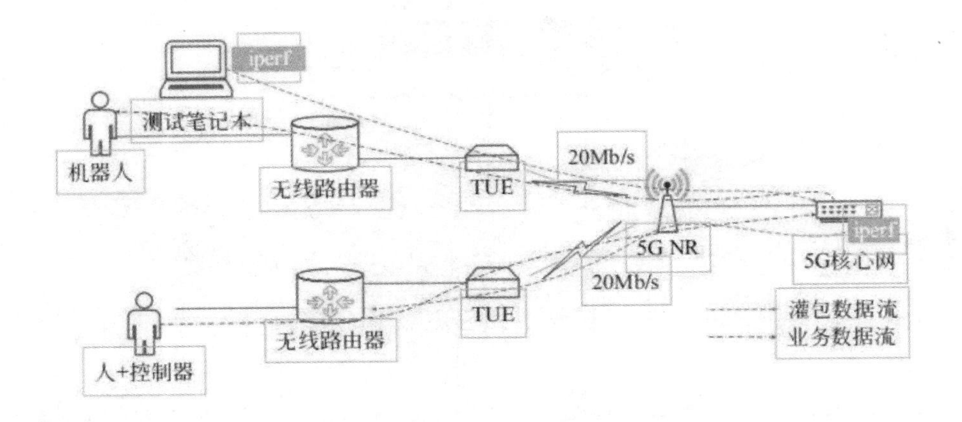

图 8-13　5G 网络下机器人业务

8.3.3 基于 5G 技术机器人控制系统测试

因煤矿井下 NSA 架构组网存在与原有矿用 4G 适配的问题，目前存在较大的技术难度，因此采用 SA 架构组网，矿用 5G 通信系统由专网核心网、BBU(Base Band Unit，基带处理单元)、RHUB(RRUHub，射频拉远集线器)、RRU(Remote Radio Unit,远端射频单元)以及矿用承载网组成。BBU 可部署在地面数据中心，也可根据应用需求下沉布置于井下，通过 5G 承载网与地面专网核心网实现数据交互，其架构如图 8-14 所示。

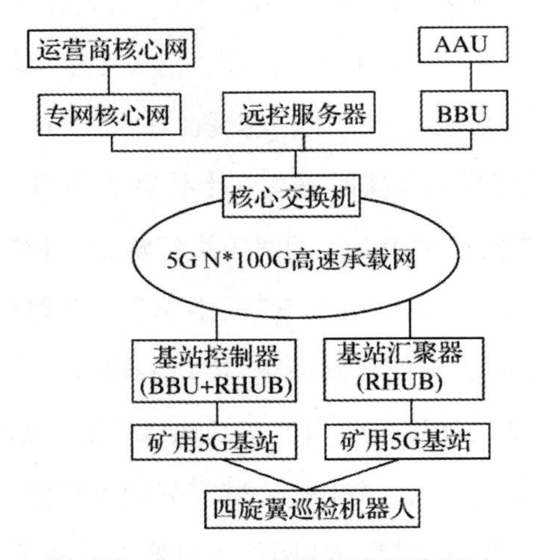

图 8-14　5G 传输通道架构设计

远控服务器部署于地面调度中心，通过支持 5G SPN(Slicing Packet Network，切片分组网)技术的 N*100G 高速承载网实现与井下巡检机器人高带宽、低时延的实时通信，可在地面远控服务器遥控四旋翼巡检机器人完成特定的巡检任务。

为了保证 5G 通道大带宽、低时延传输特性，在井下部署 5G 基站后需要进行覆盖距离测试。作为巡检机器人的传输通道，需要上传高清视频以及实现反向控制，对于 5G 传输通道的性能要求如下：①上行速率需求：1 路机载高清视频 20Mbps+4 路环境监控高清视频 80Mbps+环境气体数据上传 0.1Mbps =100.1Mbps; ②传输时延需求：参照工业控制系统传输通道延时要求不高于 20ms 标准。

在直巷布置时，按照每隔 200m 布置一套“矿用 5G 基站+定向天线”原则实现无线信号的全覆盖，针对该基站部署原则通过5G 终端进行了上行速率以及传输时延测试。

测试人员手持测试终端，从距离基站 0m 的位置移动至距离基站 100m 的位置，反复测试多次后得到如图 8-15 所示速率曲线图，在 100m 位置时上传速率为 260Mbps，满足巡检机器人对上传速率的需求。

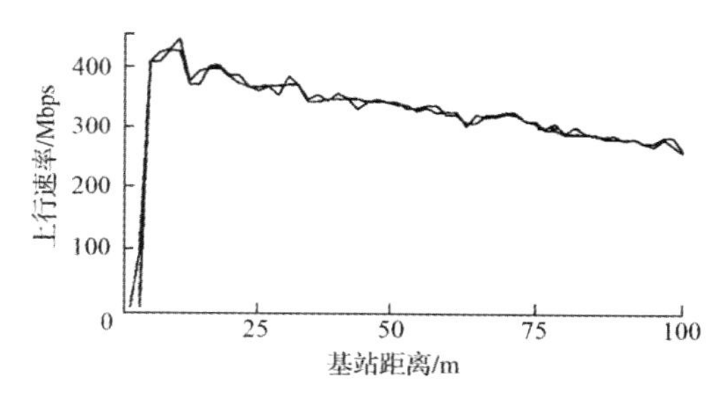

图 8-15　基站上传速率测试

传输时延测试中，采用网络检测软件 Cellular-Z 进行时延测试，得到 5G 传输通道端到端时延最大值为 22ms，抖动 2ms；时延最小值为 16ms，抖动 0ms。经过多次测试后取平均值，通信时延平均值为 18. 56ms，满足除尘机器人对传输时延的需求。

第 9 章 智能机器人的关键技术

智能自主移动机器人的主要特征是能够借助于自身的传感器系统实时感知和理解环境，并自主完成任务规划和动作控制。在机器人领域所要研究的问题非常多，其中“感知”、“决策”、“执行”是机器人技术的三大重点问题。

利用单一传感器进行环境感知大多都有其难以克服的弱点，但将多传感器有效融合，通过对不同传感器的信息冗余、互补，几乎能使机器人覆盖所有的空间检测，全方位提升机器人的感知能力，因此利用激光雷达传感器，结合超声波、深度摄像头、防跌落等传感器获取距离信息，实现机器人对周围环境的感知成为一种可行方案。

9.1 基于多源感知的融合定位技术

（1）定位模式的选择。定位导航主要通过不同的传感器组合实现，其适用范围、精度指标均有明显差异，不同导航组合自主定位导航精度见表 9-1。

针对井下环境情况接近于室内结构化环境场景和室外人工环境的特点，采用 3D 激光雷达＋惯导＋反光柱辅助的定位模式［5］，通过融合算法实现机器人的基础定位计算。

（2）整体定位导航工作流程。辅助运输智能机器人定位导航工作流程为构建地图→编辑路线→最优路搜索→曲线跟踪。构建地图是定位和导航的共有过程，通过遥控机器人在场景中行走，采集传感器（３Ｄ激光）的原始数据，并通过实现 SLAM(Simultaneous Localization And Mapping,即时定位与地图构建）过程，等比例构建运行场景的三维点云地图。编辑路线在构建好的点云地图中进行，在地图中通过可视化方式，拖拽用于约束辅助运输智能机器人运行的轨迹。轨迹表现为拓扑矢量图格式，首先轨迹的集合具有拓扑属性，其次轨迹本身由贝赛尔曲线构成，以达到轨迹平滑连接的效果。构建地图和编辑路线是在机器人运行前做的准备工作，而机器人运行时，则进行最优路搜索和曲线跟踪过程。其中，最优路径搜索对应着路径规划，曲线跟踪对应着轨迹规划。

表 9-1　不同导航组合自主定位导航精度

定位方案	适用范围	平均精度/cm	备注
室内型激光雷达	室内机构化环境	1	3D激光雷达+反光住定位
室外型激光雷达	室外人工环境	1-2	
3D激光雷达	室内外人工环境	1-2	强干扰和长时遮挡的场合谨慎使用
差分GPS+IMU	野外环境、一般城市环境	3-5	
磁导航	埋设RFID标签	1-2	
RFID+IMU	视觉特征丰富的场合	5-10	在光照、环境变化强烈的场合谨慎使用
视觉导航		3-5	

无碰撞路径管理就是合理分配运行路径的合理空间资源，使得执行不同任务的辅助运输智能机器人在出现对同一种资源竞争的时候，不会发生碰撞、死锁等问题，并且后续能够接入井下人员、常规车辆的定位信息结合 UWB(Ultra Wide Band,超宽带)定位信息和机器人位置信息，通过无碰撞路径算法计算辅助运输智能机器人实际行走路线及精确的让车停驻位置和让车停驻时间，从而确保车行、人行的安全和互不干涉。

随着信息时代的来临，基于位置信息的服务在各种应用场景中扮演的角色愈加重要。室外开阔场景下，GNSS 可以提供实时、可靠稳定的导航定位服务。但在城市环境，由于场景比较复杂，存在城市峡谷可见卫星数少、多路径效应、隧道等场景信号失锁等问题，导致定位精度较差，可靠性较低，难以满足全场景、实时、高精度、高可靠的定位需求。此外，在占人类日常生活时间 80%的室内环境中，受到建筑物的遮挡和多径效应的影响，GNSS 定位精度急剧降低，无法满足室内位置服务的需要。因此，多源融合定位技术被提出。

9.1.1 技术实现要素

多源感知的融合定位技术的目的在于提供一种多源融合定位方法及系统，能够在指定的环境中选用最佳的定位技术，从而提高定位的准确程度，提供了一种多源融合定位方法，用于包括 IMU、gnssrtk、UWB 设备、轮式里程计以及 vio 的多源融合定位系统中，所述方法包括以下步骤：

步骤一：判断 gnssrtk 定位状态是否为 rtk 锁定状态，当所述 gnssrtk 定位状态为所述 rtk 锁定状态时，通过所述 IMU 和所述 gnssrtk 进行融合定位，得到定位结果；当所述 gnssrtk 定位状态不为所述 rtk 锁定状态时，进入步骤二；

步骤二：判断 uwb 设备精度因子是否大于预设的第一精度阈值，当所述 uwb 设备精度因子不大于所述第一精度阈值时，通过所述 IMU 和所述 uwb 设备进行融合定位，得到定位结果；当所述 uwb 设备精度因子大于所述第一精度阈值时，进入步骤三；

步骤三：判断所述轮式里程计是否发生打滑，当所述轮式里程计未发生打滑时，通过所述 IMU 和所述轮式里程计进行融合定位，得到定位结果；当所述轮式里程计发生打滑时，进入步骤四；

步骤四：启动所述 vio，通过所述 IMU 和所述 vio 进行融合定位，得到定位结果。

在上述实现过程中，该方法可以在每次定位循环当中都优先判断 gnssrtk 定位状态是否为 rtk 锁定状态；在 gnssrtk 定位状态不为 rtk 锁定状态时，判断 uwb 精度因子是否大于预设的第一精度阈值，使得 uwb 定位成为第二优先级；当 uwb 精度因子大于第一精度阈值时，判断轮式里程计是否发生打滑，使得轮式里程计定位成为第三优先级；当轮式里程计发生打滑时，触使处于第四优先级的 vio 启动，并通过 IMU 和 vio 进行融合定位，得到定位结果。可见，实施这种实施方式，能够将 gnssrtk、uwb 设备、轮式里程计以及 vio 分设为四个优先级，并实时根据实际情况在多种定位设备中确定最优的定位方式，以使定位结果的准确度最高，可信度最强。

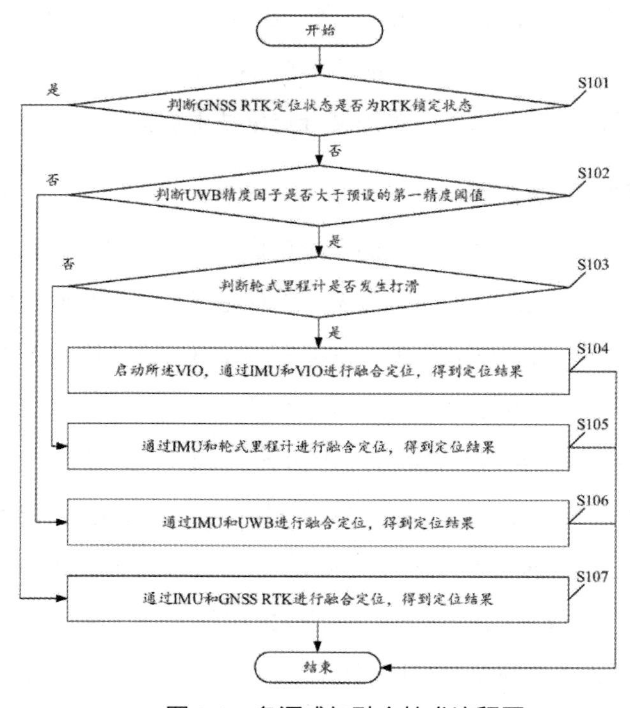

图 9-1　多源感知融合技术流程图

9.1.2 多传感器融合系统体系结构

多传感器融合系统体系结构主要包括松耦合 (LooselyCoupled)、紧耦合(Tightly Coupled)以及深耦合(DeepCoupling)等组合结构

（1）松耦合

在松耦合系统里，GNSS 给 INS 提供位置信息，二者硬件上相互独立且可随时断开连接，分别输出定位信息与速度信息到融合滤波器，融合滤波器进行优化处理后将结果反馈给惯性导航系统对其修正后进行输出。GNSS/INS 松耦合系统原理图如图。

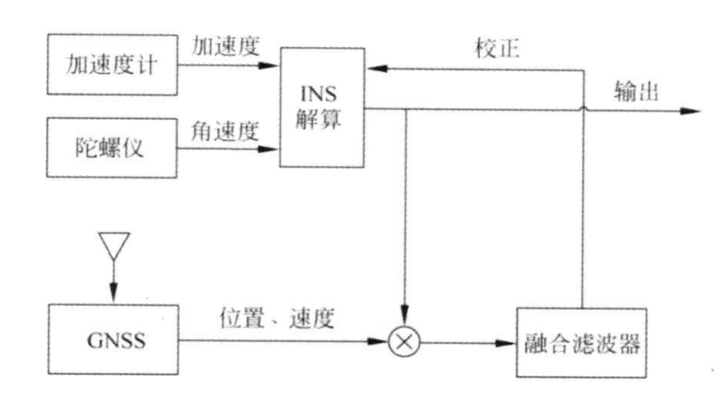

图 9-2 GNSS/INS 松耦合系统原理图

（2）紧耦合

紧耦合系统是将由 GNSS 码环与载波跟踪环解算得到的伪距、伪距率与由惯性导航系统结合自身信息和卫星星历进行计算得到的伪距、伪距率做差，得到伪距与伪距率的测量残差，将其作为融合滤波器的输入观测量，得到惯性导航系统计算误差以及传感器偏差以完成对惯性导航系统的校正并获得位置与速度的最优估计值。GNSS/INS 紧耦合系统原理图。

（3）深耦合

深耦合系统相对于紧耦合系统，增加了 INS 单元对 GNSS 接收机的辅助。利用 INS 单元结合星历信息可以对伪距与载波的多普勒频移进行估计，利用估计结果辅助接收机的捕获与跟踪环路，可以有效地提高 GNSS 接收机跟踪环路的动态性与灵敏度。

9.1.3 多传感器融合定位系统原理

多传感器数据融合定位系统的输入主要来自 GNSS-RTK、惯性导航系统和地

图匹配定位系统。融合定位系统对其数据进行预处理、数据配准和数据融合等处理后，可输出汽车自身的速度、位置和姿态信息。

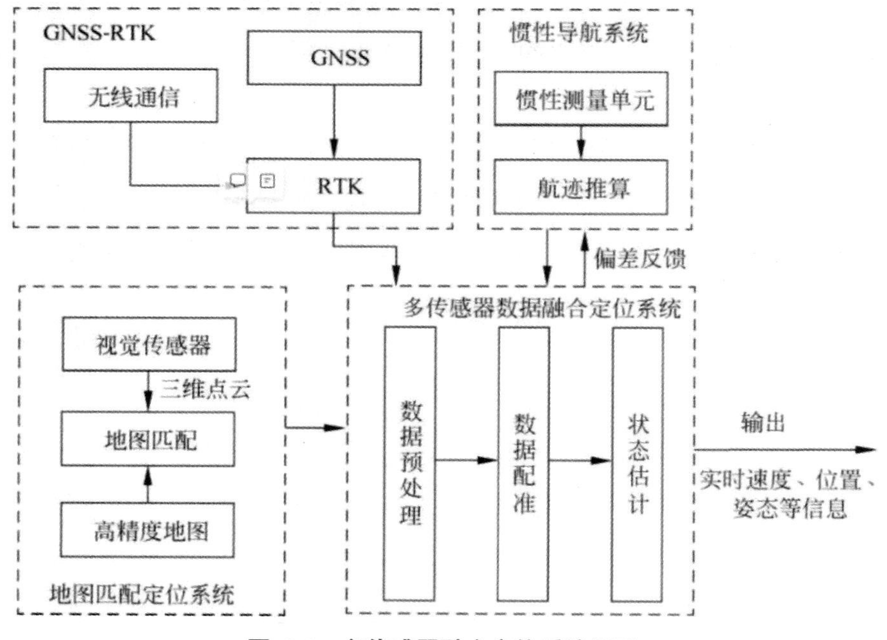

图 9-3　多传感器融合定位系统原理

（1）时间配准

时间配准，就是将关于同一目标的各传感器不同步的量测信息同步到同一时刻。由于各传感器对目标的量测是相互独立进行的，且采样周期(如惯性测量单元和激光雷达的采样 周期)往往不同，所以它们向数据处理中心报告的时刻往往也是不同的。另外，由于通信网 络的不同延迟，各传感器和融合处理中心之间传送信息所需的时间也各不相同，因此，各传感器上数据的发送时间有可能存在时间差，所以融合处理前需将不同步的信息配准到相同的时刻。

时间配准的一般做法是将各传感器数据统一到扫描周期较长的一个传感器数据上，目前，常用的方法包括最小二乘法(Least Squares，LS)和内插外推法。这两种方法都对 目标的运动模型做了匀速运动的假设，对于做变加速运动的目标，配准效果往往很差。

下面仅对基于最小二乘法的时间配准法做简单介绍。

假设有两类传感器，分别表示为传感器 1 和传感器 2，其采样周期分别为 τ 和 T，且两 者之比为 $\tau:T=n$，如果第一类传感器 1 对目标状态的最近一次更新时刻为 $tk\text{-}1$，下一次更新时刻为 $t=tk\text{-}1+nT$，这就意味着在传感器 1 连续两次目标状态更新之间传感器 2 有 n 次 量测值。因此可采用最小二乘法，将传感器 2 的 n 次量测值进行融合，就可以消除由于时间偏差而引起的对目标状态量测的不同步，从而消除时间偏差对多传感器数据融合造成的影响。

（2）空间配准

空间配准，就是借助于多传感器对空间共同目标的量测结果对传感器的偏差进行估计和补偿。对于同一系统内采用不同坐标系的各传感器的量测，定位时必须将它们转换成同一坐标系中的数据，对于多个不同子系统，各子系统采用的坐标系是不同的，所以在融合处理各子系统间信息前，也需要将它们转换到同一量测坐标系中，而处理后还需将结果转换成各子系统坐标系的数据，再传送给各个子系统。

由于传感器 1、传感器 2 存在斜距和方位角偏差 Δr_1、$\Delta\theta_1$(Δr_2、$\Delta\theta_2$)， 导致在系统平面上出现两个目标，而实际上只有一个真实目标，所以需要进行空间配准，配准过程如图 9-4 所示。

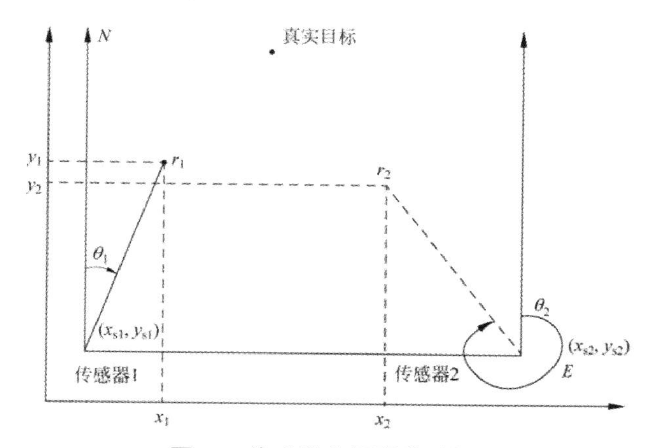

图 9-4 传感器空间配准过程图

r_1、θ_1 分别表示传感器 1 的斜距和方位角量测值；r_2、θ_2 分别表示传感器 2 的斜距和方位角量测值；(x_{s1}，y_{s1})表示传感器 1 在导航坐标平面上的位置；(x_{s2}，y_{s2})表示传感器 2 在导航坐标平面上的位置；(x_1，y_1)表示传感器 1 在导航坐标系上的测量值；(x_2，y_2)表示传感器 2 在导航坐标系上的测量值。

常用的与目标运动航迹无关的偏差估计方法主要有实时质量控制法、最小二乘法、极大似然法和基于卡尔曼滤波器的空间配准算法等。

在给出的几种算法中，实时质量控制法和最小二乘法完全忽略了传感器量测噪声的影响，认为公共坐标系中的误差来源于传感器配准误差(传感器偏差)。

广义最小二乘法和基于卡尔曼滤波器的方法虽然考虑了传感器量测噪声的影响，但只有在量测噪声相对小时，才会产生好的性能。为了克服前两种局限性，提出了精确极大似然空间配准算法。尽管前面已经介绍了多种不同的配准算法，但它们都是基于立体投影在一个二维区域平面上实现的。更确切地说，首先通过立体投影技术把传感器量测投影到与地球正切的局部传感器坐标上，然后变换到区域平面，并利用不同传感器量测之间的差异来估计传感器偏差。

虽然立体投影能够减轻单个配准算法的计算复杂度，但这一方法还有一些缺点。首先，立体投影给局部传感器和区域平面的量测都引入了误差。尽管更高阶的近似可以将变换的精度保证到几米，但由于地球本身是一个椭圆形球而不是一个圆柱，因此地球非正圆球体造成的误差仍然存在。其次，立体投影扭曲了数据，值得注意的是立体投影的保角性只能保留方位角，而不能保留斜距。由此可以断定系统偏差将会依赖于量测，而不再是时不变的。这样，在区域平面上的二维配准模型就不能正确地表示实际的传感器模型。这时，一种直接在三维空间中对传感器偏差进行估计的基于地心坐标系的空间配准算法被提出以解决上述问题。

9.1.4 多传感器融合误差分析

在多传感器融合系统中，来自多个传感器的数据通常要变换到相同的时空参照系中。但由于存在量测误差，直接进行变换很难保证精度来发挥多传感器的优越性，因此在对多传感器数据进行处理时需要寻求一些传感器的配准算法，但配准误差也随之而来。

多传感器配准误差的主要来源有：

(1)传感器的误差，也就是传感器本身因制造误差带来的偏差。

(2)各传感器参考坐标中量测的方位角、高低角和斜距偏差。通常是因量测系统解算传感器数据时造成的误差。

(3)相对于公共坐标系的传感器的位置误差和计时误差。位置误差通常由传感器导航系统的偏差引起，而计时误差由传感器的时钟偏差所致。

(4)各传感器采用的定位算法不同，从而引起单系统内局部定位误差。

(5)各传感器本身的位置不确定，为融合处理而进行坐标转换时产生偏差。

(6)坐标转换的精度不够，为了减少系统的计算负担而在投影变换时采用了一些近似方法(如将地球视为标准的球体等)所导致的误差。

由于以上原因，同一个目标由不同传感器定位产生的航迹就有一定的偏差。这种偏差不同于单传感器定位时对目标的随机量测误差，它是一种固定的偏差(至少在较长时间段内不会改变)。对于单传感器来说，目标航迹的固定偏差对各个目标来说都是一样的，只是产生一个固定的偏移，并不会影响整个系统的定位性能。而对于多传感器系统来说，本来是同一个目标的航迹，却由于相互偏差较大而被认为是不同的目标，从而给航迹关联和融合带来了模糊和困难，使融合处理得到的系统航迹的定位精度下降，丧失了多传感器处理本身应有的优点。

9.1.5 多传感器融合算法

实现多传感器融合定位的算法有很多种，下面首先简要介绍一下各种数据融合算法及其优缺点。其中，卡尔曼滤波算法作为一种经典算法，由于其实时性强、融合精度高等优点，在自动驾驶领域中被广泛使用，下面将重点介绍卡尔曼滤波技术。

（1）数据融合算法概述

目前，融合算法可概括为随机类和人工智能类。

随机类多传感器数据融合算法主要有综合估计法、贝叶斯估计法、D-S 证据推理、最大似然估计、贝叶斯估计、最优估计、卡尔曼滤波算法及鲁棒估计等。

人工智能类多传感器数据融合算法主要有模糊逻辑法、神经网络算 法以及专家系统等。下面简介上述算法。

用某种适当的模型来描述一个实际的物理系统，对分析、研究该物理系统是非常重要的。在导航、信号处理、通信、雷达、声呐等许多实际工程应用中，经常采用动态空间模型来描述其中的许多问题。动态空间模型是一个很重要的统计分析工具，如卡尔曼滤波器采用的高斯-马尔可夫线性模型就是一个很好的例子，它用状态方程(动力学方程)来描述状态随时间演变的过程，而用观测方程来描述与状态有关的噪声变量。

1）综合平均法

该算法是把来自多个传感器的众多数据进行综合平均。它适用于用同样的传感器检测同一目标的情况。

2）贝叶斯估计法

贝叶斯估计理论是较经典的统计估计理论，具有更大的优势，逐渐成为科学界推理的一个重要工具，提供了一种与传统算法不同的概率分布形式的估计。贝叶斯推理技术主要用来进行决策层融合。贝叶斯估计法通过先验信息和样本信息合成为后验分布，对检测目标做出推断。因此贝叶斯估计是一个不断预测和更新的过程。这样就包括了观测值和先验知识在内的所有可以利用的信息，得到的估计误差自然较小。

3）D-S 证据推理

D-S 证据推理是目前数据融合技术中比较常用的一种算法，该算法通常用来对检测目标的大小、位置以及存在与否进行推断，采用概率区间和不确定区间决定多证据下假设的似然函数来进行推理。提取的特征参数构成了该理论中的证据，利用这些证据构造相应的基本概率分布函数，对于所有的命题赋予一个信任度。基本概率分布函数及其相应的分辨框合称为一个证据体。因此，每个传感器就相当于一个证据体。而多个传感器数据融合，实质上就是在同一分辨框下，利用 Dempster 合并规则将各个证据体合并成一个新的证据体，产生新证据体的过程就是 D-S 证据推理数据融合。

4）卡尔曼滤波算法

卡尔曼滤波在控制领域得到广泛应用以后，也逐渐成为多传感器数据融合系统的主要技术手段之一。联合卡尔曼滤波器的设计思想是先分散处理、再全局融合，即在诸多非相似子系统中选择一个信息全面、输出速率高、可靠性绝对保证的子系统作为公共参考系统，与其他子系统两两结合，形成若干子滤波器。各子滤波器并行运行，获得建立在子滤波器局部观测基础上的局部最优估计，这些局部最优估计在主滤波器内按融合算法合成，从而获得建立在所有观测基础上的全局估计，如图 9-5 所示。

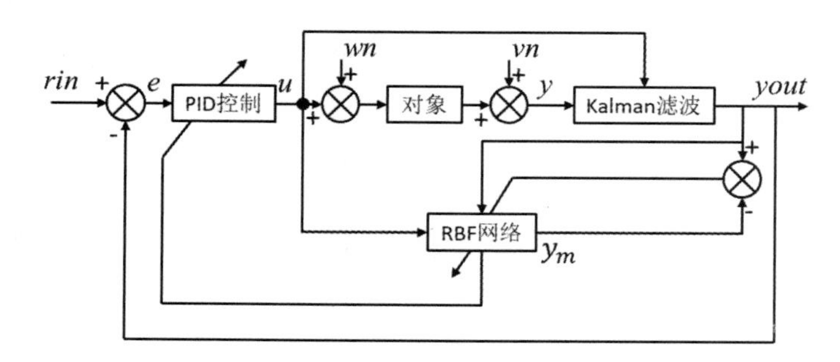

图 9-5 卡尔曼滤波算法流程

5）模糊逻辑法

针对数据融合中所检测的目标特征具有某种模糊性的现象，利用模糊逻辑算法来对检测目标进行识别和分类。建立标准检测目标和待识别检测目标的模糊子集是此算法的研究基础。

6）神经网络算法

神经网络是一种试图仿效生物神经系统处理信息方式的新型计算模型。一个神经网络由多层处理单元或节点组成，可以用各种方法互联。在指挥和控制多传感器数据融合的系统中，神经网络的输入可能是与一个目标有关的测量参数集，输出可能是目标身份，也可能是推荐的响应或行动。基于神经网络的融合优于传统的聚类算法，尤其是当输入数据中带有噪声和数据不完整时。然而，要使神经网络算法在实际的融合系统中得到应用，无论在网络结构设计或是算法规则方面，还有许多基础工作要做，如网络模型、网络的层次和每层的节点数、网络学习策略、神经网络算法与传统分类算法的关系和综合应用等。

7）专家系统

专家系统是一组计算机程序，它获取专家们在某个特定领域内的知识，然后根据专家的知识或经验导出一组规则，由计算机做出本应由专家做出的结论。目前，专家系统已在军用和民用领域得到了广泛应用。此外，其他数据融合算法还有品质因数、模板算法、聚合分析、统计决策理论等。

（2）卡尔曼滤波算法

鉴于卡尔曼滤波算法在多传感器融合系统中使用的普遍性，本节将单独就卡尔曼滤波算法及自动驾驶中常用的改进卡尔曼滤波算法进行详细介绍。

首先介绍卡尔曼滤波的基本方法，接着介绍针对非线性系统改进的扩展卡尔曼滤波，最后介绍卡尔曼滤波在自动驾驶中常用的联邦卡尔曼滤波。1960 年，她第一次发表了介绍卡尔曼滤波算法的论文。而卡尔曼滤波算法的第一次实际应用则是将惯性导航器与 C5A 军用飞机上的机载雷达集成在一起。卡尔曼滤波算法被称为“导航组合的驮马”，因为其已经成了现代导航系统的必要部分，特别是对于像 GNSS 和 INS 这样完全不同的系统进行组合导航的系统。卡尔曼滤波可分为线性卡尔曼滤波、扩展卡尔曼滤波、级联式和联邦式卡尔曼滤波、无迹卡尔曼滤波等，下面将详细阐述卡尔曼滤波的原理。

（3）最小方差估计

最小方差估计是指以均方误差最小作为估计准则的估计。

卡尔曼滤波是一种递推线性最小方差估计，它的估计准则仍是方差最小估计技术。在工程技术中，为了解工程对象(系统)的各个物理量(状态)，或者为了达到控制工程对象的目的，必须采用测量手段对系统的各个状态进行测量，由于观测值可能是系统的部分状态或其线性组合，且包含随机误差(也称观测噪声)，最优的估计能将仅与部分相关的观测值进行处理，从而得到统计意义上估计误差最小的更多状态的估计。

因此，卡尔曼滤波是一种递推线性最小方差估计，它的估计值是观测值的线性函数，并且，只要包含初始估计值在内的滤波算法初值选择正确，它的估计也是无偏的。在计算方法上，卡尔曼滤波采用了递推模型，即在历史估计值的基础上，根据 t'时刻的观测值，递推得到 t'时刻的状态估计由于历史时刻中每一时刻的估计值又是根据其历史时刻的观测值得到，所以，这种递推算法的估计值可以说是综合利用了 t'时刻和 t'时刻以前的所有观测信息得到，并且一次仅处理一个时刻的观测值，使计算量大为减少。因为卡尔曼滤波是用状态方程和观测方程来描述系统和观测值的，所以它主要适用于线性动态系统。

卡尔曼滤波方程

虽然工程对象一般都是连续系统，但是卡尔曼滤波常常采用离散化模型来描述系统，以便于计算机进行处理。离散系统就是用离散化后的差分方程来描述连续系统。

（4）扩展卡尔曼滤波

传统卡尔曼滤波要求系统的状态方程和观测方程均是线性条件，然而现实中，许多工程系统往往不能简单地用线性系统来描述，如参数估计引入增广状态方程的非线性、结构关系带来的非线性和观测信号的非线性，因此，十分有必要对非线性滤波进行深入的讨论。

9.2 环境感知建路与路径规划技术

煤炭生产是典型的高危、艰苦行业，现有煤矿设备需要技术工人直接或间接参与，存在较高的安全隐患和成本代价。从产业的安全性和效率性考虑，使用煤矿机器人代替人参与煤炭生产是 煤矿企业实现“少人化”甚至“无人化”生产的必然途径，也符合“数字化”矿山的基本目标。煤矿机器人自主运行需要环境感知技术获取工作环境信息，完成自身安全状态评估并为机器人决策规划提供基础数据，而路径规划是实现机器人移动的基础，也是连接环境感知和底层控制的关键技术。感知与认知的发展趋势不但要求煤矿机器人具备感知能力，还需要机器人根据少量可用信息完成规律事件外的认知学习，其关键挑战是开发多元传感器融合技术和小样本学习方法；规划与决策的发展方向可分为单目标点规划和多目标点决策，煤矿机器人使用感知与认知信息实现点对点的单目标路径规划及避障，并根据工作需求完成多任务之间的最优化决策，提高煤矿机器人工作效率。

煤矿机器人的工作环境、技术指标和生产成本要求其必须具有较高的鲁棒性和工作精度。其工作环境中存在的多种异构障碍物和截割产生的大颗粒粉尘极易造成采煤机关键部位故障，进而导致采煤工作中断，产生巨额经济损失。因此，提升采煤机智能化水平及其工作效率的根本措施是使用煤层及异构障碍的探测信息建立采煤刀头运行地图实现采煤机截割头合理截割路径规划。现有开槽和截割技术仍然停留于机载探测截割、人工示教记忆截割阶段，需要多位不同分工的技术工人井下协助。人工示教记忆截割法是目前较成熟和常用的半自主控制方法，但该方法无法有效地利用岩石变化实现自主走控决策。因此，煤岩环境感知和滚筒路径规划依然是采煤类矿用机器人研发的关键技术。滚筒路径规划如图 9-6 所示。

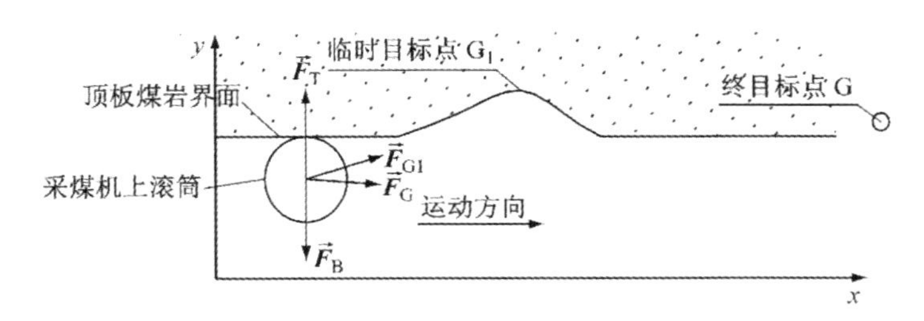

图 9-6 滚筒路径规划

9.2.1 环境感知技术

采煤作业环境感知是对采煤机的运行环境复杂度进行检测和评判，主要感知要素包括煤层变化、前方障碍、安全风险、作业位置等。在人工操作采煤机的时候，要靠人的视觉、听觉、触觉、嗅觉感知去发现采煤环境变化及其影响程度，从而对采煤机进行控制。因此，要减少或者替代人工操作，就必须提高采煤机对环境感知能力。

（1）构造感知

地下煤层构造极不规则，为了应对这种煤层异构形态，采煤机必须具有煤层厚度监测和仿形截割调控的能力，即煤岩界面识别和自动调高技术。目前，国内外提出了 20 余种煤岩界面探测方法，归纳为 3 类方法：一是采前的煤层透视方法，预先探测顶部煤层厚度分布，为采煤机提供截割路径导航地图；二是采中的截割监测方法，在采煤过程中实时感知截齿切削的介质特征，在线控制采煤机的截割姿态；三是采后的机器视觉方法，在采煤机截割煤层之后跟随探测煤壁或顶板的暴露表面物性分布，适当修正下一循环的截割导航地图。

（2）空间障碍感知

采煤机在工作面运行中，必须实时监测前方的液压支架掩护梁、垮落煤岩体、闯入人员等障碍物并予以规避，因此智能采煤机须具有前方空间自主探测及避障能力。从目前已有技术看，采煤机和井下移动设备的运动空间避障和防撞保护可用红外线、超声波、微波和激光探测技术。智能化采煤机需要构建一个多种传感技术的融合感知系统，发挥各自传感器所长，获得准确、灵敏、全面的空间环境信息。借鉴无人驾驶汽车的空间障碍感知技术，首先是激光雷达探测的空间信息，其感知量占 60%～75%，其次是视觉感知的图像信息，再次是毫米波雷达探测的距离信息、惯性导航获取的位姿信息，最后是超声波、红外线传感器等光电传感器获取的信息。

（3）机器视觉感知技术

基于机器视觉感知的传感器检测技术及其方法改进是煤矿机器人的必要研究方向，且发展趋势要求其精度更高、识别能力更强，在一定情形下可以更好地掌握动/静态障碍物的大地坐标、轮廓、深度等感知信息。

机器视觉感知的前端采集装置一般使用雷达（超声雷达、激光雷达、毫米波雷达等）、视觉摄像头（RGB 摄像头、双目摄像头、深度摄像头等）。雷达扫描环境并生成工作环境的点云图，包含了工作区中各物体的坐标、深度等信息，而视觉摄像头采集到的图像数据在经过特征点匹配等处理后也可以对场景进行重构。

为了更智能地完成任务和适应工作环境，一般需要同时使用多种不同的传感器。但来自不同传感器的大量信息容易造成混乱，有效解决办法是使用多元传感器融合技术，这是环境感知技术的主要挑战之一。

9.2.2 路径规划技术

移动这一简单动作，对于人类来说相当容易，但对机器人而言就变得极为复杂，说到机器人移动就不得不提到路径规划，路径规划是移动机器人导航最基本的环节，指的是机器人在有障碍物的工作环境中，如何找到一条从起点到终点当的运动路径，使机器人在运动过程中能安全、无碰瘤地绕对所有障碍物。这不同于周动态规划等方法求得的最短路径，而是指移动机器人能对静态及动态环境进行综合性判断，进行智能决策。总的来说，路径规划主要涉及这 3 大问题，1.明确起点位置及终点；2.规避障碍物；3.尽可能的做到路径上的优化。机器人路经规划有全局与局部规划之分，根据对环境信息的掌握程度不同，机器人路径规划可分为全局路径规划和局部路径规划。

全局路径规划是在已知的环境中，给机器人规划一条路径，路径规划的精度取决于环境获取的准确度，全局路径规划可以找到最优解，但是需要预先知道环境的准确信息，当环境发生变化，如出现未知障碍物时，该方法就无能为力了。它是一种事前规划，因此对机器人系统的实时计算能力要求不高，虽然规划结果是全局的、较优的，但是对环境模型的误差及噪声鲁棒性差。

而局部路径规划则环境信息完全未知或有部分可知，侧重于考虑机器人当前的局部环境信息，让机器人具有良好的避障能力，通过传感器对机器人的工作环境进行探测，以获取障碍物的位置和几何性质等信息，这种规划需要搜集环境数据，并且对该环境模型的动态更新能够随时进行校正，局部规划方法将对环境的建模与搜索融为一体，要求机器人系统具有高速的信息处理能力和计算能力，对环境误差和噪声有较高的鲁棒性，能对规划结果进行实时反馈和校正，但是由于缺乏全局环境信息，所以规划结果有可能不是最优的，甚至可能找不到正确路径或完整路径。

全局路径规划和局部路径规划并没有本质上的区别，很多适用于全局路径规划的方法经过改进也可以用于局部路径规划，而适用于局部路径规划的方法同样经过改进后也适用于全局路径规划。两者协同工作机器人可更好的规划从起始点到终点的行走路径。

（1）全局路径规划

全局路径规划包含两种模式：自由规划和基于规则道路的规划；

1）自由全局路径规划

基于 Dijkstra 路径搜索算法的路径规划，将障碍物地图作为对象，完成路径搜索。路径搜索分为两部分，正向蔓延和反向梯度搜索。

正向蔓延,将当前位置点作为起点，采用逐层扩散的方式向外蔓延，并记录每个栅格的 cost 值，cost 包含障碍物代价值和蔓延走过的路径；此过程一直到寻找到目标点。

反向梯度搜索,当正向蔓延过程完成后，生成了覆盖起始点和目标点的 cost 片图。反向梯度法将目标点作为起点，利用梯度下降方式，在 cost 片图上搜索目标点到起点的路线。将搜索到的路线做反向处理，就得到从起点到目标点的综合最优路线。

2）基于规则道路的规划

基于规则道路规划，是指根据实际的运行状况需要，在地面上设定好单向/双向路线，实际工作时将以这些线路作为全局路径。规则道路由基本道路片段和节点组成，道路片段是直线和圆弧的基础线条，也可以是根据实际运行轨迹采集到的点；节点将基础道路片段连接起来，构成了拓扑路径结构。拓扑道路结构创建。

在初始化阶段，创建拓扑道路地图结构，通过单向路径将所有的节点关联起来，并赋值不同的基础道路片段以不同的权重。道路搜索当道路存在时，可以搜索出基于起点到目标点的基础道路编号序列，将所有的这些基于道路片段拼接成完整的道路路径后发布，可作为全局参考路径。路径规划处理规则道路对路径规划进行了改进，保留原有的接收单一目标点的路径规划功能基础上，增加了可遵循参考轨道运动的功能。

再将插补后的稠密片段路径拼接成整条全路径计划；参考轨道序列点管理-计算机器人距离路径的最短距离；基于上一周期的路径投影点，沿着机器人前进方向寻找局部最近点，或者沿着相反方向找到局部最近点，用局部最近近似全局最近。机器人偏离路径远，则规划衔接路线；当机器人距离路径的最短距离查出一段距离时，启动自由全局路径规划功能，规划出当前位置到前瞻点的全局路径。自由规划的目标点是前瞻点，而非最近距离点，原因是前瞻点考虑了自由规划与规则道路片段衔接时的朝向角度变化不会太大。

（2）局部路径规划

局部路径规划有两种方法，基于 DWA 思路的本地规划器模块，参考 lattice 曲线规划模块。

1）本地规划器

局部路径规划单元所参考的全局路径仅为局部地图截取的部分路径。DWA 是一种基于动作空间采样算法，基于当前的速度状态，根据运动学约束（最大速度、最大加速度），确定采样窗口，然后对窗口里面的每一个样本曲线进行评分，去除非法曲线（碰撞到障碍物，或者不再地图范围内，由于 DWA 基于局部代价地图进行评分，所以代价地图尺寸过小会影响 DWA 规划出的最大速度），剩下就是可以具有正评分值的曲线，最终挑选出评分值最高的曲线，最为本次局部路径规划的输出。

2）创建轨迹

实现速度采样窗口的确定，包含机器人四周压障碍物检测、速度限制、采样分辨率设定、防止震荡、倒退处理机制等。

（3）四周压障碍物检测

根据机器人的尺寸，分别定义位于机器人四周的四个封闭轮廓用来检测机器人对应边是否压到了障碍物。

（4）速度限制

速度限制因素包含：

基于单边压障碍物的限制压到障碍物的边，禁止朝该方向运动，仅可以朝着向反方向运动；某一边距离障碍物很近，则限制该方向的运行速度。

基于运动方向的速度限制根据全局路径的前 20 个点确定参考的运动方向，当机器人速度与参考运动方向角度偏差较大时，限制运动速度：大偏差角度（调头）时，禁止前进；目标路径在左，禁止右转；目标路径在右，禁止左转。

原地停止基准分数当采样产生的轨迹分值，小于原地停止的分数，则放弃该轨迹。防止震荡处理防止机器人在探索过程中出现反馈左右震荡，或者反复前后震荡。需要做一个震荡锁定和解锁机制，当机器人进入震荡锁定状态后，只有在该方向一定的距离后，在可以解锁，防止频繁的原地震荡。

原地旋转速度采样评估原地旋转后，再基础朝向上预测一段距离，评估轨迹的代价值。

后退机制当前进、原定转向都不存在合理的轨迹时，则进入后退锁定状态；一旦进入后退锁定机制后，必须运动一定距离或者机器人前方空旷时，才可以退出后退锁定状态。

基于某动作采样点产生预测轨迹，并计算其 cost 值。

1）确定迭代步数轨迹预测是基于采样动作和当前状态，迭代 n 步运动后形成的一条轨迹。如何合理的设定预测过程需要迭代的步数非常重要。首先，近似根据当前运动状态和轨迹所需的距离、角度分辨率，预测时间长度固定不变，确定采样步数。其次，在采样动作为原地旋转时，如果时间预测长度为固定至，则基于当前速度运动预测时间，轨迹末端点的机器人朝向将可能超越目标朝向，其轨迹抹点的 cost 值就会变差，甚至可能碰撞障碍物。所以，原地旋转时将根据目标角度与当前角度的偏差，及采样角速度大小，确定预测时间长度，目的是基于当前采样角速度运行预测时间后，机器人不会超出目标角度。

2）障碍碰撞检测机制

默认机制是机器人在预测轨迹上与障碍物发生碰撞，则该轨迹失效；该方法存在明显缺点，机器人的轮廓、障碍物尺寸相比实际障碍物都会有一定程度的膨胀、扩大，当障碍物贴近机器人时很容易判断成机器人某边沿已经压到了障碍物，这种情况下无论什么样的预测轨迹，起点总是会碰撞障碍物，这样就不存在可行轨迹，机器人就无法运动。

为了解决这个问题，采用了改进机制。若果原先轮椅某侧边缘已经压到了障碍物，则不对该边缘进行判断；仅判断原本没有压到障碍物的边，在产生新轨迹的运动过程中压到障碍物，则此动作采样生成的轨迹失效。

此方法缺点：如果左侧原先压到了障碍物，则继续向左运动不会发生运动失效的判断，此时碰撞检测会失效。

已经改进的方法：在 DWA 生成速度窗口的函数中，根据机器人周边压障碍物的判断结果，限制对应方向上的速度输出。

3）轨迹评分

轨迹评分包含以下项目：

轨迹距离障碍物的最近距离：即本轨迹所有点及对应的机器人轮廓点中，障碍物外接成本最大值；

横向偏差：轨迹点指定位置处（末端）点坐标距离全局路径的横向偏差(最短距离)；

目标距离：轨迹点指定位置处（末端）点坐标距离局部地图截取的全局路径末端点的距离；

朝向偏差：将轨迹末端点投影至全局路径，根据全局路径上投影点的前后点坐标关系，计算出投影点处的参考角度，计算轨迹末端朝向与参考角度的偏差；

4）参考的 lattice 曲线规划模块

将其中的局部路径规划主要负责将全局路径规划出的路径拟合成车辆可以运动的 lattice 曲线，满足平滑连续、最大曲率、最大转向速度等约束。

lattice 处理的基本流程包括：将车辆当前位置投影至全局路径，将投影点作为起点，沿着运动方向前进一段距离(当前速度乘以预测时间长度)选取末端点；如果在选取末端点的过程中遇到了障碍物，则需要在障碍物前面的一段安全距离内停止，末端点位停止点，末端速度为 0；将末端点根据道路上的信息，转换成车辆的末端状态；根据车辆当前状态和末端目标状态，生成一种保行的 lattice 曲线，曲线横坐标表示纵向路程，纵坐标表示曲率信息，当前线速度根据起点速度、末端速度决定，根据速度和曲率可以计算出角速度。

（5）关于 lattice 规划的基本原理

在 Gen Spline From Path 函数中调用了 lattice 曲线生成过程。寻找机器人在全局路径上的最近投影点寻找到投影点后，就可以确定机器人距离全局路径的最短距离，投影点至路径剩余部分的路径信息。如下情况不满足 lattice 规划条件：若距离最近点的距离较大，即横向偏差较大；如果全局路径剩余点数过少，剩余路段不规则的概率就很大；路径剩余距离过小，即纵向移动距离相比横向移动距离不够大若路径末端的朝向角度变化大，说明整个路径的曲率变化过大。

全局参考路径平滑，从最近投影点至前瞻预测点之间的全局路径段，做平滑处理，降低全局路径采样引入的噪声，增加 lattice 曲线的平滑性。

路点格式转换，将路径点上附加参考速度信息，转换位 train 轨迹格式。

障碍物前停车处理，当参考轨迹上有障碍物时，需要在障碍物前安全停车，并给减速度段路径赋值合理的速度参考值。

寻找前瞻点 index，从投影点开始，根据轨迹点上的参考速度运动一段时间后达到的轨迹点，或者停止点，选两者较近的点作为前瞻点，获取其索引号。

计算目标轨迹点的车辆目标状态，前瞻点即局部路径规划的目前参考点，将其投影至车载坐标系下，根据该轨迹点的坐标、朝向、曲率、速度信息，转换为车辆的目标状态。

计算车辆当前状态，根据反馈信息，计算在车载坐标系下的当前车辆状态值。

计算 lattice 曲线参数，根据车辆的当前状态和目标状态，计算 lattice 曲线参数，使得参数的起点和终点可以拟合当前、目标状态。

9.3 基于机器视觉的粉尘分布识别技术

煤矿粉尘的降尘处理是清洁、环保、安全地使用煤炭资源的重要保障，而自动粉尘检测是实现降尘过程的前提。传统的尘雾图像检测算法主要是基于尘雾的形状、色彩、纹理、飘动等特征进行识别。例如 Genovese 等分别将尘雾的不同特征用于检测，但是检测模型存在难以充分提取特征的不足，在尘雾区域 较小时，检测效果较差。近年来，深度学习算法在目标识别与检测领域取 得了突破性进展，尘雾图像检测方面，目前应用比较广泛的是基于区域与基于回归两种算法。基于区域 的算法又称为两阶段目标检测算法，如 CNN，Fast RCNN，Faster RCNN 等。将卷积神经网络用于尘雾图像检测，取得了比传统方法更 好的效果;富雅捷等使用卷积神经网络作为特征提取器，利用支持向量机训练; Zhang 等利用 Faster R-CNN 提取尘雾特定的详细特征，提高尘雾检测率。

此类方法检测精度高，但检测速度较慢。基于回归的算法又被称为一阶段目标检测算法，如 YOLOv4 、SSD 等。此类方法运算速度更快，但检测精度略低于两阶段算法。由于煤矿井下粉尘图像背景复杂，现有算法中的卷积神经网络受到粉尘图像空间多样性的影响，不能同时兼顾检测精度与速度。本文针对粉尘图像背景复杂性提出了将拥有较高检测速度的 YOLOv4 算法进行优化，以得 到与 YOLOv4 检测速度相当但检测精度更高的模型方法：添加空间变换网络(STN)优化原始特征图，使网络具备空间不变性；采用仿射变换对特征图实施空间变换；选择双线性插值进行像素点精确采样。优化后的检测模型具备学习平移、缩放、旋转等扭曲特性的能力，在检测速度与精度上实现较好的平衡，可以提高算法鲁棒性。

（1）YOLOv4 网络模型

YOLOv4 网络模型由 CSPDarknet53、SPP、YOLO Head 四部分组成，其中 CSPDarknet53 为主干特 征提取网络，输出特征图。

虽然 YOLOv4 网络使用卷积和池化操作使算法在一定程度上具备了平移不变性，但是这种人为设定的变换规则使神经网络过度依赖先验知识，同时神经网络对于旋转、扭曲等未人为设定变换规则的几何变换缺少空间不变性。而煤尘颗粒具有运动特性，导致煤矿井下图像中的粉尘区域不规则。基于上述原因，YOLOv4 网络对煤矿井下粉尘图像检测效果不佳。

1）算法概述

为了增强 YOLOv4 算法的空间不变性，提高煤井下粉尘图像检测模型的检测识别能力，在 YOLOv4 算法的多尺度特征融合网络之前插入空间变换网络。

优化后的算法整体流程为：输入 1 张尺寸为 416×416 的粉尘训练图像，先经过主干特征提取网络，使特征层的宽和高不断压缩，通道数不断扩张，得到 3 种不同尺度的特征图；再送入空间变换网络进行仿射变换；最后在多尺度特征融合网络中进行特征堆叠，得到 3 个尺度的有效特征层，送入特征预测网络进行网络训练，循环达到预定迭代次数后，得到粉尘检测权重模型。

2）空间变换网络

空间变换网络是一种动态网络机制，可以插入到现有卷积网络模型中，将输入变换为下一层网络期望的形式，在训练的过程中自动选择感兴趣的区域特征，对各种形变数据进行空间变换。空间变换网络可以插入到已有的卷积神经网络中，主动进行空间特征映射，并且不需要额外的训练监督或修改。能够更好的简化后续图像的分类识别任务，提升卷积神经网络的鲁棒性和目标特征提取、目标检测识别能力。

空间变换网络由 3 部分组成：定位网络、网格生成器及采样器。首先输入特征图 U，通过定位网络训练得到空间变换参数；然后利用网格生成器根据目标特征图的坐标生成新的网格点，存放仿射变换后的图像；最后采样器将变换后的像素点复制到 V 中。

3）基于 YOLOv4 算法的粉尘检测实现

粉尘图像识别方法以 YOLOv4 算法网络结构为基础，分别在 CSPDarket53

网络输出的 3 种不同尺度的特征图后插入空间变换网络，进行仿射变换，并将优化后的网络结构进行训练和测试，具体流程:

将数据集中的粉尘图像进行预处理，把分辨率统一调整到 416 × 416，作为输入图像进行模型的训练;

在 CSPDarknet-53 网络中进行特征提取，通过不断地压缩特征层和扩张通道数，最终得到 3 种不同尺度的特征图，再由空间变换网络进行仿射变换;

首先将经过卷积与上采样的尺度 1 特征图与经过卷积的尺度 2 特征图堆叠;然后进行卷积和上采样，并与第 3 尺度特征图堆叠; 最后通过 5 层卷积得到尺度 3 有效特征层，输入给 YOLO Head。

首先对尺度 3 有效特征层下采样，然后与第 67 层特征层进行堆叠，最后通过 5 层卷积得到尺度 2 有效特征层。

首先对尺度 2 有效特征层下采样，然后与经过卷积的尺度 1 特征图堆叠，最后通过 5 层卷积得到尺度 1 有效特征层。

将上述 3 种尺度的有效特征层送入 YOLO Head。

循环整个网络，直到达到预定迭代次数，最终得到粉尘检测权重模型。

4）模型训练

模型训练使用 YOLOv4 的预训练权重，对优化后的网络进行权重参数调整。迭代训练分两阶段进行，第 1 阶段为粗调阶段，调整除主干特征网络 CSPDarkNet53 外的网络参数，选择更适合用来训练较小的自定义数据集的 Adam 优化函数;第 2 阶段为微调阶段，调整主干特征网络的权重参数，依然选择 Adam 优化函数。经过迭代训练，最终得到粉尘图像检测效果相对最好的权重参数。

9.4 基于无线超宽带的智能跟随技术

9.4.1 无线超宽带技术

无线超宽带技术是一种使用 1GHz 以上频率带宽的无线载波通信技术。它不采用正弦载波，而是利用纳秒级的非正弦波脉冲传输数据，因此其所占的频谱范围很大，尽管使用无线通信，但其数据传输速率可以达到百兆比特每秒以上。使用无线超宽带技术可在非常宽的带宽上传输信号，美国联邦通信委员会（FCC）

对无线超宽带技术的规定为：在 3.1~10.6GHz 频段中占用 500MHz 以上的带宽。

传统通信方式使用的是连续波信号，即本地振荡器产生连续的高频载波，需要传送信息通过例如调幅，调频等方式加载于载波之上，通过天线进行发送。现在的无线广播、4G 通信、Wi-Fi 等都是采用该方式进行无线通信。

无线超宽带技术与传统通信技术的优势

传统通信方式使用的是连续波信号，即本地振荡器产生连续的高频载波，需要传送信息通过例如调幅，调频等方式加载于载波之上，通过天线进行发送。现在的无线广播、4G 通信、Wi-Fi 等都是采用该方式进行无线通信。而 IR-无线超宽带技术信号，不需要产生连续的高频载波，仅仅需要产生一个时间短至 ns 级以下的脉冲，便可通过天线进行发送。需要传送信息可以通过改变脉冲的幅度、时间、相位进行加载，进而实现信息传输。

基于无线超宽带的自主跟随机器人定位方法，包括无线超宽带基站发射无线超宽带信号，无线超宽带定位标签 接收无线超宽带信号并进行定位解算。

优点：

（1）定位精度高：带宽很宽，多径分辨能力强，抗干扰，对于距离的分辨能力高于 Wi-Fi 和蓝牙。

（2）实时定位速度快：无线超宽带技术的超宽带脉冲信号的带宽在纳秒级，可以实现实时的室内定位，延迟低，可以即刻感知追踪物体的运动状况。

（3）高可靠性和安全性：无线超宽带技术的发射功率低、信号带宽宽，能够很好地隐蔽在其他类型信号和环境噪声之中，传统的接收机无法识别和接收，必须采用与发射端一致的扩频码脉冲序列才能进行解调。

当然，无线超宽带技术、Wi-Fi 和蓝牙这三项技术并不是孤立存在的，完全可以同时使用，优势互补，能够给智能手机这样的终端产品带来多种需求的定位和数据传输服务，对于相关的天线和射频设计有较高要求。而超宽带系统与传统的窄带系统相比，具有穿透力强、功耗低、抗多径效果好、安全性高、系统复杂度低、能提供精确定位精度等优点。因此，超宽带技术可以应用于室内静止或者移动物体以及人的定位跟踪与导航，且能提供十分精确的定位精度。但是成本比较昂贵，网络部署复杂，相对来说在室内定位服务上应用有限。

无线超宽带技术超宽带技术与传统通信技术有极大的差异，它不需要使用传统通信体制中的载波，而是通过发送和接收具有纳秒或纳秒级以下的极窄脉冲来传输数据，从而具有 GHz 量级的带宽。目前的无线超宽带技术应用可以按照通信距离大致划分为两类：

1)短距离高速应用，数据传输速率可以达到数百兆比特每秒，主要是构建短距离高速 WPAN、家庭无线多媒体网络以及替代高速率短程有线连接，如无线 USB 和 DVD（典型的通信距离是 10m）；

2)中长距离（几十米以上）低速率应用，通常数据传输速率为 1Mbit/s，主要应用于无线传感器网络和低速率连接。同时，由于无线超宽带技术可以利用低功耗、低复杂度的收发信机实现高速数据传输，所以无线超宽带技术在近年来得到了迅速发展。

无线超宽带技术在非常宽的频谱范围内采用低功率脉冲传输数据而不会对常规窄带无线通信系统造成大的干扰，并可充分利用频谱资源。基于无线超宽带技术而构建的高速率数据收发机有更广泛的用途。可用于各个领域的室内精确定位和导航，包括人和大型物品，例如贵重物品仓储、矿井人员定位、机器人运动跟踪、汽车地库停车等系统。

基于无线跟随的跟随系统在万物互联的当下，室内精准定位正在成为刚需，大型商场超市希望能够借助室内定位技术为前来购物的消费者提供实时导引服务，同时基于位置提供对应的营销服务。在室内或者建筑物比较密集的场合可以获得良好的定位效果，同时在进行测距、定位、跟踪时也能达到更高的精度，应用于静止或者移动物体以及人的定位跟踪，能提供很高的定位准确度和定位精度。

当前的自动跟踪设计具有位于煤矿的主体上的摄像机，所述摄像机被用于进行接近度感测以跟随用户和避开障碍物，每当存在周围环境的照明条件的变化时，容易妨碍摄像机的接近度感测。具体地，当存在照明条件的急剧变化时，摄像机将不再看见来自对应的激光发射器的、自用户反射的光或激光，以帮助确定人员、除尘目标、采集目标的接近度。当摄像机不再看见来自激光发射器的光或激光时，除尘小车将停止跟随，这将要求用户必须停止，并且除尘小车重新建立连接以继续移动。因此，不断需要新的和改进的具有目标跟踪的智能跟随检测系统。

9.4.2 地图构建

首先要对机器人的工作场景有地图的认识，地图是对环境的知识表达，是机器人实现自主移动的基础要素，是实现全局定位和导航规划的前提条件。定位需要通过匹配当前环境感知信息和地图信息来估计移动机器人在环境中的位置／位姿，导航则是根据地图中所记录的障碍物位置来规划机器人从当前点到目标点的可行路径和执行轨迹。地图表示方法直接影响定位和导航规划方法的可行性、高效性和精确性。不同的地图表示方法对定位和导航的适用性通常不同，有的表示方法适合于定位，有的表示方法则适合于导航。不同的地图表示方法复杂性不同，而其复杂性直接影响地图构建、定位和导航算法的复杂性。不同的地图表示方法可以达到的地图精度也各不相同，从而会影响机器人定位精度和到达目标点的精度，因此地图表示方法的精度应与任务要求精度相匹配。同时，地图表示方法受传感器能够获得的数据类型影响，也对由传感器数据构建相应地图的方法提出了要求和约束。目前在地图构建和定位中主要采用激光传感器和视觉传感器获得环境信息，这两种传感器获得的数据类型不同，也导致其可构建的地图表示方法不同。在实际应用中，要综合考虑地图表示方法的适用性、精度匹配性、计算复杂性和传感器适配性。因此，本章首先介绍常用的环境感知传感器及传感器标定方法，包括传感器自身参数标定、传感器与机器人运动中心标定以及多个传感器之间的相互标定，然后介绍常用的地图表示方法，明确其对机器人自主移动定位和导航的适用性，以及在传感器坐标系下将传感器信息转化为主要地图表示的算法。

9.4.3 环境感知

在机器人应用中，最常见的感知外部环境的传感器主要包括两种：侧距传感器和相机。顾名思义，前者能够获得角度和距离的测量，意味着可以从测量数据中获得物体相对于传感器的相对位置。后者在日常生活中很常见，测量的值包括角度和光强，但没有办法测量，因此无法通过单张照片估算照片中物体的距离。因此，使用前者的优势主要在直接测量三维信息，不存在维度缺失的问题，而后者往往需要通过多种技术手段恢复缺失的距离维度，但后者也因为能测量光强，因此含有更加丰富的物体纹理。

9.4.4 智能跟随技术

智能跟随容易因为跟随目标被障碍物遮挡而导致跟随失败，使用不够方便灵活，无法适应复杂场景。智能跟随技术首先要对跟随目标进行定位，在很多复杂场景下，如火车站、商场中，行人、墙壁等障碍物也比较多，跟随目标很可能被行人、墙壁遮挡，在跟随目标被遮挡时，当前的智能跟随技术因为无法对跟随目标进行定位，从而无法正常跟随，导致人在使用跟随设备时，需要常常关心跟随目标是否被遮挡，所以不够方便灵活。虽然目前有些智能跟随设备采用的目标定位技术可以不受障碍物的影响，实现成本高。

在智能跟随异常时，缺少简单直观的人工控制方式。比如当误判跟丢时，需要让跟随设备回到正确的方向；基于视觉技术的跟随方式在图像处理失败时，需要人来控制跟随设备运动；当周围障碍物过多导致跟随设备停止不动或者乱转时，需要让跟随设备按照人的意图来运动以摆脱困境。因为需要人来控制跟随设备运动，而且使用智能跟随设备的主流群体是中老年人，所以提供简单直观的人工控制方式就尤为重要了。但是目前的智能跟随技术缺乏跟随异常时方便直观的人工控制方式。

缺乏安全感：跟随设备是在人体的后方或者侧后方，人在正常行走时，跟随设备处于人的视线之外，人与跟随设备是分离的。当人在专心行走时，此时如果跟随设备被人搬走了，或者跟错了目标，或者跌落到台阶下等情况出现时，不能及时发现。

因此，当前需要一种实现成本低、跟随目标定位不受障碍物影响、使用方便灵活、跟随异常时能简单直观地进行人工控制、具有安全感的智能跟随技术。

地图作为对环境的有效表示，是移动机器人导航和定位时都需要的重要信息。路径规划方法中，行车图法和 PRM 所构建得到的是拓扑地图，近似单元分解法采用的是栅格表示法。后续章节介绍的里程估计和定位问题，需求不同于导航，其关键在于信息匹配，并与传感器数据有较大关联，由此形成了点云地图、特征地图。首先，介绍了常见的环境感知传感器、测距传感器和相机原理，并介绍了经典的传感器标定方法；其次，介绍了移动机器人目前常用的地图表示方法；最后，介绍了局部坐标系下将传感器数据转化为相应地图表示的方法，特别是从激光测距仪构建概率栅格地图和线段特征地图的方法。读者在学习过程中应该了解并掌握主要地图表示方法的核心思想以及在导航、里程估计和定位问题中的适用性，在实际应用时能够选择或组合应用合适的地图表示方法，并根据需求选择合适的传感器，能够实现从传感器数据到地图表示的转换。

无线超宽带(ultrawideband)无线通信不用载波，而采用时间间隔极短(小于1ns)的脉冲进行通信，利用纳秒至微微秒级的非正弦波窄脉冲传输数据。通过在较宽的频谱上传送极低功率的信号。抗干扰性能强，传输速率高，系统容量大发送功率非常小。无线超宽带系统发射功率非常小，通信设备可以用小于 1mW 的发射功率就能实现通信。低发射功率大大延长系统电 W 源工作时间。而且，发射 功率小，其电磁波辐射对人体的影响也会很小，应用面就广。

传统 GPS 精度不高、无法在室内或者有较大建筑物遮挡的环境下使用的制约，基于单目视觉的目标跟踪技术，存在计算量大、受遮挡无法跟踪、难以恢复目标的相对位置信息等问题蓝牙、RFID 定位技术虽然受环境干扰较小，但作用距离短，通信能力不强，不便于整合到其它系统中；红外线技术功耗较大，且常常受到室内墙体或物体的阻隔，实用性较差；超声波定位 精度可达厘米级，精度比较高，但超声波在传输过程中衰减明显，从而影响其定位有效范围，且成本较高。传统的无线超宽带定位技术，多数通过在室内安装有限数量的固定微基站，实时对相同的情况环境的标签进行精确的室内定位，零延时地将标签的位置显示控制中心，实现对 标签位置的实时监控，那么本系统的基于无线超宽带的快速定位的方法则更现实有效的解决相对基站的快速定位。

近年来，我国矿山智能化建设取得新进展和突破，目前，全国智能化采掘工作面已达到 813 个，与 2020 年相比增加 65%，已有 29 种煤矿机器人在 370 余处矿井现场应用。煤矿智能化建设在技术创新、政策支持、标准制定等方面也取得了新进展。指导推动煤矿智能化控制系统、智能生产辅助系统等 92 个标准制定。指导成立全国信标委大数据标准工作组矿山行业组，组织编制《智能化矿山数据融合共享规范》等，基于无限超宽带技术，矿山智能化标准体系进一步完善。

9.5 基于多源感知的主动安全与避障技术

新媒体概念的出现改变了人类认知周围事物的方式，新的媒介将视觉艺术从三维世界带入了更为多元的四维空间。新的媒介让艺术以一种完全区别于从前的方式渗透到公众的日常生活之中，以更加多元的方式与观众对话，让艺术作品背后一些本不易被察觉的行为情节被不断发掘，启发人们更加积极地探索艺术与新媒体以及新的表达方式之间的关系。

9.5.1 多源视觉信息感知

多源视觉信息感知是指从模拟人类的思维模式和大脑皮层结构出发来指导视觉模式识别任务的方法，使计算机能够具备类人化的视觉感知功能，实现与环境之间不断学习、不断适应的演变过程。作为一个煤矿除尘智能机器人，像人一样的多元感知是非常有必要的。随着 AI 技术的发展，避障主动安全技术越来越受到技术工程师的关注。避障主动安全技术是较为核心的部分。如何能够准确的识别侦测障碍目标并安全准确无误的避开障碍物，这是其必备的技能之一。

9.5.2 主动避障技术如何实现

主动避障技术是利用各种先进的传感器技术来感知道路交通环境信息，并将传感器获取的车速、位置、障碍物等实时信息反馈给系统进行信息处理，同时根据路况与车流的综合信息判断和分析可能存在的潜在安全隐患，并在紧急情况下进行自动预警提示，系统结合周围环境情况，为进行避障路径规划设计，根据路径进行制动或转向（左换道、右换道、自适应巡航、制动等）等措施协助，控制主动避开障碍物，以保障煤矿机器人顺畅、安全的地行进。实现避障与导航的必要条件是环境感知，在未知或者是部分未知的环境下避障需要通过传感器获取周围环境信息，包括障碍物的尺寸、形状和位置等信息，因此传感器技术在移动机器人避障中起着十分重要的作用。 机器人避障需使用的传感器有激光雷达、深度相机、超声波传感器、物理碰撞、跌落检测等。

在实际应用中，散落在地上的物体、凸起的台阶、桌子和椅子等都会对激光雷达避障形成挑战。如果把这种需要考虑物体上下完整轮廓的障碍物检测称为“立体避障”。在一些复杂的场所，二维激光雷达无法胜任立体避障的工作，必须要为机器人配备其它的传感器作为补充。比如：超声波传感器，它的成本非常低，实施简单，可识别透明物体，缺点是检测距离近，三维轮廓识别精度不好，所以对桌腿等复杂轮廓的物体识别不好，但是它可以识别玻璃、镜面等物体。还有深度相机，它具备三维的距离测量能力（同时具备水平和垂直视场角），因此，可以直接检测到立体的障碍物，为移动机器人提供三维的保护能力。所以在高配的移动机器人中，可以采用激光雷达来实现 SLAM，用深度相机来实现立体避障，再用超声波来防护激光雷达和深度相机的检测盲点，这三种传感器成为许多高端移动机器人的常见组合配置。

会利用高精地图提前为自己规划出最优的路线。但是在行进过程中，由于不可预测的因素和高度动态的道路环境，障碍物（行人、煤矿机器人、其他障碍物等等）有可能出现在原先规划出的线路中，因此必须有对这些不可预测的障碍物进行快速准确实时的侦测识别，并进行局部避障路径规划和调整，从而能够顺利到达目的地。传统避障算法。

人工势场法，利用目标点进行引力作用，引导煤矿机器人向目标点行进，如遇到障碍物则产生斥力，避免煤矿机器人与障碍物发生碰撞，从而形成无碰撞的引力引导下的最优路径。该路径具有行进平滑安全，算法简单明了，且实时性良好的特点，但需解决障碍物斥力作用大小的控制问题，且实际运行过程中是在相对运动的环境下进行的，对于力的调节相对较难。

虚拟力场法，是栅格法和人工势场法相结合的一种实时避障算法，使用栅格来表示环境，同时利用引力和斥力进行控制避障。

智能优化算法是在生物智能和物理现象的基础上进行的搜索算法，它涵盖了障碍物生物和物理特征的识别算法，是通过传感器获取的信息与原先设计的规则和数据库进行比对判断，然后模拟人类驾驶思维利用煤矿机器人运动学原理对行进路线进行调整规划。

多种算法融合，在汽车实际避障规划设计过程中，往往会融合多种算法，通过互补来提高算法的效率和准确性，从而能够更加智能的规划设计和控制煤矿机器人，让煤矿机器人能够高效准确的融入驾驶环境中，实时调整和改变，提高其对现实复杂路面多障碍物的应对能力，从而实现避障。

解决：获取目标机器人对应的多个监控设备的设备位姿信息，并根据所述目标机器人的状态信息和/或各个所述设备位姿信息，确定各个所述监控设备对应的监控区域；根据各个所述监控区域，组合生成目标监控区域；基于所述目标监控区域对应的点云信息，判断所述目标监控区域中是否存在障碍区域；在判定所述目标监控区域中存在所述障碍区域时，控制所述目标机器人进行避障。通过上述方式，本发明根据机器人的状态信息和/或各个监控设备的设备位姿信息，生成目标监控区域，并根据多个监控设备的设备位姿信息，结合机器人的状态信息，确定监控区域，由此采用多个监控设备进行避障监控，提高了机器人的避障准确性，避免了单监控设备监控方向单一导致的机器人避障不准确的问题。以自动紧急制动（AEB）、车道保持辅助（LKA）等为代表的主动安全技术已开始逐步普及，其中自动紧急制动（AEB）更是有成为流行的趋势。

9.5.3 传感器技术在主动避障技术中的应用

主动避障技术是利用各种先进的传感器技术来感知道路交通环境信息，并将传感器获取的车速、位置、障碍物等实时信息反馈给系统进行信息处理，同时根据路况与外部情况的综合信息判断和分析可能存在的潜在安全隐患，并在紧急情况下进行自动预警提示，系统结合周围环境情况，为煤矿机器人进行避障路径规划设计，控制煤矿机器人主动避开障碍物，以保障它顺畅、安全的地行进，正常的工作。雷达和机器视觉在检测障碍物的过程中存在各自的局限性，有时候会出现二者检测结果不一致的情况。例如，当目标距离超出毫米波雷达检测范围时，雷达无法检测到目标，而机器视觉仍然可以检测到目标。此时，认为该区域存在目标，由于目标距离较远，危险等级为二级。反之，机器视觉由于受天气、光照等因素影响，存在视觉未检测到目标，而雷达 检测到目标的情况。此时，认为该区域存在目标，危险等级为一级。在某些场景中，这两种情况可能同时出现，某一目标只被机器视觉检测到，而另一目标只被雷达检测到，二者呈互补之势。

主动安全系统，指的是包括 ABS、ESP 等电子设备的安全系统。这套系统会自动启动，通过前面的光学雷达系统监视交通状况，尤其是车头前 6 米内的情况。当前车刹车、停止或者有其他障碍物的时候，这套系统首先会自动在刹车系统上加力，以帮助煤矿机器人在做出动作前缩短刹车距离;或者它还可以通过调整输入，来改变煤矿机器人行驶路径，以避开障碍物。

ABS：制动防抱死系统（antilock brake system），作用就是在汽车制动时，自动控制制动器制动力的大小，使车轮不被抱死，处于边滚边滑（滑移率在 20%左右）的状态，以保证车轮与地面的附着力在最大值。

EBD：电子制动力分配(Electronic Brake force Distribution)是一种汽车电子辅助控制系统。EBD 能够根据由于汽车制动时产生轴荷转移的不同，而自动调节前、后轴的制动力分配比例，提高制动效能，并配合 ABS 提高制动稳定性。

ESP：车身电子稳定系统，是对旨在提升煤矿机器人的操控表现的同时，有效地防止汽车达到其动态极限时失控的系统或程序的通称。电子稳定程序能提升煤矿机器人的安全性和操控性。

TCS：牵引力控制系统(Traction Control System)，也称为 ASR 或 TRC。它的作用是使汽车在各种行驶状况下都能获得最佳的牵引力。

环境感知与自主避障是智能移动机器人研究领域的核心内容之一,是机器人完成高级任务的基础。在不具备任何先验的地图环境条件下,机器人仅依靠自身携带的传感器来感知周围环境,根据障碍物信息规划出下一时刻的动作和轨迹,最终尽可能安全、高效地从任务起点到达终点。相比于有人机的看见并规避功能，煤矿机器人系统的感知与规避功能依靠感知与规避智能算法设计以及传感器、平台、通信配置实现碰撞威胁的感知、评估和规避控制等功能，具有更高的技术难度和更复杂的系统集成度。

其技术难度主要体现在以下 3 个方面：

(1)感知信息不精确。在基于传感器信息进行目标检测和跟踪过程中，传感器的属性对感知信息的精度、质量具有决定性作用。无论是地基传感器还是空基传感器，往往存在着量测信息不精确，甚至信息缺失等问题。感知信息不精确会大大增加态势理解和威胁评估的不确定性，进而导致发生错误的规避决策和机动控制。

(2)遭遇模型不确定。随着煤矿机器人的应用领域不断扩展，飞行操作空域不断扩大，煤矿机器人任务操作过程中与环境的交互将日趋复杂。煤矿机器人的遭遇模型将由单平台–单目标的简单遭遇模型发展为多平台，运动、静止等多种动态模型目标并存的复杂遭遇模型。复杂的遭遇场景将大大增加煤矿机器人系统的态势感知与威胁评估难度，降低其自主决策能力。

(3)机动规划多约束。煤矿机器人感知与规避的路径规划控制受限于平台动态模型、飞行空间操作规则、碰撞威胁，以及任务属性等多种约束。

在进行最优路径规划与机动控制的过程，要充分考虑多种约束条件，而这些条件往往表现为非凸、非线性等特点，这无疑增加了机动规划优化过程的难度。

系统集成的复杂性体现在:

(1)感知与规避系统配置。感知与规避系统设计需充分考虑煤矿机器人的平台属性、传感器的功能特点，以及相关的政策法规和监管规则进行传感器选择参数优化和安装设计，以达到与有人机“看见并规避”等价安全(equivalent level of safety, ELOS)的环境感知能力；

(2)在未来空域共享飞行过程中，煤矿机器人感知与规避系统需通过合适的操作规程和技术手段实现与现有的煤矿机器人各项系统的有效交互，从而实现工作环境集成和共享的目的。

双目视觉定位：实现视觉 SLAM 工作场景定位与，对于新兴的共享煤矿机器人而言，目前市面上的煤矿机器人并不具备工作场景定位的功能。煤矿机器人的定位是依靠视觉里程计（VIO）来实现的，拥有准确的定位信息，是智能煤矿机器人实现自动导航的根本保障。项目采用双目视觉+IMU 融合的 VIO 算法进行定位，相比于传统的依赖特征点数量的 VO 定位，IMU 信息的融合使得 VIO 算法表现更好，可以更好地处理较快的运动和白墙环境，有更好的鲁棒性，也大大提高了设备在复杂环境中的安全性。

毫米波雷达障碍物检测为了能使智能煤矿机器人具有避障功能，需要感知场景中的深度信息，通过毫米波雷达获得三维点云信息，从而得出场景中各种障碍物的信息；相比于市面上主流的 2D 雷达，避障信息 3D 化可以大大提高设备的安全性。且毫米波雷达响应时间快、环境表现好、分辨率高、识别距离远、成本中等、软件复杂度较低，非常适合项目需要的工作场景环境。

9.5.4 煤矿机器人中的应用

煤矿机器人作为一种具有自主决策能力的智能机器人，需要从外部环境获取信息并根据信息做出决策，从而进行全局路径规划和局部危险状况下的避障。

煤矿机器人的全局路径规划为煤矿机器人规划出了一条在已知环境地图信息下的最优路径。煤矿机器人在前进过程中，处在不可预测和高度动态的城市道路环境中，障碍物很可能出现在已经规划好的全局路径上，也有可能在前进的过程中一些障碍（行人或煤矿机器人等）动态地出现在路径上。煤矿机器人必须对这些不可预测的事件以某种方式做出反应，进行局部避障，使之仍然能够顺利到达目的地、完成任务。

因此，局部避障必须速度快、实时性好和效率高，而可靠的避障算法正是保证煤矿机器人成功避障的主要方法。因此，在全局路径规划的基础上，还需要进行实时的局部危险避障。

速扩展随机树（RRT）算法是以状态空间中的一个初始点作为根节点，通过随机采样扩展，逐渐增加叶节点，生成一个随机扩展树，当随机树的叶节点中包含了目标点或者目标区域中的点时，从初始点到目标点之间的一条以随机树的叶节点组成的线段就是规划出的一条路径。由于算法在进行路径规划时是随机采样，不需要对状态空间进行预处理，因此有着很快的搜索速度，而且还考虑了车辆在运动过程的动力学约束和运动学约束，该算法也非常适用于智能车辆的运动规划问题。但 RRT 算法存在一些不足：

度量函数（最近邻算法）的合理选取决定算法的合理性和效率；

算法的随机性使得规划出的路径曲率变化过大，甚至出现小范围的直角变化，导致路径不平滑，不符合车辆运动学；

采样点在整个可行域内随机采样的搜索方式存在很多不必要的运算，影响算法速度，降低搜索效率。

9.6 矛盾冲突情境下的可拓智能技术

随着社会经济的发展和网络信息技术的不断进步，信息和知识越来越多，各种系统越来越复杂，要考虑的参数不计其数，矛盾层出不穷。如何利用计算机和网络存储量大、计算快的特点生成和搜索各领域解决矛盾问题的策略，已成为提高计算机智能化水平的关键。虽然人们已经能将大量工作交给计算机处理，并在许多方面得到了满意的结果，但在问题求解、特别是不相容问题求解方面的研究还很不够。人工智能领域确实花了很长时间考虑问题求解，但对于解决不相容问题的策略生成并没有解决，主要原因在于系统没有自动生成解决不相容问题的策略的功能。

可拓策略生成方法是一套以可拓学理论为基础，采用形式化模型和可拓推理技术研究不相容问题求解的方法。它根据信息知识提取和拓展的规律性，通过建立由对象、特征和量值构成的基元及其复合元，将非结构化的不相容问题转化为可形式化、定量化处理的可拓型，并利用可拓推理和可拓变换来获取化解问题的策略。近年来，在广大学者的不懈努力下，在多项国家自然科学基金项目“可拓策略生成系统的基础理论与基本方法研究”“基于可拓学和HowNet的策略生成方法与系统研究”“基于 GEP 的可拓策略自组织生成理论与方法研究”等的支持下，可拓策略生成的理论与方法体系日益完善，目前已建立了可拓信息-知识-策略形式化体系，以及解决不相容问题的集合论基础——可拓集合和逻辑基础——可拓逻辑。在上述理论和方法研究的基础上，很多学者也相继开展了可拓策略生成系统的研究，建立了可拓策略生成系统的一般框架与功能模块，并开发了一些应用于具体领域的策略生成系统软件。

该模块中有很多类型的变换，包括基本可拓变换、可拓变换的运算及传导变换，变换的选择和筛选决定了策略生成的有效性和效率。

目前主要有两种处理方法：

(1)根据不相容问题的目标和条件中产生不相容的特征的相应量值的差异，选择变换的类型，且实施变换后马上利用相容度函数度量是否是有效变换；还要根据具体问题预设阈值、相关度、评价特征及其评价函数，以便在可拓变换模块中选择变换时，既能保证生成的解决不相容问题的有效策略足够多，又能避免组合爆炸问题的发生。

(2)对于复杂不相容问题，可拓变换的实施与变换的结果之间可能呈现一定的黑箱性，导致难以采用 1 中的方式选择变换的类型。在此种情况下，利用 GEP 方法，以由变换的对象拓展出的基元和基本可拓变换及其运算分别建立终点符号集合和函数符号集合，通过启发式迭代的方式来实现可拓变换运算式的自组织构建。

优度评价模块中存储着各种评价特征及其量值域，针对要解决的实际问题的不同评价特征，可以调用关联函数模块中的关联函数和综合关联函数，计算综合优度。可拓策略库中存放各种已解决的不相容问题的解决策略，当以后再遇到不相容问题时，可以首先利用文献建立的问题相关度计算方法，与问题模块中的已解决的问题进行比对，如果有相关度达到一定阈值的问题，则可直接到可拓策略库查询对应的问题所采取的解决策略，如果可用，则获得解决该不相容问题的可拓策略，否则，再进行策略生成的全过程,并把获得的可拓策略存入其中。

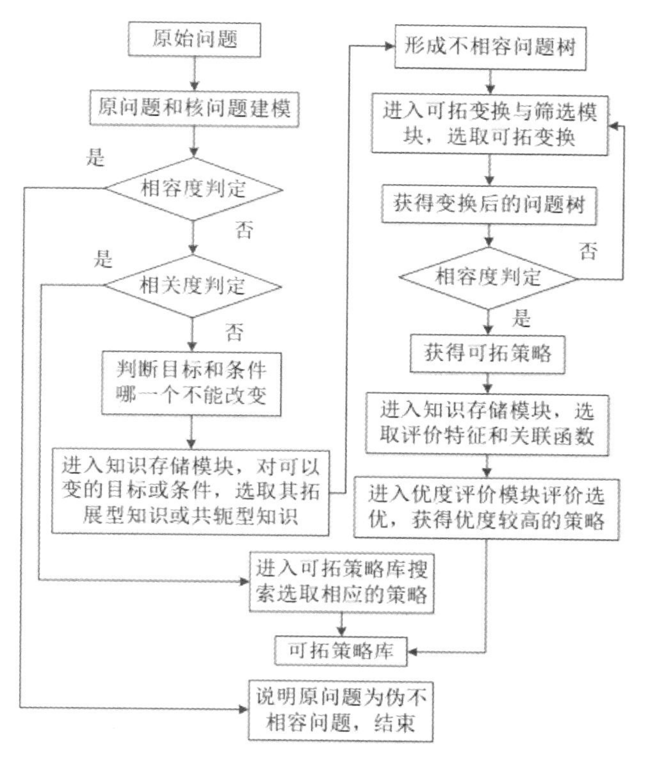

图 9-7 可拓策略生成系统

9.6.1 基于可拓技术的煤矿机器人

煤矿作业中，煤矿机器人面对众多难题，对工作中的路径规划以及粉尘等干扰因素的影响，煤矿掘进区域的地质条件，开采时间相对较早的老矿区是煤矿掘进的主要区域，老矿区的岩石断层相对与新矿区多，而且在掘进作业过程中矿井下的低压力较大，同时由于复杂多变的地质条件所影响，煤矿的掘进开采并不稳定。随着煤矿开采的深度不断增加，围岩上升、岩层波动的现象逐渐出现，各个煤矿层的顶板部位对地面和井下产生了一定的高应力，且结构较为松软，这些因素将直接增加了煤矿掘进区域的安全隐患。

在进行一些巷道煤矿掘进的过程中，通常情况下，很难按照原有的设计图纸进行巷道工作面的施工，这一问题直接造成了巷道变形的现象发生而且为了满足原有的设计规划对巷道进行前掘后修，破坏了巷道的原本地质结构，地质结构的不稳定在某种程度上构成了阻碍煤矿掘进整体施工进步的重要因素。而且矿井中较为薄弱的煤层在实际开采作业的过程中，对巷道的挖掘速度有着相对较高的要求，目前来看，穿过断层巷道与大坡度巷道的掘进作业中存在安全隐患的概率较大，巷道回采工作面临着较大的阻碍。

综上所述可知，复尔多变的地质情况在煤矿掘进作业中主要的显现形式基本为：矿区断层裂隙较多、矿井所需要承载的压力比规划中的要高出很多、不同的地质环境影响、水文环境相对复杂、断裂层带多呈现出来的矿区波动幅度相对较大、岩石层顶板和底板的结构受到破坏而出现结构松软的现象、安全隐患随处存在、没有深入掘进的保障、工程进展速度不客观等。所以在煤矿机器人处理这些复杂矛盾冲突情况下的难题时，运用可拓智能技术会使难题更加容易。

数据挖掘获取的知识是将隐藏在数据库和互联网中的规律，通过深入挖掘分析而得到的，它很难用显性知识或隐性知识来描述其特征。为此，将处理矛盾问题的可拓学理论与知识管理和数据挖掘相结合，形成智能知识管理新的研究方向。目前的相关研究大多关注数据挖掘算法的精确性，对数据挖掘产生结果的深层次处理不够，且则很少能让用户和已有知识真正参与到知识发现中，增加了发现可行动知识的难度。因此将用户的领域知识融入到数据挖掘系统中进行深层次挖掘获得智能知识是一个重要研究的问题。可拓模式识别的目的就是用机器去完成人类智能中通过视觉、听觉、触觉等感官去识别外界环境特征（包括可拓特征）的那些工作。

9.6.2 可拓神经网络

把可拓学理论与神经网络结合而形成的神经网络称为可拓神经网络。可拓神经网络是一类新的神经网络，由于不同的研究者对可拓神经网络研究的侧重点不同，所以不同的可拓神经网络在拓扑结构、学习规则、算法、神经元的信息处理特征以及所处理问题的目的也有所不同，所以目前很难对可拓神经网络下一个确定的定义，但其主要思想是：可拓神经网络是把可拓学理论中“基元模型”“可拓距离”“位值”“关联函数”“可拓域”“菱形思维”等概念巧妙地引入到神经网络技术，使得其在处理某一类问题较之传统神经网络方法更具有优越性。

可拓设计是以可拓论和可拓创新方法为基础，从知识驱动的角度，研究设计过程模型建立、知识聚类、方案推理、设计变换、设计优化和评价等内容，以智能化处理设计对象、设计系统、设计过程中的矛盾问题，并寻求最佳设计方案的全新现代设计理论与方法。综合运用可拓学理论、模糊理论和优化技术，分别在概念设计可拓知识表达、分解与综合、优化与求解、推理与评价等方面提出了若干新思想、新原理与新方法。提出复杂机械产品多目标模糊物元优化方法、可拓实例推理方法、可拓进化设计、可拓变换设计、设计方案评价与决策等方法，分别通过理论分析与比较验证了该类方法的可行性，进一步通过加工中心刀库、吸尘器、机械减速器等产品的优化，实现了复杂产品智能化概念设计的创新过程。

可拓智能技术在此煤矿机器人中的应用使煤矿机器人在复杂的开采工作中面对的难题得到更优化的解决，产生创新动力，将高新技术应用到实际生产生活中。

9.6.3 可拓博弈轨迹跟踪协调控制

蔡文教授首次提出“可拓学”理论，于 1983 年发表了题为“可拓集合和不相容问题”的文章，从而形成了一个新学科。可拓学理论将客观世界中描述事物各个侧面的特征构建出形式化的模型，利用了可拓变换和可拓推理，研究事物拓展的可能性和开拓创新的规律，将矛盾问题转化为相容问题，从而对处理矛盾问题有显著优势。随着理论应用的推广，目前已将可拓学理论运用在计算机与人工智能、控制与信息、管理与决策等多个领域。

可拓控制是将可拓学与反馈控制相结合，是可拓学在智能控制领域的拓展。可拓控制首先提取有关控制目标的特征量，并建立对应的可拓集合，利用控制过程中的状态信息计算当前状态的关联函数，关联函数表征了当前控制状态转变为控制目标的控制难易程度。然后以关联函数作为选择控制策略输出的依据，在不同的测度模式下采用不同的控制策略，将控制过程中的矛盾问题转化为相容的控制问题，使被控信息转换到合格范围内，从而达到控制的目的，可拓控制原理如图 9-8 所示。

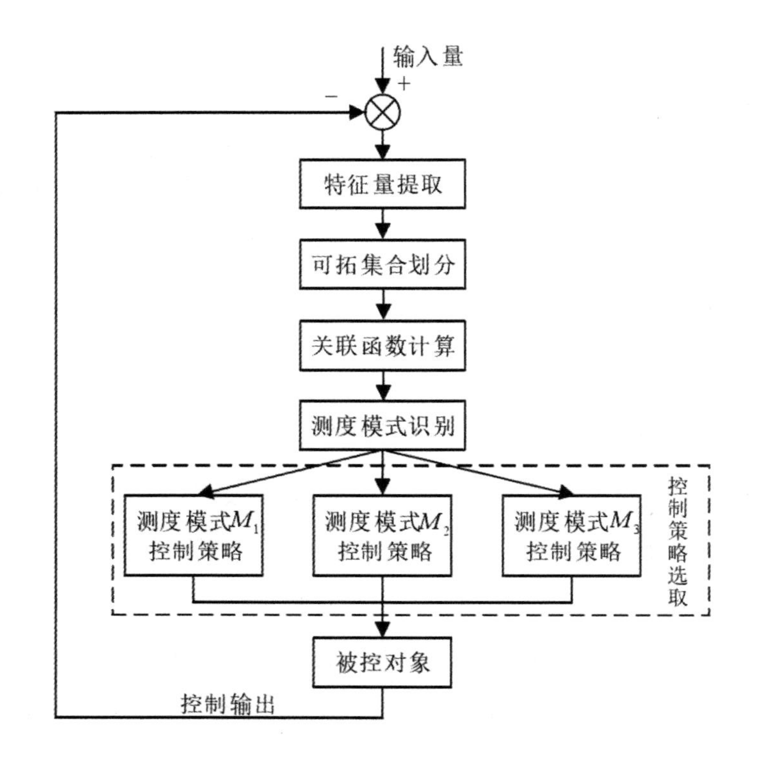

图 9-8 可拓控制原理

根据图 9-8，可拓控制过程主要包括五个部分：特征量提取、关联函数求解、测度模式识别、控制策略选取。

（1）特征量

特征量是描述了系统行为或是运动信息的典型变量，对应于可拓学中基元的定义。常见选取特征量的方式有两种，第一种是选取控制过程中的系统状态量作为特征量构成特征状态；第二种是选取控制过程中系统偏差和偏差变化率作为特征量构成特征状态。

（2）可拓集合划分

可拓集合划分基于上述提取的特征量，构建表征特征状态 的 n 维可拓集合，经过对特征量计算分析，得到特征量变化的容许范围和最大容许范围。容许范围控制状态较好，控制精度和控制难度小，可拓学中将该区域定义为经典域；最大容许范围控制状态变差，控制精度降低并且控制难度变大，可拓学中将该区域定义为可拓域 R_s ；在整个可拓集合范围内，除去经典域和可拓域以外，定义为非域 R_N，该区域控制状态较差，控制精度低并且控制难度较高。

（3）关联函数计算

关联函数 K(S)表征了系统特征状态 S 和控制目标之间的关联度，其值域为$(-\infty,+\infty)$，关联度的大小表明了当前实时状态特征量所处的区域范围和控制系统达到控制目标的控制难易程度，关联函数计算方法包括两种计算方式，主要根据选取的特征量的类型不同而不同，选择控制状态作为特征量时，关联函数利用可拓理论的可拓距二维变换和可拓距原理进行求解；选择控制系统偏差和偏差变化率采用可拓理论的偏差和偏差变化率加权可拓距原理进行求解。

（4）测度模式识别

测度模式识别基于上述关联函数结果，通过判断关联函数所处的值域，确定当前控制系统所处的状态区域，从而作为选取不同的控制策略的前提条件。基于关联函数的测度模式识别规则与特征量选择的类型相关，详细过程于后文阐述。一般规则为：

当特征状态 S 处于较好状态时，此时为测度模式 M_1，对应经典域区域状态；

当特征状态 S 处于不合格状态时，此时可以通过改变控制参数和控制策略使得特征状态尽可能进入较好状态，此时为测度模式 M_2，对应可拓域区域状态；

当特征状态 S 处于较差的状态时，此时为测度模式 M_3，对应非域区域状态，该测度模式下难以通过调整控制参数来转变控制状态，需要进一步改变控制策略。

（5）控制策略选取

在可拓控制中，常见的控制策略设计思路一般基于上述测度模式识别和区域划分，在对应的区域采用一种控制模式，并且结合关联函数对系统过程的监控特性对控制参数动态调整，从而实现在整个特征状态区间内的切换或是平滑拓展控制，达到进一步提高全局范围内控制性能的提升。

9.6.4 可拓切换轨迹跟踪控制架构

基于上述可拓控制理论，本章设计了智能汽车可拓切换轨迹跟踪控制策略，控制原理图如图 9-9 所示。

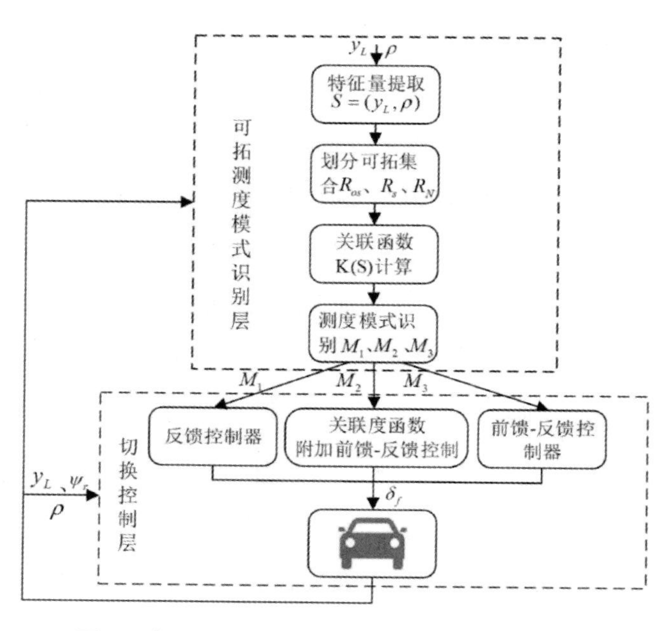

图 9-9 智能汽车可拓切换轨迹跟踪控制原理图

基于分层控制架构，上层可拓测度模式识别算法将可拓集合理论与智能汽车轨迹跟踪状态相结合，选择预瞄横向位置误差和道路曲率ρ作为可拓控制特征量，组成特征状态，通过基于曲率的误差公差带自适应可拓集合区域划分方法，将可拓集合划分为经典域、可拓域和非域，对应轨迹跟踪控制过程不同的状态。利用可拓距理论求解关联函数，对轨迹跟踪控制过程进行测度模式识别，分别对应测度模式 M_1、M_2 和 M_3。下层切换控制算法在上层测度模式识别的基础上，结合反馈控制和前馈-反馈控制，设计了三种测度模式下的控制策略，得到前轮转角控制输出，实现根据跟踪状态变化的可拓切换轨迹跟踪控制。

（1）轨迹跟踪切换控制设计

下层轨迹跟踪切换控制根据上层智能汽车轨迹跟踪控制状态测度模式识别结果，将轨迹跟踪控制状态划分为三个测度模式：M_1、M_2和 M_3，结合 PID 反馈控制和前馈-反馈控制，实现智能汽车轨迹跟踪控制在不同测度模式下的切换控制。

在测度模式 M_1 中，此时轨迹跟踪控制预瞄横向位置误差较小，且前方道路曲率小，该区域内轨迹跟踪控制难度较小，采用基于预瞄误差的 PID 反馈控制策略，因此测度模式 M_1 的前轮转角为：

$$\delta_f = \delta_{fb} \tag{9-1}$$

在测度模式 M_2 中，此时特征状态 S 进入可拓域中，随着道路曲率的增加，预瞄横向位置误差变大，导致该区域的控制精度低于测度模式 M_1 中跟踪精度，轨迹跟控制状态逐渐远离最佳状态点，根据上层可拓关联函数可知此状态控制难度程度相比于测度模式 M_1 逐渐增加。原有测度模式 M_1 的 PID 反馈控制难满足高精度要求，此时利用关联函数提出一种关联度函数附加前馈-反馈控制方法，控制原理图如图 3.9 所示，实现随着控制难易程度不同实时调整前轮转角控制量中的前馈量。分析关联函数可知，测度模式 M_2 中关联函数 $0<K(S)<1$，并且关联函数向 1 发展表明此时控制状态变好，所需的附加前馈量应减小；当关联函数向 0 发展表明控制性能变差并且控制难度增加，需要增加前馈控制量，从而进一步根据控制难易程度实时校正道路曲率对轨迹跟踪控制精度的影响，前轮转角表示为：

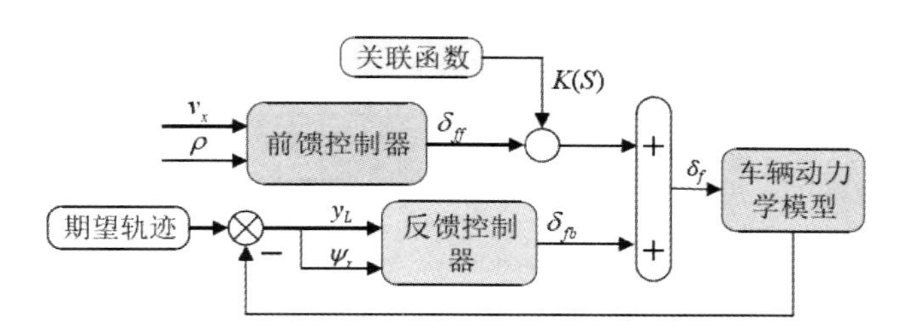

图 9-10 测度模式 M_2 控制原理图

在测度模式 M_3 中，特征状态处于较差的状态，轨迹跟踪控制难度较大，测度模式 M_2 中关联度函数附加前馈-反馈控制仍然无法满足控制要求。此时，在测度模式 M_3 中采用完全前馈-反馈控制，如图 9-11 所示为完全前馈-反馈控制原理图。

$$\delta_f = \delta_{fb} + [1 - K(S)] * \delta_{ff}$$

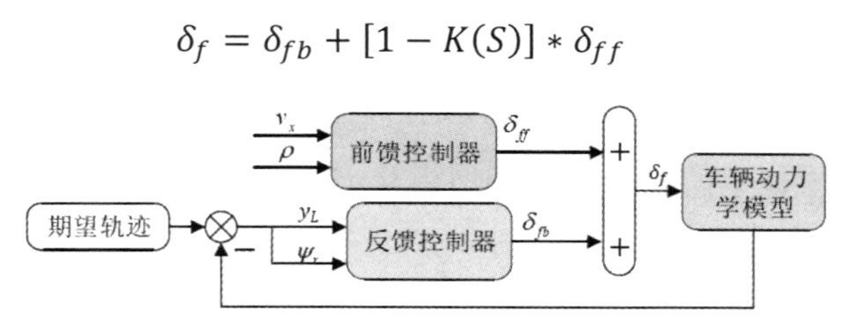

图 9-11 测度模式 M_2 控制原理图

在该测度模式下使得前馈控制量达到最大控制程度，增加前馈控制对道路曲率的响应，进一步改善该测度模式下的控制精度，前轮转角控制量表示为：

$$\delta_f = \delta_{fb} + \delta_{ff} \tag{9-2}$$

因此，下层轨迹跟踪切换控制策略为：

$$\delta_f = \begin{cases} \delta_{fb} & \text{测度模式}M_1 \\ \delta_{fb} + [1 - K(S)] * \delta_{ff} & \text{测度模式}M_2 \\ \delta_{fb} + \delta_{ff} & \text{测度模式}M_3 \end{cases}$$

至此，完成了本章智能汽车可拓切换轨迹跟踪控制设计，实现了智能汽车轨迹跟踪划区域多模式切换控制。

（2）可拓博弈轨迹跟踪协调控制架构

针对上一章设计的可拓切换轨迹跟踪控制的不足之处，本章设计了可拓博弈轨迹跟踪协调控制策略，整体控制架构如图 9-12 所示。

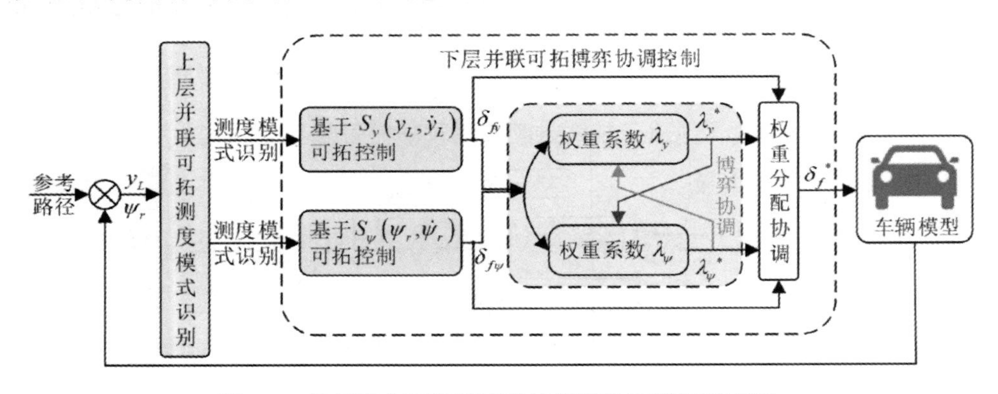

图 9-12 智能汽车可拓博弈轨迹跟踪协调控制原理图

上层并联可拓测度模式识别算法引入两组并联可拓特征量，建立基于预瞄横向位置误差和其变化率的可拓特征状态和基于航向误差及其变化率的可拓特征状态，从位置误差和航向角度误差两个方面求解关联函数，并且对其分别进行测度模式识别，增强了关联函数对轨迹跟踪控制难易程度的表征能力，为进一步优化下层控制参数奠定基础。下层并联可拓博弈协调控制首先设计了基于两组特征状态的可拓控制策略，输出对应所需的前轮转角和，其次引入微分博弈协调控制方法，建立两者权重的微分博弈模型，从而输出纳什均衡解下的最优前轮转角，实现了控制量平滑输出。

（3）上层并联可拓测度模式识别算法设计

上层并联可拓测度模式识别算法原理如图 9-13 所示。上层同时选择预瞄横向位置误差和航向误差及其变化率为特征量，建立基于预瞄横向位置误差和其变化率的可拓特征状态，以及基于航向误差及其变化率的可拓特征状态，对两个可拓集合进行可拓集合区域划分、关联函数求解和测度模式识别，实现并联可拓特征状态量测度模式识别。通过两个关联函数分别表征智能汽车轨迹跟踪控制位置误差和航向误差的动态变化，进步增强了关联函数对轨迹跟踪控制难易程度的表征能力，为下层可拓博弈协调控制算法设计奠定基础。

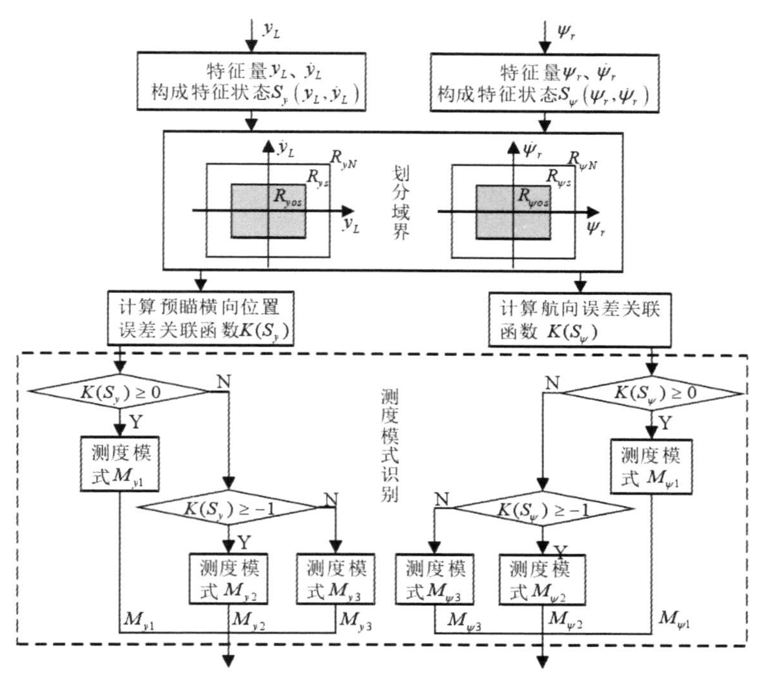

图 9-13 上层并联可拓测度模式识别原理图

（4）特征量提取

为了进一步完善第三章设计的可拓切换控制策略，本章上层并联可拓测度模式识别算法特征量分别选择表征智能汽车轨迹跟踪控制精度的预瞄横向位置误差 和航向误差及两者的变化率，构建并联可拓状态和以及对应的可拓集合。从而不仅能够表征跟踪误差的变化，同时能够表征误差变化率的动态变化，进一步表征车辆运动横向稳定性的动态变化，增强了可拓关联函数对控制状态的表征能力，提高上层并联可拓测度模式识别对轨迹跟踪控制过程的监测作用。

（5）可拓集合划分

可拓集合划分与上一章相同，采用基于曲率的误差公差带自适应划分方式。预瞄横向位置误差y_L经典域和可拓域分别为：

$$|y_L| \leq y_{Lom} = a_1|y_L^* + \varepsilon| \tag{9-3}$$

$$|y_L| \leq y_{Lm} = a_2|y_L^* + \varepsilon| \tag{9-4}$$

预瞄横向位置误差变化率$\dot{y}_L$经典域和可拓域分别为：

$$|\dot{y}_L| \leq \dot{y}_{Lom} = a_1(|y_L^* + \varepsilon|)' \tag{9-5}$$

$$|\dot{y}_L| \leq \dot{y}_{Lm} = a_2(|y_L^* + \varepsilon|)' \tag{9-6}$$

同理可知，航向误差ψ_r经典域和可拓域分别为：

$$|\varphi_r| \leq \varphi_{rom} = b_1|\varphi_r^* + \sigma| \tag{9-7}$$

$$|\varphi_r| \leq \varphi_{rom} = b_1|\varphi_r^* + \sigma| \tag{9-8}$$

航向误差变化率$\dot{\psi}_r$经典域和可拓域分别为：

$$|\varphi_r| \leq \varphi_{rom} = b_1|\varphi_r^* + \sigma| \tag{9-9}$$

$$|\varphi_r| \leq \varphi_{rom} = b_1|\varphi_r^* + \sigma| \tag{9-10}$$

$$|\dot{\varphi}_r| \leq \dot{\varphi}_{rom} = b_1(|\varphi_r^* + \sigma|)' \tag{9-11}$$

$$|\dot{\varphi}_r| \leq \dot{\varphi}_{rm} = b_2(|\varphi_r^* + \sigma|)' \tag{9-12}$$

式中，φ_{rom}和φ_{rm}分别为航向误差经典域边界和可拓域边界；$\dot{\varphi}_{rom}$和$\dot{\varphi}_{rm}$分别为航向误差变化率经典域边界和可拓域边界；b_1，b_2 分别为经典域和可拓域的公差带常系数，且 $b_1=0.31$，$b_2=0.5$。φ_r^*为质心处横向位置偏差和航向偏差均为零时的预瞄点处航向误差，即期望预瞄点处航向误差。φ_r^*计算方式与上一章相同，估算示意图如图 9-13 所示，σ为微小量值 0.0007086rad。

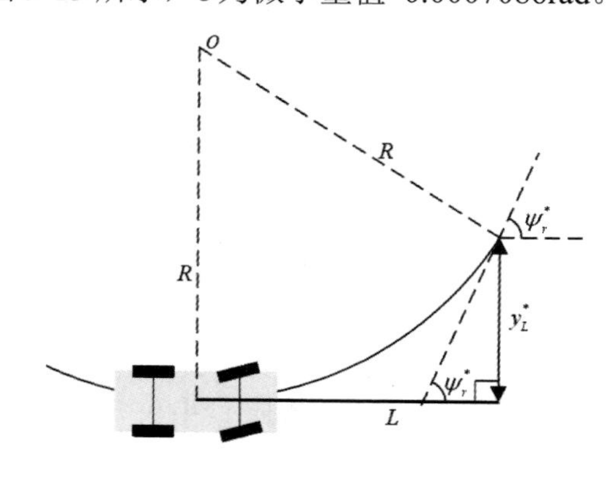

图 9-14 期望预瞄点处航向误差估算

根据图 9-14 几何关系和小角度假设，可以得到：

$$\sin\varphi_r^* = \frac{2L*y_L^*}{L^2+y_L^*} \approx \varphi_r^* \tag{9-13}$$

（6）基于误差和误差变化率的关联函数求解

在第三章可拓关联函数原理介绍中可知，可拓理论基于误差和误差变化率的关联函数与基于控制状态量的关联函数求解方式不同，并且对测度模式的识别规则也有差别，基于误差和误差变化率的关联函数采用误差加权可拓距方法求解。对于轨迹跟踪控制预瞄横向位置误差及其变化率而言，最佳状态仍是零状态，对应可拓集合状态为 $S_0\ (0,0)$，基于误差和误差变化率的关联函数具体计算过程如下：

当前预瞄横向位置误差及其变化率可拓特征状态 $S_y(y_L,\dot{y}_L)$ 与最优点 $S_0(0,0)$ 的加权可拓距表示为：

$$\left|S_yS_0\right| = \sqrt{y_L^2+\dot{y}_L^2} \tag{9-14}$$

同理，当前航向误差及其变化率可拓特征状态$S_\varphi(\varphi_r,\dot{\varphi}_r)$与最优点$S_0(0,0)$的加权可拓距表示为：

$$\left|S_\varphi S_0\right| = \sqrt{\varphi_r^2+\dot{\varphi}_r^2} \tag{9-15}$$

预瞄横向位置误差经典域界可拓距为：

$$\mathrm{C}y_0 = \sqrt{y_{Lom}^2+\dot{y}_{Lom}^2} = a_1\sqrt{(y_L^*+\varepsilon)^2+(\dot{y}_L^*+\varepsilon)^2} \tag{9-16}$$

预瞄横向位置误差可拓域界可拓距为：

$$\mathrm{C}y_1 = \sqrt{y_{Lm}^2+\dot{y}_{Lm}^2} = a_2\sqrt{(y_L^*+\varepsilon)^2+(\dot{y}_L^*+\varepsilon)^2} \tag{9-17}$$

同理，航向误差经典域界可拓距为：

$$\mathrm{C}\varphi_0 = \sqrt{\varphi_{rom}^2+\dot{\varphi}_{rom}^2} = b_1\sqrt{(\varphi_r^*+\sigma)^2+(\dot{\varphi}_r^*+\sigma)^2} \tag{9-18}$$

航向误差可拓域界可拓距为：

$$\mathrm{C}\varphi_1 = \sqrt{\varphi_{rm}^2+\dot{\varphi}_{rm}^2} = b_2\sqrt{(\varphi_r^*+\sigma)^2+(\dot{\varphi}_r^*+\sigma)^2} \tag{9-19}$$

根据上述当前实时状态下预瞄横向位置误差及其变化率可拓特征状态$S_y(y_L,\dot{y}_L)$和航向误差及其变化率可拓特征状态$S_\varphi(\varphi_r,\dot{\varphi}_r)$与最优点$S_0(0,0)$的可拓距$\left|S_yS_0\right|$和$\left|S_\varphi S_0\right|$，以及两个可拓集合经典域界和可拓域界可拓距可以计算上

层并可拓集合对应的关联函数，即为

$$K(S_y)=\begin{cases}1-\frac{|S_yS_0|}{Cy_0},S_y\in R_{yos}\\ \frac{(Cy_0-|S_yS_0|)}{(Cy_0-Cy_1)},S_y\notin R_{yos}\end{cases} \tag{9-20}$$

$$K(S_\varphi)=\begin{cases}1-|S_\varphi S_0|/C\varphi_0,S_\varphi\in R_{\varphi os}\\ (C\varphi_0-|S_\varphi S_0|)/(C\varphi_0-C\varphi_1),S_\varphi\notin R_{\varphi os}\end{cases} \tag{9-21}$$

（7）测度模式识别

根据基于误差及其变化率可拓测度模式识别理论可以对当前预瞄横向位置误差及其变化率可拓特征状态$S_y(y_L,\dot{y}_L)$和航向误差及其变化率可拓特征状态$S_\varphi(\varphi_r,\dot{\varphi}_r)$进行测度模式的识别。可拓特征状态$S_y(y_L,\dot{y}_L)$对应的三个测度模式为：$M_{y1}$、$M_{y2}$和$M_{y3}$；可拓特征状态$S_\varphi(\varphi_r,\dot{\varphi}_r)$对应的三个测度模式为$M_{\varphi1}$、$M_{\varphi2}$和$M_{\varphi3}$。与第三章基于控制状态量的可拓特征状态$S(y_L,\rho)$测度模式识别规则不同，其具体识别规则如下：

当$K(S_y)\geq 0$时，测度模式为M_{y1}，特征状态$S_y(y_L,\dot{y}_L)$处于较好的状态，即经典域状态，此时预瞄横向位置误差较小，控制精度达到较高的水平，该区域内轨迹跟踪控制难度较小；

当$-1<K(S_y)<0$，测度模式为M_{y2}，特征状态$S_y(y_L,\dot{y}_L)$处于不合格状态，即可拓域状态，此时预瞄横向位置误差变大，控制精度变差，轨迹跟踪控制难度增加，需要在测度模式M_{y1}控制输出的基础上调整控制参数或是控制策略，从而实时调整控制输出使得特征状态尽可能进入较好状态；

当$K(S_y)\leq -1$时，测度模式为M_{y3}，特征状态$S_y(y_L,\dot{y}_L)$处于较差的状态，即非域状态。此时难以通过调整控制参数来转变控制状态，此时预瞄横向位置误差较大，控制难度进一步提高，在此测度模式下需要调整控制策略，以进一步提高控制性能。

同理，对于可拓特征状态$S_\varphi(\varphi_r,\dot{\varphi}_r)$测度模式识别结果为：

当$K(S_y)\geq 0$时，测度模式为$M_{\varphi1}$；

当$-1 < K(S_y) < 0$时，测度模式为$M_{\varphi 2}$；

当$K(S_y) \leq -1$时，测度模式为$M_{\varphi 3}$。

至此，完成了上层并联可测度模式识别算法设计，对第三章基于可拓特征状态$S(y_L,\rho)$的可拓测度模式识别算法进行了优化，增强了关联函数对控制状态的表征能力，为下层并联可拓博弈协调控制设计奠定了基础。

第 10 章　智能除尘机器人应用与案例

智能除尘机器人可以替代传统繁重的人工清洁工作,大大降低劳动强度,提高劳动效率。现在全自动吸尘机器人的研究和设计正在突飞猛进的发展,世界各国都在致力于此类机器人的研究开发和应用。

10.1 某雕刻厂除尘机器人开发研究

在近代，我国的玉石雕刻技术已经从手工雕刻变成了机械雕刻，所制造的粉尘也比手工雕刻造成的粉尘污染要严重得多,这也就是很多在雕刻行业的玉石雕刻师都会患有砂肺的原因。粉尘污染不止是环境的问题，而且还对于很多雕刻家是有害的，所以防止粉尘污染就显得尤为重要。为了控制粉尘污染，应该寻找一些方法去防止粉尘过大从而伤害到身体或者是破坏大自然的生态环境。

玉石雕刻所产生的粉尘中二氧化硅的含量是很高的，比如新疆的和田玉的二氧化硅的含量高达百分之五十七,河南独山玉的二氧化硅的含量能够达到百分之四十四。还有其他的很多石料都会有比较高含量的二氧化硅,例如玛瑙、翡翠、京白玉、河南密玉、四川密玉以及贵州玉等等。

一般来说，玉石雕刻的工艺流程有：原料、切割、粗雕、细雕、抛光、过蜡、成品。玉石雕刻的粉尘污染必须要受到控制，这样不管是对于玉石雕刻技术的发展还是对于环境保护都有好处,所以要寻找适宜的控制玉石雕刻作业粉尘的技术。

普遍用到的控制粉尘的技术有：采用湿式作业、设置局部通风除尘系统。这些技术都是普遍能够有效控制粉尘污染的，但是方法的不同，对于控制粉尘污染的程度也不同。由于这两种方法的原理不一样，所以所能除尘的程度有相当大的区别。采用湿式作业的方法去控制粉尘污染的程度，湿式作业是指以水为主的防尘措施。原理就是利用水分去吸附空气中的粉尘，使其变成饱和的大颗粒沉降下来，从而可以降低粉尘飘散危害到生态环境的安危。水可以润湿粉尘，防止粉尘的飞扬以及加速沉降。

随着智能化技术的发展,近年来逐步出现和使用了雕刻除尘机器人又名工业吸尘器，工业除尘器是用于工业用途的收集吸取生产、操作、运输过程中产生的废弃介质颗粒物、粉尘烟雾、油水等的工业吸尘设备。工业吸尘器采用交流电源，功率较大，一般分为可移动式和固定式两种。雕刻除尘机器人其结构包括：基座、箱体、除尘单元以及吸尘单元，其中，箱体设于基座上；箱体内设有隔板，隔板将箱体的内腔分隔形成第一容腔和第二容腔，第一容腔与第二容腔沿基座的长度方向间隔排布；第一容腔设有与其连通的第一安装口，吸尘单元设于第一容腔内，隔板设有第二安装口，第一容腔与第二容腔通过第二安装口连通；

吸尘单元包括吸风机、波纹管、定位管、罩体、转接球、第一摇杆、第二摇杆、主套筒、第一弹性件、副套筒、开关件、推动件、第二弹性件、网板以及刷毛，吸风机设于第二容腔内，吸风机的出风口通过第二安装口与第一容腔连通；波纹管的一端与第一安装口连通，波纹管的另一端与定位管连通，定位管远离波纹管的一端与罩体连通；转接球与罩体转到配合，第一摇杆以及第二摇杆均与转接球连接，且第一摇杆位于罩体内，第二摇杆位于罩体外；主套筒与网板连接，第一摇杆插接于主套筒内且与主套筒滑动配合，且二者之间设有第一弹性件，第一弹性件令网板产生远离罩体的趋势；刷毛设于网板上，且刷毛沿远离罩体的方向延伸；网板上设有多个间隔排布的吸尘孔；定位管上设有引风孔，副套筒的一端与定位管连接且与引风孔连通，副套筒的筒壁上设有与其连通的泄压孔，副套筒的另一端设有吸附孔；开关件与副套筒滑动配合，用于开启或者关闭泄压孔；推动件与第二摇杆连接，且推动件与开关件传动连接，用于带动开关件相对于副套筒滑动；且推动件与开关件之间设有第二弹性件，第二弹性件令开关件具有关闭泄压孔的运动趋势；

当吸风机作业以使吸附孔处产生负压，从而在吸附孔处形成吸附力时，第二摇杆在吸附力的作用下靠近副套筒，以通过推动件带动开关件滑动，并使开关件打开泄压口，以减小吸附力，从而在第二弹性件的弹力作用下使开关件恢复至关闭泄压孔的位置，以及使第二摇杆恢复至初始位置。

副套筒的吸附孔处设置为敞口结构。开关件包括固定块以及滑动块，固定块设于副套筒的内壁上，固定块上设置有与泄压孔连通的开口，且固定块背离副套筒的一侧设置有第一斜面；滑动块与固定块滑动配合，用于开启或者关闭开口；滑动块面对固定块的一侧设有第二斜面，第一斜面与第二斜面共同限定出作业区域，推动件伸入作业区域且同时与第一斜面和第二斜面抵持；第二弹性件设于固定块与滑动块之间，用于令滑动块产生关闭开口的运动趋势。

固定块上设有滑槽，滑动块上设有导轨，导轨与滑槽滑动配合，第二弹性件设于滑槽的槽底与导轨之间，用于令导轨具有朝向滑槽的槽底的运动趋势。定位管的内壁设有阻挡板，且阻挡板设于引风孔与罩体之间，用于减小从罩体进入的空气对引风孔产生的风压。

雕刻除尘机器人使用时，将罩体罩设在待除尘位置，由于第一弹性件的弹力作用，在未使用机器人时刷毛的部分凸出于罩体的端口，当罩体罩设在待除尘位置后，刷毛与待除尘位置接触，被待除尘位置挤压而变形，从而能够增大刷毛与待除尘位置的接触面积，以及使刷毛与待除尘位置接触更加紧密；当需要进行除尘时，开启吸风机，在罩体的端口处产生负压，吸风机将位于罩体四周的空气向罩体内吸附，并将灰尘等杂质吸入罩体中，从而实现除尘。同时，在吸风机作业过程中，部分空气从副套筒的吸附孔进入，从而在副套筒靠近第二摇杆的位置产生负压，从而使第二摇杆在压力差的作用下靠近副套筒转动，从而带动转接球以及第一摇杆一起转动，第一摇杆转动后，通过主套筒带动网板滑动，从而使网板带动刷毛运动，刷动位于待除尘位置处的灰尘，使粘附在待除尘位置的灰尘松动，更加容易将灰尘吸附到罩体中，从而提高除尘效果。

同时，由于在第二摇杆转动后会逐步打开泄压孔，从而减小从吸附孔处进入的空气量，减小吸附孔处产生的吸附力，在第二弹性件的作用下，使第二摇杆向恢复至初始位置的方向转动，并在恢复至初始位置的时候关闭泄压孔，从而又增大了吸附孔处的吸附力，又能够将第二摇杆朝向副套筒吸附，如此往复，带动网板往复滑动，从而使刷毛刷动待除尘位置的灰尘的效果好，使灰尘等杂质与空气一起被吸附罩体、波纹管、并进入第一容腔中，被位于第一容腔中的除尘单元吸附净化，最终完成除尘。整个除尘过程自动化程度高，除尘效果好。且通过波纹管可以按需调整罩体的朝向，进行多方位多角度的除尘。

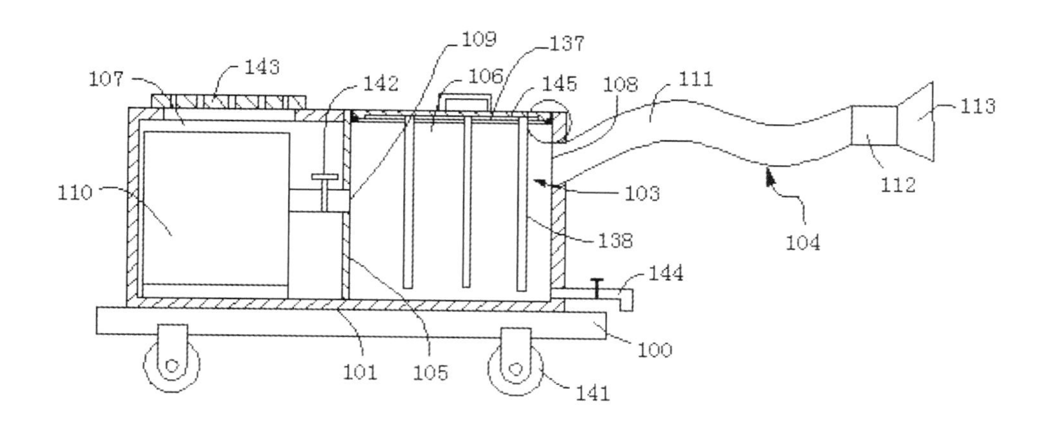

100-基座；101-箱体；103-除尘单元；104-吸尘单元；105-隔板；106-第一容腔；107-第二容腔；108-第一安装口；109-第二安装口；110-吸风机；111-波纹管；112-定位管；113-罩体；114-转接球；115-第一摇杆；116-第二摇杆；117-主套筒；118-第一弹性件；119-副套筒；120-开关件；121-推动件；122-第二弹性件；123-网板；124-刷毛；125-吸尘孔；126-引风孔；127-泄压孔；128-吸附孔；129-固定块；130-滑动块；131-第一斜面；132-第二斜面；133-开口；134-滑槽；135-导轨；136-阻挡板；137-第三安装口；138-除尘网；139-第一锥形承载板；140-第二锥形承载板；141-车轮组；142-开关阀门；143-网盖； 144-出水管；145-安装板。

图 10-1 工业除尘机器人的结构示意图

在对石雕进行加工雕刻时，将除尘机器人推送至石雕旁，进而传动电机工作，带动同步齿轮转动，通过同步齿轮与传动齿轮齿牙的啮合，带动传动丝杆转动，同步的带动传动件在传动丝杆上升降滑动，对吸尘管口的高低进行调节，同步的工作人员摆动第一连杆与第二连杆，对吸尘管口的水平、前后位置进行调节，将吸尘管口调节至石雕加工位置的正上方位置处，在调节完毕后，转动旋钮杆，使锁止棘爪旋转与锁止齿轮锁止啮合，对吸尘管口进行定位处理，进一步的在对石雕进行加工雕刻过程中，风机工作，通过负压软管使吸尘管口内部形成负压吸附状态，对雕刻加工产生的粉尘进行负压吸附处理，将粉尘通过负压软管吸附至除尘罐内，进而粉尘在循环导流板的循环导流下，平稳、循环的落入抽拉架内，抽拉架内的初效滤网、高效滤网、以及净化滤网对粉尘进行双重过滤隔离、净化处理，过滤后的废气通过废气管排出，且当石雕加工完毕后，通过将抽拉架从除尘罐内抽出，能够对收集的粉尘进行倾倒、清洁处理。

该除尘系统通过调节机构的上下、前后摆动调节，能够便于工作人员将吸尘管口调节至石雕加工位置处，取代了传统固定不可调的形式，不仅提高了粉尘的收集效率，同时能够便于收纳，且在除尘过程中，通过集尘机构对粉尘的过滤、净化，不仅能够对粉尘进行全方位的过滤收集处理，同时能够便于工作人员对粉尘进行定期倾倒处理。起到了较好的除尘效果。

10.2 某焦化厂推焦车机侧推焦除尘机器人

在传统的炼焦工艺过程中，焦炉在炼焦生产时或多或少会向大气环境排放烟尘。其中，焦炉在推焦车将焦炭推出炭化室过程中会产生大量黄色烟雾，其热辐射强，二氧化硫浓度高；推焦时排放的污染物质占焦炉总污染物质的30％-40%[1]。推焦过程中带出的烟尘不仅污染环境，还对现场操作人员的健康产生重大危害。因此，研究推焦通风除尘控制技术对积极改善炼焦作业环境和保护环境具有重要意义。

10.2.1 机侧除尘现状及存在问题

7.63 m 焦炉机侧除尘为机载除尘。除尘系统主要包括集尘罩、清门烟罩、除尘管道、除尘本体、放灰装置。除尘器放置在推焦车二层平台，并设置跟随推焦车一起移动的集尘罩。当推焦车移动到生产炉号，集尘罩向上展开，除尘风机先低速启动，收集炉门处散发的烟尘；当摘取炉门或平煤前，除尘风机高速启动，收集作业时炭化室散发的烟尘、部分荒煤气焦炭和可燃气体燃烧产生的废气、焦炭破碎落入尾焦斗产生的烟尘以及清门时产生的青烟。

推焦车机载除尘的最大风量仅为 80 000m^3/h，正常生产中仍然不能收集全部烟尘；同时由于焦炉周围存在强烈的自然对流，炭化室打开时亦存在强烈热对流，焦炉与推焦车之间会有强烈的横风将烟尘吹散，使得烟尘不能全部收集。随着环保整治力度加大，现有的除尘系统改造势在必行。针对以上两点问题结合实际情况进行分析探讨，使用经验公式对除尘所需风量重新计算，并通过有限元分析横风对烟尘收集的影响，为机侧机载除尘改造提供理论支持。

某焦化厂推焦机原车载除尘设备风机流量 79 000 m^3/h、风机全压:5 000 Pa、烟囱排放浓度:30 mg/Nm^3 。使用过程中检测的除尘器前最大吸力 920 Pa、除尘最大风量 72 300 m^3/h、除尘烟囱排放浓度 19.2 mg/m^3 ,不能满足环保管控超低排放标准≤10 mg/Nm^3 的要求,同时焦炉出炉过程中烟尘存在可视烟尘溢散。单靠工艺调整炉温系统,保证焦炭成熟度难以达到超低排放标准。

10.2.2 车载除尘器的升级设计依据

机侧除尘所需风量可用下式计算。除尘所需总风量为 Q，计算公式为：

$$Q = 215.3(B)^{\frac{4}{3}}（\Delta t）^{\frac{5}{12}}L \qquad （10-1）$$

式中：B-集尘罩的宽,单位 m；Δt-热源与周围空气的温差单位℃；L-集尘罩的长，单位 m。

此计算式为热过程伞形罩方法[3]，是综合集尘罩口径大小、所需的稀释风量、除尘器阻力以及热对流对烟气的吸力影响总结出来的经验计算式。综合现场情况，推焦车吸尘点共两个：一是收集推焦及平煤外逸的烟气；另一则是收集清门时的烟气。推算焦烟气流量:60 000m^3/h、清门烟气流量:20000m^3/h、平煤烟气流量:20000m^3/h,合计烟气流量 100000m^3/h;除尘点除尘吸力大于 1 500Pa,烟尘才能完全收集,除尘管道阻力按照 500Pa 计算,除尘预处理装置阻力 500 Pa,除尘器阻力 1500Pa,所需吸力合计 4 000Pa,风机全压 5 500Pa,风机所需功率 P(kW)计算公式为:$P=Q\times p/(3\ 600\times 1\ 000\times \eta 0\times \eta 1)=100\ 000\times 5\ 500/(3\ 600\times 1\ 000\times 0.8\times 0.95)=201$ kW(Q—风量,m^3/h；p—风机的全风压,Pa;$\eta 0$—风机的内效率,一般取 0.75~0.85,本计算取 0.8;$\eta 1$—机械效率,选用除尘风机与电机联轴器联接取 0.95~0.98,本计算选择 0.95),按照 10%余量设计功率即 221 kW,选择风机电机功率 250kW,由于原除尘电机 165kW,功率增加 85kW,推焦机变压器容量 800kVA,不能满足升级需要,需要将变压器同步升级为 1 000kVA。

为了实现排气排放浓度<10 mg/m^3 ,除尘器的过滤风速不能大于 1m/min,除尘器过滤面积必须大于 1 666 m^2($S=Q/60/v$)= 100 000/60/1 =1 666m^2),为了达到所需除尘过滤面积,必须使用褶皱扩展型滤袋,该形式滤袋过滤面积为普通滤袋的 1.6 倍,按照 10%余量设计过滤面积需要安装 1 800m^2 升级除尘器。推焦机车载除尘风机安装位置为主受力梁的斜支撑梁上,升级改造时考虑车辆整体受力情况,升级后的除尘风机安装位置必须同原风机安装位置相同,限制了除尘器箱体的长度≤6 200mm,因此升级的除尘器箱体安装尺寸设计为长度 6 200mm,宽度 4 500mm,宽度比车辆安装位置宽 1 000mm,需要将车辆平台使用 30 号槽钢和 H 型钢进行加宽,为了安全考虑,同时将车辆北侧走行缓冲梁加长 1 000mm。

综合考虑上述因素,推焦机车载除尘器升级基本参数:处理烟气量 100 000 m^3/h、过滤面积 1 800m^2 、滤袋类型为褶皱扩展型、烟囱排放浓度<10 mg/m^3、风机电机功率 250kW,即 HJVCT1800 除尘器型车载除尘器。

10.2.3 车载除尘系统介绍

HJVC-T1800 车载除尘工作原理脉冲袋式除尘器为单列多室结构,采用侧中部进风布置。含尘气流经预分离进气收尘箱装置流入过滤室,气流在均布板的作用下纵向流动,分布整个过滤箱体。这种大截面气流移动,保证除尘器滤袋工作负荷的合理均匀。含有细小粉尘的气流均匀缓万方数据 速通过滤袋,这种合理结构减小了粉尘对滤袋和滤袋底部的冲击磨损,能够有效延长滤袋的使用寿命。

在引风机的作下,粉尘被截留并积附在滤袋的外表面,净化后的气体均匀穿过滤袋汇集在净气室内,通过出风口进入排烟管路排。随着过滤工况的进行,积附截留在滤袋外表面的粉尘亦不断增加,设备阻力增加到一定值时或过滤工况进行到一定时间,清灰程序启动。系统给脉冲控制仪发出指令,安装在除尘器顶部气包上的电磁脉冲阀依次开启,对每室每排滤袋瞬间喷入压缩空气并诱导净化气流反吹滤袋,粉尘层被吹落进入灰槽,除尘器循环进入过滤工况。粉尘则由输灰系统送入灰仓。

1. 除尘系统主要结构及组成

如图 1 所示,除尘系统主要结构及组成:进烟管路系统、阻火预处理装置、预分离进气收尘箱装置、脉冲袋式除尘器过滤装置、引风机系统、净气箱及管路系统、输灰系统和除尘净化控制装置,采用脉冲控制仪完成清灰程序控制。

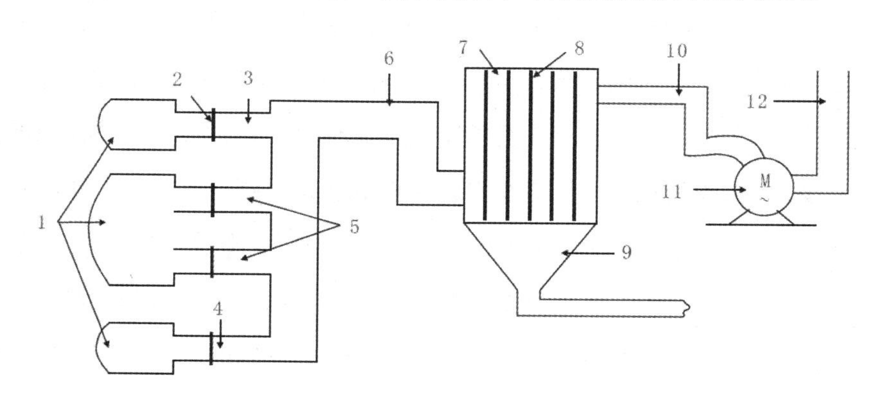

1-除尘罩; 2-翻板; 3-清门除尘管道; 4-平煤除尘管道; 5-取门除尘管道; 6-除尘器入

口总管道；7-除尘器箱体； 8-除尘布袋； 9-放料装置； 10-除尘器出口管道；

11-除尘风机； 12-烟囱

图 10-2 推焦车车载除尘系统结构图

2.除尘器主要技术参数

处理烟气量:100 000m3/h(最大)；过滤面积：1 800 m^2；滤袋规格：Φ160×4 500(类型为褶皱扩展型)；最大过滤风速：0.926 m/min(90 000 m3/h 时 0.833 m/min)；烟囱排放浓度：10 mg/m^3；风机全压：6 500 Pa(负压 5 000 Pa)；电机功率：250 kW。

3.推焦机车载除尘器升级应用的效果

推焦机车载除尘器升级使用 HJVC-T1800 除尘器,用来抽吸并净化推焦机作业时,炉门的打开至关闭整个过程、炉门清理时、平煤作业过程中产生的大量烟尘。所产生的烟气分别通过移动或固定集气罩、管路、阻火分离却器、除尘预分离引至脉冲式袋式除尘器净化处理,净化后的烟气经风机、消音器、烟囱排入大气中。升级改造后,除尘器的处理风量提高 30 000 m^3/h 以上、除尘吸力增加 5 000 Pa、过滤面积增加 2.35 倍、除尘处理后排放浓度降低 10 mg/m^3 以上。配套车辆除尘挡板的改造,烟尘收集效果得到明显提升,焦炉出炉过程中无可视烟尘逸散,除尘后排放浓度低于国家环保管控超低排放标准。

升级后风机的性能曲线,如图 10-3 所示。

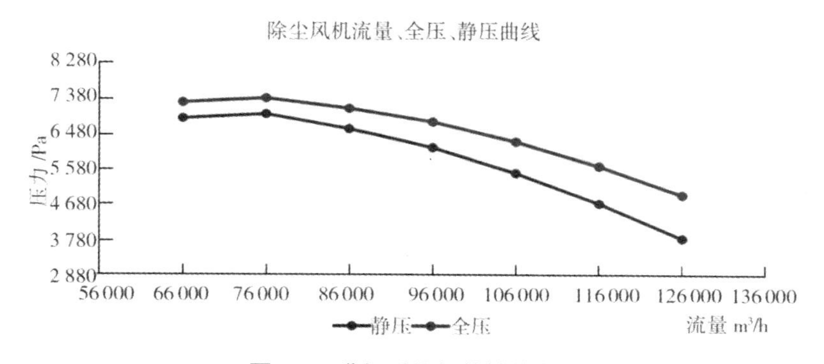

图 10-3 升级后风机的性能曲线

升级前后出炉照片对比,如图 10-4 所示。

（a）推焦机除尘器升级前出炉过程黄烟

（b）推焦机除尘器升级后出炉过程无可视烟尘

图 10-4 升级前后出炉照片对比

7.63 m 焦炉移动推焦机车载除尘器升级的 HJVC-T1800 型除尘器使用技术先进的褶皱扩展型滤袋,具有结构紧凑、过滤面积大,烟尘收集处理效果优,可以达到甚至高于国家超低排放标准要求。鉴于其结构紧凑,过滤面积大、风速低、过滤效果优等特点,可用于其他焦炉推焦机载除尘,提升焦炉推焦机除尘设备装备水平,改善焦炉出炉环保状况,实现焦炉的绿色生产。

10.3 其它除尘机器人的应用

除了上述两种在用除尘机器人系统外，还有部分小型化的除尘机器人在用或者在研究。

10.3.1 一种桁架除尘机器人

火力发电对电站内部和周边环境易造成严重的粉煤灰污染，是影响电站设备正常运行的主要影响因素之一。电站内部设备存在大量的钢架结构，长期运行会受到严重的灰尘污染，影响正常工作。

目前桁架除尘基本依靠人工使用扫帚清扫，工作繁重、起尘易造成职业病伤害和二次污染。类似清扫机器人主要用于地面清扫，难以适应在高空桁架上作业的需要，产生跌落造成人员和设备的安全事故。

为了实现上述目的，有研究设计了一种桁架除尘机器人，包括：设备主体和驱动机构，驱动机构与设备主体连接能够驱动设备主体在桁架上移动；导向机构与设备主体连接，能够对在设备主体的移动时对设备主体导向；除尘机构与设备主体连接用于清洁桁架。

设备主体包括外壳和吸附体，吸附体设于外壳的底部，且吸附体位于外壳和桁架之间，能够将外壳向靠近桁架的方向吸引；吸附体为多块磁铁组成的磁铁阵列。

装置有两个驱动机构，包括第一电机、减速机、驱动轴和驱动轮；第一电机设于外壳内，输出端与减速机的输入端连接，减速机的输出端与驱动轴的一端连接，驱动轴的另一端伸出至外壳外与驱动轮连接；驱动轴通过胀套与驱动轮连接。导向机构包括两个第一支撑单元和两个第二支撑单元；第一支撑单元相对于设备主体对称设置，第二支撑单元相对于设备主体对称设置。

第一支撑单元包括第一支撑臂、伸缩臂、第一转臂、第一惰轮和锁紧螺钉；第一支撑臂的一端与设备主体连接，第一支撑臂的另一端设有伸缩槽，伸缩臂的一端伸入至伸缩槽中，锁紧螺钉与第一支撑臂螺纹连接，锁紧螺钉的一端伸入至伸缩槽中，通过旋拧锁紧螺钉能够将固定伸缩臂在伸缩槽中的位置；第一转臂的一端与伸缩臂的另一端转动连接，且第一转臂与伸缩臂同轴设置，第一惰轮设于第一转臂的另一端，第一惰轮的轴线方向与第一支撑臂的轴线方向相垂直。

第二支撑单元包括轴承座、锁紧凸轮、锁紧轴、第二支撑臂、第二转臂和第二惰轮；轴承座与设备主体连接，第二支撑臂的一端和轴承座均与锁紧轴连接，锁紧轴与锁紧凸轮连接，转动锁紧凸轮能够阻止第二支撑臂相对于轴承座转动；第二转臂的一端与第二支撑臂的另一端转动连接，且第二转臂与第二支撑臂同轴设置，第二惰轮设于第二转臂的另一端，第二惰轮的轴线方向与第二支撑臂的轴线方向相垂直。

除尘机构包括调节单元和除尘执行单元，除尘执行单元通过调节单元与外壳连接；除尘执行单元包括第二电机、电机支撑架、第一带轮、第二带轮、皮带、滚刷本体、防尘罩、安装架和负压装置，滚刷本体设于安装架内并与安装架转动连接，第二电机通过电机支撑架与安装架连接，第二电机的输出端与第一带轮连接，滚刷本体的一端从安装架内伸出并与第二带轮连接，第一带轮和第二带轮之间通过皮带传动；防尘罩设于安装架上，防尘罩和安装架共同组成只有一侧开口的腔体，外壳上设有用于安装负压装置的安装槽，负压装置设于安装槽上，负压装置的一端与防尘罩连接，负压装置能够为腔体抽负压。

调节单元包括滚刷支撑板、滚刷支撑架、导向轴、调节螺杆、连接块，连接块设于安装架上，滚刷支撑板设于外壳上，滚刷支撑架设于滚刷支撑板上，导向轴的数量为两个，两个导向轴设于滚刷支撑板上，连接块同时与两个导向轴滑动连接，调节螺杆与滚刷支撑架螺纹连接，调节螺杆的下端与连接块连接，通过旋拧调节螺栓能够带动连接块在导向轴上移动；安装架的下端设有排刷；滚刷本体的两侧的刷毛的旋向相反。

当第一惰轮和第二惰轮朝向竖直向下时，在竖直方向上第一惰轮和第二惰轮的底端与位于驱动轮的底端的下方，并且第一惰轮和第二惰轮的边缘与桁架的翼缘外侧相接触；当第一惰轮和第二惰轮朝向方竖直向上时，在竖直方向上第一惰轮和第二惰轮的底端与位于驱动轮的底端的上方，并且第一惰轮和第二惰轮的边缘与桁架的翼缘内侧相接触。

系统还包括从动轮，从动轮设于外壳上且远离除尘机构处，从动轮与驱动轮平行，从动轮的底端与驱动轮的底端位于同一平面，从动轮上设有环形凹槽，环形凹槽上设有环形磁铁，环形磁铁的两侧对称设有轭铁。

该桁架除尘机器人通过使用除尘机器人除尘，避免了作业人员的繁重危险工作。清扫的灰尘可回收。能够适应绝大部分各尺寸的 C 型、工字型桁架除尘作业。机器人的导向结构能够保证机器人安全，防止机器人跌落。

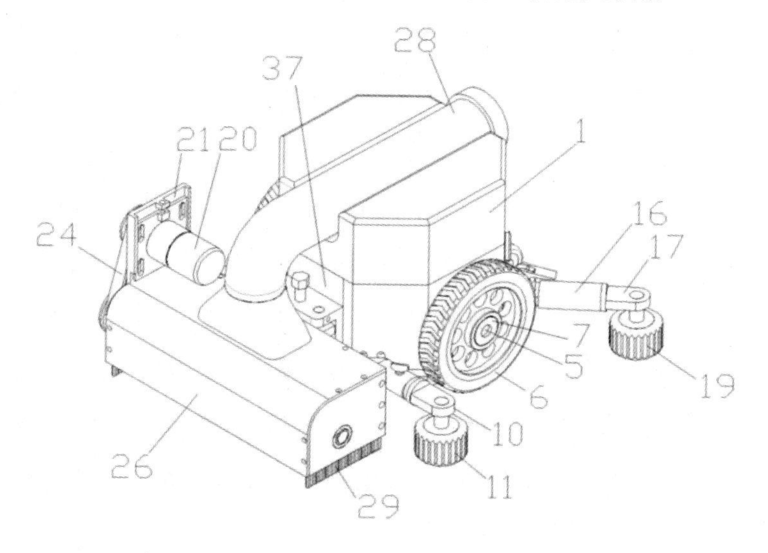

1、外壳；2、吸附体；3、第一电机；4、减速机；5、驱动轴；6、驱动轮；7、胀套；8、第一支撑臂；9、伸缩臂；10、第一转臂；11、第一惰轮；12、锁紧螺钉；13、轴承座；14、锁紧凸轮；15、锁紧轴；16、第二支撑臂；17、第二转臂；18、桁架；19、第二惰轮；20、第二电机；21、电机支撑架；22、第一带轮；23、第二带轮；24、皮带；25、滚刷本体；26、防尘罩；27、安装架；28、负压装置；29、排刷；30、控制板；31、电池包；32、电源开关；33、充电接口；34、急停开关；35、从动轮；36、环形磁铁；37、滚刷支撑板；38、滚刷支撑架；39、导向轴；40、调节螺杆；41、连接块；42、轭铁。

图 10-5 桁架除尘机器人

10.3.2 一种智能管道除尘机器人

可燃性粉尘除尘管道清理是一项具有危险性的工作；管内清灰作业如果采用人工清扫的方式，其工作量大，工作的环境比较恶劣，影响工人的身体健康。现有管道除尘机器人在工作后，清扫刷大多一直裸露在外部，容易因误碰而造成损坏，降低了清扫刷的使用寿命，从而降低管道除尘机器人的使用寿命。为了解决现有技术中存在实用性不佳的缺点，有研究设计了一种可燃性粉尘管道清灰机器人。

该智能管道除尘机器人包括行走车，行走车的顶面一侧固接有支撑柱，支撑柱的顶面固接有驱动箱，驱动箱内的底面固定安装有驱动蓄电池，驱动箱内一侧面连接有第一安装板，第一安装板的顶面中部固定安装有驱动电机，驱动电机的输出轴固接有转筒，转筒的一端外壁通过环形滑块滑动连接在驱动箱的内壁上，转筒内的一侧面中部固接有支撑板，支撑板的顶面通过第一 T 型滑块滑动连接有条形齿板，支撑板的顶面一侧固定安装有调节电机，调节电机的输出轴固接有齿轮，且齿轮与条形齿板啮合传动，条形齿板的一端面固接在 L 型板的一侧面中部，且 L 型板的底面通过第二 T 型滑块滑动连接在转筒的底面上，L 型板的顶面设有清扫组件。

清扫组件包括传动电机、定位板、第一螺纹块、第一连接杆、第一毛刷、第一支撑杆、第一连接板、伸缩杆、第二螺纹块、第二连接杆、第二毛刷、第二支撑杆和第二连接板，L 型板的顶面中部固接有定位板，定位板的侧面活动端有传动电机的输出轴，传动电机的输出轴固接有连接轴，连接轴的中部两端对称开设有方向相同螺纹，连接轴一端螺纹连接有第一螺纹块，第一螺纹块的底面通过第三 T 型滑块滑动连接在 L 型板的顶面上，第一螺纹块的一侧面对称转动连接有第一连接杆，每个第一连接杆的一端部均转动连接有第一毛刷，每个第一连接杆的底部均转动连接有第一支撑杆，每个第一支撑杆的另一端均转动连接在第一连接板的一侧面上，且第一连接板通过第一轴承转动连接在连接轴的中部外壁上，第一连接板的另一侧面对称固接有伸缩杆，每个伸缩杆的另一端均固接在第二螺纹块的一侧面上，第二螺纹块螺纹连接在连接轴的另一端外壁上，第二螺纹块的一侧面转动连接有第二连接杆，每个第二连接杆的一端转动连接有第二毛刷，每个第二连接杆的底部均转动连接有第二支撑杆，每个第二支撑杆的另一端均转动连接在第二连接板的一侧面上，第二连接板通过第二轴承转动连接在连接轴的另一端端部。

通过调节电机、齿轮和条形齿板的相互配合使用，便于调节清扫组件位置，从而便于对清扫组件进行收缩，提高清扫组件的使用寿命；通过清扫组件的使用，便于对管道内壁进行清扫，提高管道内壁的清扫效率。

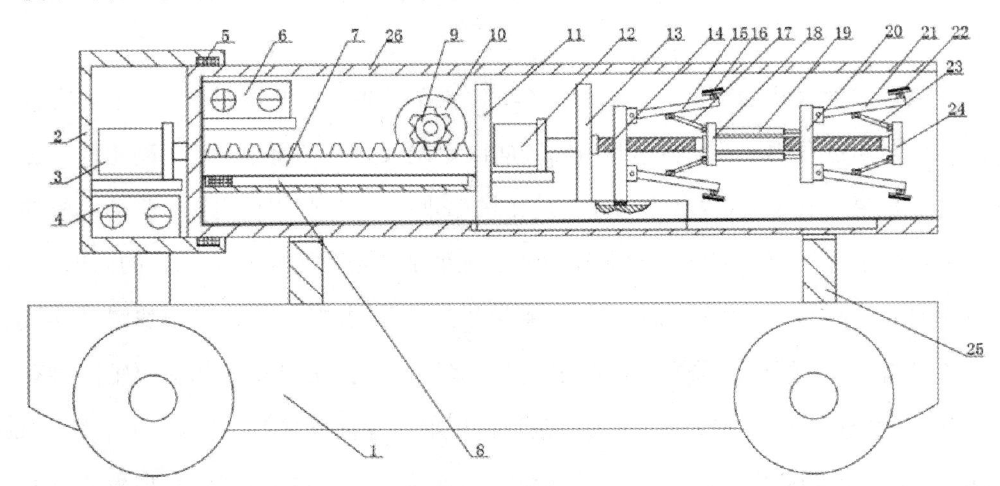

1-行走车；2-驱动箱；3-驱动电机；4-驱动蓄电池；5-环形滑块；6-调节蓄电池；7-条形齿板；8-支撑板；9-齿轮；10-调节电机；11-L 型板；12-传动电机；13-定位板；14-第一螺纹块；15-第一连接杆；16-第一毛刷；17-第一支撑杆；18-第一连接板；19-伸缩杆；20-第二螺纹块；21-第二连接杆；22-第二毛刷；23-第二支撑杆；24-第二连接板；25-支撑座；26-转筒。

图 10-6 管道除尘机器人

10.3.3 一种简易矿井智能除尘机器人

矿井中常采用洒水方式来除尘，传统的除尘方式有人工洒水除尘和常规机械除尘，其中人工洒水除尘工作存在劳动强度大和效率低等问题，且洒水工人直接暴露在粉尘环境中，对身体影响较大；现有改进后的机械喷水除尘，虽然一定程度上降低了工人劳动强度，但是也存在喷洒量和角度不能根据环境自动调节导致的除尘效率低和浪费水源等问题，且需要人工搬运到不同位置，劳动强度仍然较高的特点。为此，有人研究设计了一种矿井智能除尘机器人。

机器人包括 T 型轨和设在 T 型轨下端的箱体，箱体上表面的两侧固定安设有第一承载杆，第一承载杆的上端通过第一承载轴安装有承载轮，承载轮与 T 型轨上部的两侧相接触，箱体上表面中部上方设有动力轮，动力轮的上部与 T 型轨的下表面相接触，动力轮上安设有第二承载轴，第二承载轴的一端连接有第二承载杆，第二承载杆的下端固定在箱体的上表面，箱体的前端安设有半球形喷头，半球形喷头的内部与箱体前端的内部之间共同安设有 L 型监测箱筒，L 型监测箱筒的前端延伸至半球形喷头的前侧并安设有挡板，L 型监测箱筒的上端延伸至箱体上表面的上方并安装有密封盖，L 型监测箱筒位于半球形喷头内部的部分的外表面固定安设有若干隔板，隔板的另一侧与半球形喷头的内表面之间相连接并形成第一腔室，半球形喷头外表面对应第一腔室安设有与内部相连通的喷嘴，L 型监测箱筒后端的后侧设有半球形腔室，半球形腔室前侧的表面与半球形喷头内的每一个第一腔室之间均连接有相连通的连接管，连接管上安装有电磁阀，半球形腔室的前端连接有输水管，输水管的另一端连接有水泵，水泵固定安装在箱体的内部，箱体外表面的一侧固定安设有电源组件，箱体后端的上部安设有注水口。

在使用的过程中，T 型轨具体为多组且 T 型轨可通过 T 型腿安装在矿井的风管或铺设在矿井的巷道底板上，在使用的过程中具体通过动力马达的驱动来使整个机器人实现相对 T 型轨的行走，进而避免了对除尘机器人进行搬运的现象，降低了劳动强度；当行走至有粉尘的矿井部分时，在水泵泵水的情况下，箱体内的水可通过半球形腔室和连接管进入半球形喷头内对应的第一腔室内，从第一腔室所对应的喷嘴喷出，从而实现对粉尘的喷水除尘，此时电磁阀为开启状态；针对矿井内的粉尘可通过粉尘探测器和三维成像模块实现监测，并根据监测的结果进一步通过控制执行模块控制除尘机器人进行自动喷水除尘，进而使得整个除尘机器人在实验的过程中更加的智能化，当控制半球形喷头的喷除角度进行定向除尘时，可控制半球形喷头上与定向部位同一角度的第一腔室所对应的连接管上的电磁阀开启，并同时关闭剩余电磁阀，此时在水泵的开启下整个机器人可实现定向喷水除尘，进而使得除尘机器人在实现高效除尘的同时还能够节约水源，因此整个除尘机器人有利于在矿井内进行安装使用。

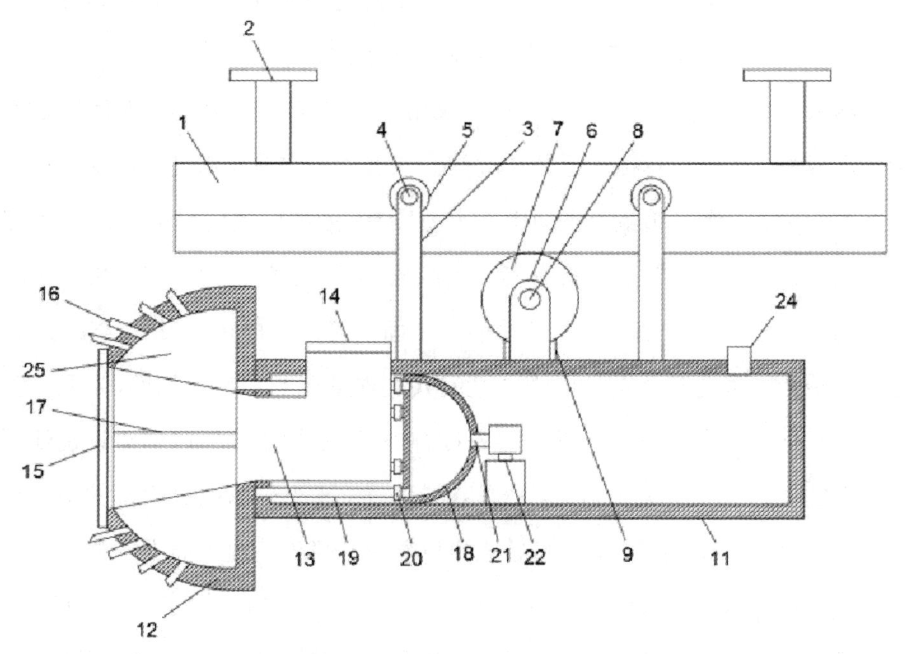

T 型轨 1、T 型腿 2、第一承载杆 3、第一承载轴 4、承载轮 5、第二承载杆 6、第二承载轴 7、动力轮 8、动力马达 9、减速器 10、箱体 11、半球形喷头 12、L 型监测箱筒 13、粉尘探测器 131、三维成像模块 132、智能控制模块 133、控制执行模块 134、密封盖 14、挡板 15、喷嘴 16、隔板 17、半球形腔室 18、连接管 19、电磁阀 20、输水管 21、水泵 22、电源组件 23、注水口 24、第一腔室 25。

图 10-7 简易矿井除尘机器人

在使用的过程中，T 型轨具体为多组且 T 型轨可通过 T 型腿安装在矿井的风管或铺设在矿井的巷道底板上，在使用的过程中具体通过动力马达的驱动来使整个机器人实现相对 T 型轨的行走，进而避免了对除尘机器人进行搬运的现象，降低了劳动强度；当行走至有粉尘的矿井部分时，在水泵泵水的情况下，箱体内的水可通过半球形腔室和连接管进入半球形喷头内对应的第一腔室内，从第一腔室所对应的喷嘴喷出，从而实现对粉尘的喷水除尘，此时电磁阀为开启状态；针对矿井内的粉尘可通过粉尘探测器和三维成像模块实现监测，并根据监测的结果进一步通过控制执行模块控制除尘机器人进行自动喷水除尘，进而使得整个除尘机器人在实验的过程中更加的智能化，当控制半球形喷头的喷除角度进行定向除尘时，可控制半球形喷头上与定向部位同一角度的第一腔室所对应的连接管上的电磁阀开启，并同时关闭剩余电磁阀，此时在水泵的开启下整个机器人可实现定向喷水除尘，进而使得除尘机器人在实现高效除尘的同时还能够节约水源，因此整个除尘机器人有利于在矿井内进行安装使用。

10.3.4 一种煤矿井下狭小坑道的除尘机器人

根据所使用的除尘环境的不同，除尘机器人的种类也多种多样，在煤矿井下坑道修建后需要对其内部进行除尘，以便于后期人们进入煤矿井下坑道进行煤矿开采工作，虽然市场上的除尘机器人种类很多，但是还是存在一些不足之处，比如：

1 .传统的除尘机器人的体积较大，由于煤矿井下有的坑道较为狭小，在对煤矿井下狭小坑道进行除尘时不方便进行使用，同时不方便对不同宽度的坑道进行除尘作业，使得除尘机器人的使用范围较小，实用性较低；

2 .传统的除尘机器人一次只能对一侧面进行除尘工作，使得除尘效率较低，除尘工作时间较长，不方便进行使用；

所以有人研究设计了一种用于煤矿井下狭小坑道的外框式流动除尘机器人，以解决上述背景技术提出的目前市场上传统的除尘机器人的体积较大，在对煤矿井下狭小坑道进行除尘时不方便进行使用，同时不方便对不同宽度的坑道进行除尘作业，使得除尘机器人的使用范围较小，实用性较低，除尘效率较低，除尘工作时间较长的问题。

为实现上述目的，该外框式流动除尘机器人包括机器人框体主体、电机、风机和水泵，机器人框体主体的底部轴承连接有底部除尘辊，且底部除尘辊的外侧螺钉固定有底部除尘毛刷，并且底部除尘辊的左右两端内部卡合连接有连接杆，连接杆的外端贯穿机器人框体主体和侧固定架与侧边除尘辊通过锥形齿轮组相连接，且连接杆与侧固定架为轴承连接，机器人框体主体的左右两侧均设置有侧固定架，且侧固定架的内部轴承连接有侧边除尘辊，并且侧边除尘辊的外侧螺钉固定有侧边除尘毛刷，机器人框体主体左侧的侧边除尘辊的顶端贯穿侧固定架通过联轴器与电机的输出端相连接，侧边除尘辊的后侧设置有底部吸尘罩，侧边除尘毛刷的后侧设置有侧边吸尘罩，且侧边吸尘罩和底部吸尘罩均通过吸尘软管与风机的进风端相连接，并且风机的排风端通过管道与集尘室相连接，集尘室和风机均通过安装架与机器人框体主体的内侧壁相固定，且集尘室的上方固定有水箱，并且水箱的上方通过管道与水泵相连接，水泵的顶端安装有喷水管，且喷水管的后端外侧连接有喷水头，侧固定架的外侧面内部活动轴连接有滚轮。

外框式流动除尘机器人包括机器人框体主体、电机、风机和水泵，机器人框体主体的底部轴承连接有底部除尘辊，且底部除尘辊的外侧螺钉固定有底部除尘毛刷，并且底部除尘辊的左右两端内部卡合连接有连接杆，连接杆的外端贯穿机器人框体主体和侧固定架与侧边除尘辊通过锥形齿轮组相连接，且连接杆与侧固定架为轴承连接，机器人框体主体的左右两侧均设置有侧固定架，且侧固定架的内部轴承连接有侧边除尘辊，并且侧边除尘辊的外侧螺钉固定有侧边除尘毛刷。该用于煤矿井下狭小坑道的外框式流动除尘机器人设置有侧固定架，同时通过侧固定架位置的调节还能对不同宽度的坑道进行除尘作业。

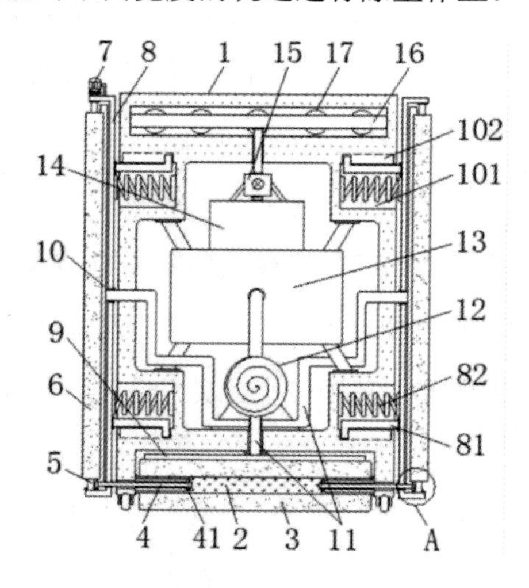

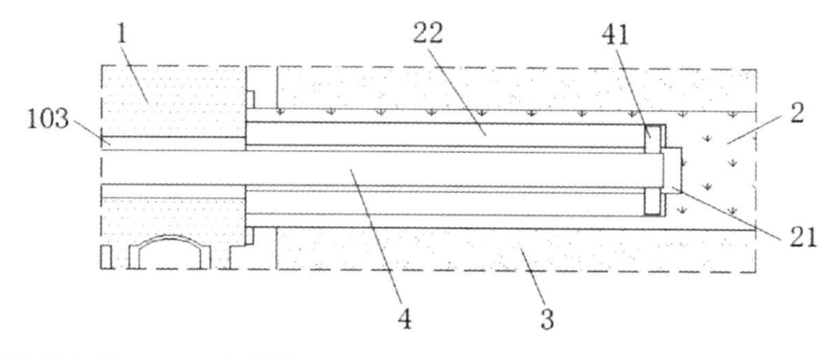

1、机器人框体主体；101、安装槽；102、限位槽；103、通槽；2、底部除尘辊；21、容置槽；22、卡槽；3、底部除尘毛刷；4、连接杆；41、卡块；5、侧边除尘辊；6、侧边除尘毛刷；7、电机；8、侧固定架；81、安装杆；82、复位弹簧；9、底部吸尘罩；10、侧边吸尘罩；11、吸尘软管；12、风机；13、集尘室；14、水箱；15、水泵；16、喷水管；17、喷水头；18、滚轮。

图 10-8 外框式流动除尘机器人

在使用该煤矿井下狭小坑道的外框式流动除尘机器人时，首先将侧固定架与机器人框体主体的侧壁相贴合接触，这时侧固定架对复位弹簧进行挤压，使得复位弹簧进行蓄力，然后将整个除尘机器人移动到煤矿井下狭小坑道内，然后松开侧固定架，这时侧固定架在复位弹簧蓄力的作用下向外侧移动，同时侧固定架带动连接杆在底部除尘辊内部的容置槽内进行滑动，连接杆外侧的卡块在卡槽内进行滑动，保证连接杆在底部除尘辊内部稳定的进行滑动，使得侧固定架内部的侧边除尘毛刷和滚轮很好的与煤矿井下狭小坑道的侧壁进行贴合接触，进而使得整个外框式流动除尘机器人很好的适用于煤矿井下狭小坑道，同时通过侧固定架的滑动便于整个外框式流动除尘机器人很好的对不同宽度的煤矿井下狭小坑道进行使用，提高了整个除尘机器人的使用范围；

将电机与外界的电源相连接，电机的输出端通过联轴器带动机器人框体主体左侧的侧边除尘辊进行旋转，使得侧边除尘辊带动外侧的侧边除尘毛刷进行旋转，以便于侧边除尘毛刷在旋转时对侧壁的灰尘杂质进行刷除，然后将风机和水泵与外界的电源相连接，风机通过吸尘软管控制底部吸尘罩和侧边吸尘罩进行吸尘工作，使得灰尘通过风机进入到集尘室内进行收集，同时水泵将水箱内的水通过喷水管和喷水头喷出，以便于提高除尘降尘的质量。

机器人框体主体左侧的侧边除尘辊在旋转时通过锥形齿轮组带动连接杆进

行旋转，连接杆通过卡块与卡槽的卡合连接带动底部除尘辊进行旋转，使得底部除尘辊带动外侧的底部除尘毛刷进行旋转，同理底部除尘辊右端通过连接杆和锥形齿轮组带动机器人框体主体右侧的侧边除尘辊进行旋转，由此使得底部除尘毛刷和两个侧边除尘辊外侧的侧边除尘毛刷同步进行旋转除尘工作，配合底部吸尘罩和侧边吸尘罩的使用可提高除尘的质量和效率，后期将集尘室后侧面的开合门打开可对集尘室内部的灰尘杂质进行清理，从而完成一系列工作。

第 11 章 煤矿智能除尘技术展望

随着国家及行业对环保与一线职工健康的重视程度提高，对煤矿井下职工工作环境与职业病防治工作的关注度持续提高。防尘技术作为煤矿掘进作业过程的重中之重，是一个必不可缺的关键环节，煤矿企业必须充分认识到综合防尘技术的必要性，要采用高效的控尘除尘技术对掘进面进行全面地除尘工作，从而为基层职工提供一个舒适健康的工作环境。

11.1 现用技术问题剖析

1. 除尘风机降尘技术

受巷道断面影响，目前大多数矿井使用的是机载配套除尘风机，额定功率为 18.5 kW，部分小断面巷道采用的是 11 kW 的除尘风机，且服务年限较长，除尘风机的吸风量往往达不到额定风量；同时受巷道内条件限制，除尘风机吸风口往往位于设计要求位置，除尘效率受到较大影响，如庞塔矿 5-1111、5-1112 巷使用 45 kW 除尘风机存在设备较大，管理不便，且功率大的除尘风机要求工作面供风量增加，又造成巷道迎头风筒出口风速变大，增加迎头的扬尘量。同时当除尘风机移动不及时的时候容易造成新鲜风流直接从风筒出口进入除尘风机内，新鲜风流不能到达巷道迎头，成为安全隐患。

2. 掘进机喷雾降尘

（1）目前大多数矿井采用矿井静压水，水压受煤层埋深、管路摩擦损耗等影响，如薛虎沟煤业、杜家沟煤业等浅埋深矿井，静压水不足 1 MPa，矿井在 400m 范围内时水压多数在 3~4 MPa，部分矿井甚至不能达到 3 MPa，这就导致水压不够。矿井在面临这个问题时，采用加压泵对水进行加压，但加压泵往往只安设在回采工作面，只有极个别矿井的部分掘进巷道安装有加压泵，水压不足就造成综掘机内、外喷雾雾化效果差，形成的水幕不能覆盖截割头工作区域，导致最大产尘点的降尘效果不理想，粉尘向巷道内扩散。

（2）大多数矿井现在没有配备井下净化水装置，当遇到水质较差的区域，喷头喷嘴在长时间使用后，水中含有的水垢等杂质就极易在喷嘴处凝结，造成喷头堵塞，出现不出水或出水少的现象，影响除尘效果。

3. 净化水幕降尘

掘进巷道一般安设有防尘网，但受巷道内运输、行人、管理不当等影响，防尘网易出现破损、吊挂不规范等现象，不能有效地对巷道内粉尘进行控制；转载机头采用喷雾降尘，应加强喷雾管理工作，包括及时调整喷头个数与高度，应达到能雾化整个皮带。在采用上述措施后，多数掘进巷道内综掘机司机处全尘浓度仍在 60 mg/m^3 左右，除尘效率往往只有 60%~70%。

11.2 智能除尘技术的发展趋势

针对目前煤矿生产中存在的掘进巷道粉尘治理工作“技术单一、问题普遍存在、效果差”的现状，需从技术、装备、管理相结合的基础上进行改进，切实做到提高掘进巷道的降尘除尘效率，为基层职工创造一个安全、舒适的工作环境。

1. 建立除尘风机功率与巷道风量匹配模式

现有的除尘风机功率多为 15、30、37 和 45kW，矿井在选用除尘风机时，必须考虑到巷道的掘进方式、煤岩情况、巷道尺寸、实配风量等因素，综合确定除尘风机的选型及配备的伸缩风筒型号、长度，并对除尘风机的吊挂、固定、移位等工艺制订方案，避免出现除尘风机吸风量过大或过小造成的安全隐患与影响除尘效果。

2. 喷雾除尘优化设计

掘进巷道内水压不足或水质不好时，需配备加压装置及净化水装置。喷雾降尘目前仍是矿井除尘最常用的手段，因此必须将喷雾降尘工作力求做到最好。针对矿井静压水水压不达标或水质不好造成喷雾雾化效果差、除尘效果不佳的现象，各矿必须结合自身情况有针对性地去解决，给各个掘进巷道配备加压装置或净化水装置；针对矿井常用的防尘网常常仅是纱网吊挂、易损坏的问题，建议矿井按照巷道尺寸制定悬挂门框式框架或滑动式框架进行固定以保护纱网，同时结合巷道煤岩形式选取纱网材质与网格尺寸，确保防尘网物尽其用，发挥较好的除尘效果。

3.做好新技术的引进

现在国内外除了各矿现已使用的技术外，应用较为广泛与成熟的技术有泡沫喷雾除尘与附壁风筒技术。泡沫除尘技术从控制尘源入手，通过在泡沫剂箱中加入泡沫剂，经充分气化形成泡沫雾，利用泡沫的截留、黏附、覆盖等除尘机理，采用水力引射高效泡沫喷雾技术来降低综掘工作面的粉尘浓度。附壁风筒除尘技术是通过在压入风筒的出风口处安装风流改向装置，使原来的轴向风流变成逐渐向迎头移动的径向风流，将尘源点粉尘限制在迎头处，从除尘风机内吸出，从而提高除尘风机的除尘效率。这两 种技术已在个别矿井开展试验，其除尘效果分别可以达到 85%、90% 以上，受成本、管理的影响，未开展相关推广应用，但考虑到井下环境及其效果，建议矿井必须做出相应的投入，切实做好新技术引进工作。

4.加强巷道日常的防尘工作管理

（1）建立掘进巷道防尘专项检查，定期对各巷道的防尘设施如管路、喷嘴、除尘风机、防尘网及水压等使用情况进行检查，对有损坏或使用不当的队伍及时提出整改。

（2）做好各掘进巷道的测尘及分析工作，对除尘效果不佳的原因进行分析，查找弊端，及时解决。

（3）对巷道内防尘设备维护管理责任落实到人，确保日常维护管理工作到位。

（4）针对不同巷道产尘情况开展统计分析，总结经验，找出针对性的防尘除尘手段。

（5）加强对职工的个体防护管理与培训，要求职工入井必须佩戴防尘口罩等防护用具，对一线职工定期开展健康普查，要求人人参加，对出现疑似有职业病的职工应及时调理一线工作岗位并进行治疗。

煤矿井下综掘巷道的防尘工作虽采取了一系列的措施，仍存在不足之处，防尘工作仍然任重而道远。煤矿企业要想提高掘进巷道质量和效率，保障工作人员的生命安全，就必须积极做好巷道内的综合防尘工作。要求矿井不断剖析自身环境条件，针对现状找问题，引进适合本矿的新技术、新工艺，落实掘进工作面防尘工作的规定与管理，不断降低矿井的粉尘浓度，为工作人员提供一个健康舒适的工作环境，才能更好地实现矿井安全稳定生产，为企业创造更多的效益。

参考文献

[1] 郭英. 矿井粉尘分源智能化高效防控技术思路探讨[J].智能矿山，2022（2）：11-17.

[2] 张浪,姚海飞,李伟等.矿井智能通风成套技术装备研究及应用[J].智能矿山,2022,3(06):71-79.

[3] 秦顺琪. 基于可拓理论的智能车辆横纵向协调控制研究[D].江苏：江苏大学，2021.

[4] 臧勇.基于可拓理论的智能汽车轨迹跟踪控制研究[D].江苏：江苏大学，2020.

[5] 袁朝春，孙彦军. 基于可拓控制的智能车换道避撞系统研究[J]. 重庆理工大学学报（自然科学）,2020,34(9):29-38.

[6] 臧勇,蔡英凤,孙晓强,等.基于可拓博弈的智能汽车轨迹跟踪协调控制方法研究[J].机械工程学报,2022，58(8):181-194.

[7] 邢国芬.工业机器人传感器技术综述[J].中国设备工程，2021（11）:25-26.

[8] 王植.基于多传感器融合的移动机器人定位方法研究[D].辽宁：沈阳工业大学，2021.

[9] 裴卫华. 综掘工作面高效除尘技术研究[J].山东煤炭科技，2021（10）：107-110.

[10] 马云鹏. 煤矿井下掘进巷道控尘除尘现状分析与对策[J].现代矿业，2022（4）：228-230.

[11] 李旭金，王涛. 7.63 m 焦炉推焦机车载除尘器的升级与应用[J].山西化工，2021（4）：163-165.

[12] 崔金林，于庆泉. 推焦车车载除尘电控系统改进[J].鞍钢技术，2019（5）：39-42.

[13] 胡而已，李梦雅，王一然,等. 煤矿机器人视觉系统除尘方法研究[J].煤炭科学技术，2020,48（7）：243-248.

[14] 霍振龙,肖松,孟玮,等.矿井 5G 无线通信系统关键技术及装备研发与示范应用[J].智能矿山，2022（4）：55-60.

[15] 韩利强. 基于 5G 技术控制的煤矿救援机器人的设计[J].煤矿安全，2021,52（6）：168-171.

[16] 张晓铖.5G 通信技术及其在煤矿的应用研究[J].能源与节能，2021（9）：200-202.

[17] 周晨曦. 5G 技术在智慧煤矿自动化系统中的应用[J].产业创新研究，2022（11）：80-81.

[18] 张建功. 我国煤矿井下粉尘防治现状与对策分析[J].江西煤炭科技，2015（3）：74-75.

[19] 龚波涛,汪孔屏,张雷. 基于深度学习的智能机器人自主跟随算法研究[J].电子设计工程，2022,30（14）：25-29.

[20] 程学珍，赵振国，刘兴军，等.基于 YOLOv4 算法的煤矿井下粉尘检测方法 [J] 实验室研究与探索 2022,41 (3) : 15–17.

[21] 郭丽琴.煤矿井下粉尘检测与治理技术分析 [J] 山西冶金 2021 (1)：156–157

[22] 兰虎，等.工业机器人技术及应用[M].北京：机械工业出版社，2019.

[23] 姚屏，等.工业机器人技术基础[M].北京：机械工业出版社，2020.

[24] 计时鸣，机电一体化控制技术与系统[M].西安：西安电子科技大学出版社，2009.

[25] 张记龙，王志斌，李晓，田二明，等.基于气体特征光谱吸收和谐波检测的瓦斯浓度测量技术 [J].煤炭学报，2009,34（1）：28-31.